U0261744

数学悖论与三次数学危机

韩雪涛◎著

人民邮电出版社

北　京

图书在版编目（CIP）数据

数学悖论与三次数学危机 / 韩雪涛著 . -- 北京：
人民邮电出版社，2016.9
（图灵原创）
ISBN 978-7-115-43043-4

Ⅰ . ①数… Ⅱ . ①韩… Ⅲ . ①悖论—普及读物 Ⅳ .
① O144.2-49

中国版本图书馆 CIP 数据核字（2016）第 175192 号

内 容 提 要

本书介绍数学中的三大悖论（毕达哥拉斯悖论、贝克莱悖论、罗素悖论）与三次数学危机，以时间为序，以环环相扣的数学家轶事为纲，带大家了解数学发展史，理解悖论的巨大作用，以及认识欧几里得几何、无理数、微积分、集合论等的来龙去脉。书中穿插大量数学家的逸事，融知识性与趣味性于一体。本书这一版专门添加附录介绍了哥德尔证明。

◆ 著　　　　韩雪涛
责任编辑　毛倩倩
责任印制　彭志环

◆ 人民邮电出版社出版发行　　北京市丰台区成寿寺路 11 号
邮编　100164　电子邮件　315@ptpress.com.cn
网址　https://www.ptpress.com.cn
北京天宇星印刷厂印刷

◆ 开本：720×960　1/16
印张：20　　　　　　　　　2016 年 9 月第 1 版
字数：332 千字　　　　　　 2024 年 8 月北京第 19 次印刷

定价：59.80 元
读者服务热线：(010)84084456-6009　印装质量热线：(010)81055316
反盗版热线：(010)81055315
广告经营许可证：京东市监广登字 20170147 号

序

这本《数学悖论与三次数学危机》，值得一读。

它的特色是：史料脉络清晰，说理透彻明白，文字通俗生动。这样的科普作品会引起读者的兴趣，会启发读者进一步的思考，会给读者留下回味，特别是使青少年读者受益。

将数学悖论和三次数学危机联系在一起谈，确实是一个不错的想法。三次数学危机都是数学史上的精彩情节，引人入胜；而那些蕴含哲理的数学悖论更是发人深省。每个悖论的破译，都可从正反两个方面加深对数学基本概念和基本方法的理解。

通过这些故事，你会看到数学的发展真是一波三折。数学的严谨是一代又一代数学家努力的结果，数学的抽象更是经过千锤百炼而成的。

在本书中，你也许找不到"什么是数学悖论"这一问题的答案，但这并不影响你阅读本书，而且你还会从中得到乐趣和智慧。事实上，对于数学悖论，大家的理解至今并不一致。同一个问题，例如有理数的平方不可能等于2，在古希腊被认为是悖论，在今天看来不过是平常的事实。就是在同一个时代，不同学术素养的人对一个问题是不是悖论也会有不同的看法，甲以为是悖论，乙可能认为不过是推理中的一个普通而隐蔽的错误。

例如，作者在前言开始就提到的有名的"说谎者悖论"，几年前经过我国数学家文兰的严密分析论证，其本质不过是布尔代数里的一个矛盾方程。矛盾方程在通常的代数中很普通，在布尔代数里也是要多少就有多少，每一个矛盾方程都可以转化为相应的悖论。"物以稀为贵"，若是要多少有多少，就不新鲜了。

一个悖论的数学本质被揭露了，它似乎就失去了被继续研究的价值。但是，在数学发展的历史上，它功不可没。当然，研究悖论的逻辑学家或数学哲学家，可能不同意文兰的看法；这说明，同时代的学者对同一个问题是不是悖论，也会有截然不同的看法。进一步可以说，同一个人，今天他认为某个问题是悖论，也许明天就会有不同的看法。

但是，不管一个数学问题叫不叫悖论，它总是一个问题。问题是数学的心脏，对问题的研究推动着数学的发展，对"悖论"的研究当然也会推动数学的发展。把某些悖论的出现叫作数学危机，不知道是谁第一个说的。我向作者请教过，作者暂时还没有找到出处。不过，在多数数学家看来，数学没有危机，也不会有危机。但是数学家忙着自己的研究，一般不太关心数学危机的说法。研究数学哲学的人，对于有没有数学危机，也是各有各的看法。但既然有了这个说法，又比较能吸引大众的目光，让大家对数学有更多的兴趣，也是好事。

我说这些，是希望读者看本书的时候更多地思考。对书中引用的不少观点，你不妨多问几个为什么，和古人做一次假想的对话，提出自己独立的看法。如能这样，从本书里得到的好处，可算是非常丰富了。

张景中

2007-3-14

前　言

"现在我说的是一句假话。"这句话是真是假？假定它为真，将推出它是假；假定它为假，将推出它是真。

这个以"说谎者悖论"而闻名的命题自公元前 4 世纪就开始流传，迄今仍然以其特有的魅力吸引着为数众多的人们。悖论所具有的非凡吸引力由此可见一斑！

"悖论是有趣的！"每一个接触过悖论的人都会对此深有同感。

"悖论是极其重要的！"接受这一观点的人却要少得多。

在这本书中，我们就是要通过介绍在数学发展中产生了巨大影响的三个悖论（毕达哥拉斯悖论、贝克莱悖论、罗素悖论），使读者明了悖论不但迷人，而且是数学的一部分，并为数学的发展提供了重要而持久的助推力。

然而，什么是悖论？

对这个看似简单的问题，我们却不能给出一个普遍适用的答案。因为，悖论之悖是因人因时而异的。比如，现代读者一般很难在"$\sqrt{2}$ 是无理数"这一数学命题中看到古怪之处。然而，这一命题正是我们在第一部分中所要介绍的毕达哥拉斯悖论，也正是它在古希腊成为一场巨大数学风波的导火索，从而引发了第一次数学危机，进而引导古希腊数学走向一条迥异于其他古代民族的发展道路。或许，对我们而言，如此平常的命题竟会导致数学危机并产生如此深刻的影响，才是真正的古怪之事！

由此得到的教益是，我们必须将悖论放在特定的背景下进行考察，才能透彻地明白其悖之因。鉴于此，在本书中我们将对毕达哥拉斯等悖论产生前的背景做详尽介绍。在此基础上，再对它们所引发的数学危机、危机之解决、悖论解决过程中产生的各种数学成果、悖论解决后产生的深远影响等做透彻阐述。

于是，读者朋友将会发现，这次数学之旅中对悖论的介绍在全书中占比不多。事实上，悖论在书中起的是穿针引线的作用，我们将围绕着它们更多地介绍"悖论之花"得以绽放的数学土壤和结出的数学之果。通过这种视野更为广阔的阐述，希望读者既能充分了解悖论对数学发展所起到的巨大作用，又能对数学中欧几里得几何、无理数、微积分、集合论等的来龙去脉获得更清晰的认识，并理解枝繁叶茂的数学大树是如何一步一步成长起来的。书中还将数学思想融于其中，穿插数学家的逸事，融知识性与趣味性于一体，既增加读者的兴趣，又有助于增进读者对"数学家是什么样的人""数学是什么"的了解。

本书在写作过程中参考了大量的数学图书（书后附有主要的参考文献），谨向这些书的作者和译者表示真诚的谢意。

此外，我还要感谢我的父母与妻子，感谢他们对我一贯的支持。特别是我的妻子张红负责绘制了本书中的许多几何图形，为本书的早日完成提供了直接帮助。

张景中院士在百忙中为本书写了精彩序言，在此对张院士表示由衷的谢意。

需要说明的是，这本新版添加了一篇"哥德尔证明"的长文作为附录，并对旧版中存在的个别介绍不清或不当之处做了补充、修改。尽管如此，书中不足或错误仍在所难免，我真诚地期望能得到读者朋友的指正。如果你有什么意见或建议，可以通过电子邮件与我联系：zhhxt@163.com。

目　　录

第一部分
毕达哥拉斯悖论与第一次数学危机

第1章　几何定理中的"黄金"：勾股定理　/2

古老的定理　/ 2

勾股定理的广泛应用及其地位　/ 8

第2章　秘密结社：毕达哥拉斯与毕达哥拉斯学派　/12

智慧之神：毕达哥拉斯　/ 12

毕达哥拉斯学派的数学发现　/ 16

毕达哥拉斯学派的数学思想　/ 24

勾股定理证法赏析　/ 35

第3章　风波乍起：第一次数学危机的出现　/45

毕达哥拉斯悖论　/ 45

第一次数学危机　/ 50

第4章　绕过暗礁：第一次数学危机的解决　/58

欧多克索斯的解决方案　/ 58

同途殊归：古代中国的无理数解决方案　/ 65

第 5 章　福祸相依：第一次数学危机的深远影响　/70

　　第一次数学危机对数学思想的影响　/70

　　欧几里得和《几何原本》　/75

　　第一次数学危机的负面影响　/82

第二部分
贝克莱悖论与第二次数学危机

第 6 章　风起青萍之末：微积分之萌芽　/86

　　古希腊微积分思想　/86

　　微积分在中国　/104

第 7 章　积微成著：逼近微积分　/116

　　蛰伏与过渡　/116

　　半个世纪的酝酿　/121

第 8 章　巨人登场：微积分的发现　/133

　　牛顿与流数术　/133

　　莱布尼茨与微积分　/143

　　巨人相搏　/150

第 9 章　风波再起：第二次数学危机的出现　/ 153
　　贝克莱悖论与第二次数学危机　/ 153
　　弥补漏洞的尝试　/ 158

第 10 章　英雄时代：微积分的发展　/ 166
　　数学英雄　/ 166
　　分析时代　/ 172

第 11 章　胜利凯旋：微积分的完善　/ 183
　　分析注入严密性　/ 183
　　分析的算术化　/ 196

第三部分
罗素悖论与第三次数学危机

第 12 章　走向无穷　/ 204
　　康托尔与集合论　/ 204
　　康托尔的难题　/ 217

第 13 章　数学伊甸园　/ 220
　　反对之声　/ 220
　　赞誉与影响　/ 228

第 14 章　一波三折：第三次数学危机的出现　　/ 232

　　罗素悖论与第三次数学危机　　/ 232

　　悖论分析与解决途径　　/ 239

第 15 章　兔、蛙、鼠之战　　/ 246

　　逻辑主义　　/ 246

　　直觉主义　　/ 254

　　形式主义　　/ 260

第 16 章　新的转折　　/ 268

　　哥德尔的发现　　/ 268

　　数理逻辑的兴起与发展　　/ 274

附录　哥德尔证明　　/ 285

　　第一步：哥德尔配数　　/ 286

　　第二步：构造自指命题　　/ 296

　　第三步：证明哥德尔不完全性定理　　/ 300

参考文献　　/ 307

第一部分

毕达哥拉斯悖论与
第一次数学危机

第1章
几何定理中的"黄金"：
勾股定理

提到勾股定理，学过平面几何的读者们一定不会陌生。我们的这次数学之旅就将从这个历史悠久、应用广泛、又极受人们偏爱的定理起锚开航。

古老的定理

勾股定理有着悠久的历史，是人类最伟大的数学发现之一。世界上各大文明古国都在很早的时候独立发现了这个"勾股弦关系"，并对它有着不同程度的认识和了解。毫不夸张地说，它是人类最早认识并广泛使用的数学定理之一。

中国是较早发现、认识勾股定理的文明古国之一。《周髀算经》一书中有我国关于这一定理的最早文字记录。

《周髀算经》，原名《周髀》，全书分上下两卷，是我国现存最古老的天文学著作。关于它的成书年代，长期以来说法不一，一般被认为成书于约公元前1世纪。

在我国，古代天文历法研究与数学有着极为紧密的联系，《周髀》一书就是很好的例证。在这本主要阐明"盖天说"和"四分历法"的天文学著作中，我们可以看到丰富的数学内容。除了极为珍贵的关于我国古代对勾股定理的认识资料，书中还涉及勾股测量术（利用相似直角三角形对应边成比例进行测量的方法）、复杂的分数运算等多方面的数学研究成果。因此，这本阐明天文学理论的著作又被看作最早的数学著作之一。从唐代起，《周髀》被列入"算经十书"，并称为《周髀算经》。

这本书的上卷开篇写道：

昔者周公问于商高曰：……古者包牺立周天历度，夫天不可阶而升，地不可得尺寸而度，请问数安从出？

商高曰：数之法出于圆方，圆出于方，方出于矩，矩出于九九八十一。故折矩，以为勾广三，股修四，径隅五。……故禹之所以治天下者，此数之所生也。

周公约生活于公元前 11 世纪，姓姬名旦，是周武王的弟弟。商高是周朝的大夫。上面一段古文记述了两人的对话，让我们先来简单解读一下。

周公问商高："古时包牺作天文测量和订立历法，天没有台阶可以攀登上去，地又不能用尺来量度。请问数是从哪里得来的呢？"也就是说，那些有关天高地大的数值是如何得到的呢？

对周公的疑问，商高回答说："数是根据圆和方的道理得来的。圆从方得来，方又是从矩得来的。矩是根据计算得出来的。"矩，这里可以解释为直角三角形。商高进一步提供了具体的测量方法："……故折矩，以为勾广三，股修四，径隅五。"这一句可理解为："作一个直角三角形，如果短直角边（勾）是 3，长直角边（股）是 4，那么斜边（弦）就是 5。"这清楚地表明，在当时商高已经知道"勾三股四弦五"这一勾股定理的特例。在书中随后的对话"故禹之所以治天下者"中，商高还将这一特例的发现推到大禹治水时期。如果能确认这一点，那么我国对勾股定理的最初了解就可以上溯到公元前 21 世纪。"此数之所生也"是商高最后的结论，即通过这种"勾股术"就可以测量天高地大了。

从多次实践中了解勾股定理的特殊情况，这是对勾股定理认识的第一步。下一步则是发现普遍勾股定理。我国对此的最早认识也记载在《周髀算经》一书中。

本书上卷还记录了荣方与陈子两个人的一段问答。当陈子向荣方解释如何求出观测者到太阳的距离时，他说："若求邪至日者，以日下为勾，日高为股，勾股各自乘，并而开方除之，得邪至日……""自乘"指的是我们现在的平方，因此"勾股各自乘，并而开方除之"一句已经给出了求弦的一般方法。这说明陈子已经了解了勾股定理的一般形式。现在一般认为陈子是公元前 7 世纪至公元前 6 世纪的人，因此，我国最迟于这个时候已明确认识了普遍勾股定理。

在介绍了勾股定理在中国的情况后，我们再来看看其他几个古老文明对它的认识情况。

古印度关于勾股定理的认识记载在印度古老文献《测绳的法规》中。人们对于此书的成书年代很不确定，它大约为公元前 800 年到公元前 200 年的作品。书中记有："正方形斜线上方形为原方形之倍"，这自然只是勾股定理的特例。进而书中又给出了普遍勾股定理的表述："长方形对角线所给出的面积，等于长与宽所分别给出的面积之和。"

对古埃及早期关于勾股定理的了解，后人主要是通过推断得出的。

埃及以金字塔闻名于世。推想当时古埃及人在建筑金字塔时一定会遇到许多难题，比如金字塔的塔基是一个很大的正方形，这么大的正方形怎么画？那时候所用的工具大概只有绳子。四条边的长度相等这容易做到，关键在于确定直角。另外，金字塔所用的石块都是很规则的，是磨制而成。为了保证石块的方正，关键也在于确定直角。确定直角的过程中，产生的任何一点误差都会使金字塔变形，甚至导致造不成金字塔。然而，古埃及人不但建成了金字塔，而且精度还非常高。比如埃及开罗附近的吉萨大金字塔（即胡夫金字塔），其基底正方形的边长为 230.35 米，长度误差约 1.3 厘米，而直角误差只有 12″ 或直角的 1/27000！如果没有做直角的可靠方法，这样高的精度不

数学悖论与三次数学危机

可能达到。另外，古埃及人在尼罗河泛滥之后要重新划分田地，这就需要经常进行土地丈量，在这种丈量中也会遇到做直角的问题。那么，古埃及人是如何做的呢？

据数学史家推测，古埃及的测量人员（他们的专名叫"拉绳者"）是利用 3∶4∶5 的关系做出直角的。具体可以这样完成：先将绳子等分为 12 段，在绳上打结，以三段、四段、五段为边围成一个三角形，那么五段长的边所对的角或者说两段稍短些的绳子之间便构成了一个直角。

因而，古埃及关于勾股定理的最早认识是通过对勾股定理的逆定理（中学教科书中称为直角三角形的判别条件）的应用体现出来的。当他们利用"三边为 3∶4∶5 的三角形一定是直角三角形"这一结论时，就应用了勾股定理逆定理的一个特例。后来人们还把边长为 3、4、5 的直角三角形叫作埃及三角形。事实上，这种用埃及三角形确定直角的方法，至今仍为一些石匠师傅所采用。他们在建造房屋时，就是用它来画屋基的 4 个角的。

我们发现，人类最早对勾股定理的认识，往往与以整数为边的直角三角形（勾股形）联系在一起。现在我们一般把整边勾股形三边称为勾股数，也叫商高数，或按国外说法叫毕达哥拉斯数。显然，勾股数是与勾股定理密切相关的数学概念，因而在对更多勾股数的认识与使用中，可以体现出人类对勾股定理了解的深入。

当我们提到《周髀算经》中的"勾广三，股修四，径隅五"，或古埃及人用 3、4、5 确定直角时，已经给出了一组勾股数（3，4，5）。这也是各古代民族最早找到的一组勾股数。我国最晚成书于公元 1 世纪下半叶的《九章算术》一书在"勾股章"中，使用了 8 组勾股数：(3，4，5)、(5，12，13)、(7，24，25)、(8，15，17)、(20，21，29)、(20，99，101)、(48，55，73)、(60，91，109)。古印度《测绳的法规》中出现了 5 组勾股数：(3、4、5)、(5、12、13)、(8、15、17)、(7、24、25)、(12、35、37)。

就现有的史料来看，在勾股定理和勾股数方面，曾生活在幼发拉底河及底格里斯河流域的古巴比伦人取得了更加突出的成就，远远走在其他文明古国的前面。

在发现的公元前 1700 年左右的一些古巴比伦泥板中已经有许多勾股定理的应用题，这些题目中涉及了勾股数：(3，4，5)、(5，12，13)、(8，15，17)、(20，21，29)。古巴比伦人在勾股定理的认识上取得的最大（也是最令人惊叹的）成就，体现在一块长 12.7 厘米、宽 8.8 厘米的泥板中。这块泥板现珍藏在纽约哥伦比亚大学精品图书馆，编号为"普林顿 322"（Plimpton 322）。经过鉴定，此泥板确认制成年代为公元前 1900 年至公元前 1600 年。

最初人们以为这块泥板是古巴比伦人的一份商业记录，没有什么重要意义。1945 年，古巴比伦考古学家及数学家奥图·奈克包威尔（1899—1990）与他的助手做出了新的成功解释。他们撰文指出，泥板所记为勾股数。这个实物证据中共列出了 15 组勾股数，其中最大的一组勾股数，其斜边是 18 541，一个直角边是 12 709！更令人惊讶的是，它在时间上比其他古国早了 1000 多年！其数之大和年代之早都令人难以置信。

体现出古巴比伦人对勾股定理认识之深的还有一项发现。人们通过一块现收藏于耶鲁大学博物馆的编号为 YBC 7289 的泥板实物证实了解他们的这项发现。如图 1-1 所示（图 a 中数字是古巴比伦所使用的楔形文字，为了让人们容易明白，图 b 给出了阿拉伯数字），上面刻有一个正方形，并画出了对角线。对角线上写了一行数字，即 (1，24，51，10)。

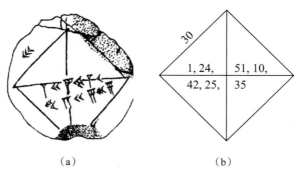

（a）   （b）

图　1-1

数学悖论与三次数学危机

·6·

古巴比伦人用的是六十进位制，这一行数字化为十进制小数，即：

$$1，24，51，10 = 1 + \frac{24}{60} + \frac{51}{60^2} + \frac{10}{60^3} = 1.414\ 212\ 96...$$

这正是按勾股定理算出来的单位正方形对角线 $\sqrt{2}$ 的值。作为近似值，它的准确数字有 7 位，与真值的差只有 6×10^{-7}。这行数下面还有一行数，那是干什么的呢？我们可以看到正方形上面一边的上方有一个数字 30，意思是正方形的边为 30，因而可以想到表示 $\sqrt{2}$ 的一行数下面的一行是边长为 30 的正方形的对角线长。我们把 42，25，35 变成十进制小数，果不其然，可得到：$42 + \frac{25}{60} + \frac{35}{60^2} \approx 42.426\ 388\ 89$，与精确值 $30\sqrt{2}$（约为 42.426 406 87）是非常近似的。

上面提到的古印度文献《测绳的法规》中有一项类似的重要成就，也是给出正方形对角线的近似值。书中有一句话是："给这个量（指正方形的边，设为 a）加上它的 1/3，再加上这个（指 1/3）的 1/4，减去它 [指 1/(3·4)] 的 1/34，便是对角线。"用我们现在的式子可表示如下（设对角线为 d）：

$$d = a + \frac{a}{3} + \frac{a}{3 \cdot 4} - \frac{a}{3 \cdot 4 \cdot 34}$$

如果取正方形边长为 1，则得到：

$$\sqrt{2} = 1 + \frac{1}{3} + \frac{1}{3 \cdot 4} - \frac{1}{3 \cdot 4 \cdot 34}$$

化为小数是 1.414 215 68...。这个值与真值的误差是 2.1×10^{-6}，已经是 $\sqrt{2}$ 的很好的近似值了。然而，这个结果与古巴比伦人取得的成就相比仍然相形见绌：古巴比伦人的结果不仅比古印度人的更准确，而且在时间上要早 1000 多年！

勾股定理的广泛应用及其地位

勾股定理不仅是一条历史悠久的古老定理，而且是一条用处十分广泛的定理。对于中国传统数学而言，它更是一大法宝。

在我国，《九章算术》"勾股"章中包括了极其丰富的有关勾股定理应用的内容。这一章中共包括 24 个问题，内容可分 4 类。

第一类（第 1 题～第 13 题）是直接利用勾股定理解决的应用问题，涉及的内容是勾股互求。自然，最简单的是已知勾、股、弦三者中的两个，求另一个。根据书中给出的"勾股术"（勾股各自乘，并而开方除之，即弦），这是很容易解决的。复杂些的问题涉及已知勾股形三边中二者的和差等条件，求各未知边。比如书中第 12 题："有一门户不知高、宽，有人持一竹竿，不知长短，横着出门，长了 4 尺，竖着出门，长了 2 尺，斜着恰好能出门。问门的高、宽、斜各多少？"如果把门户的高、宽、斜分别作为勾、股、弦，那么这道题就相当于已知弦勾差 $c-a$、弦股差 $c-b$，求勾、股、弦的问题。书中给出了算法，用现在的符号可表示为：

$$a = \sqrt{2(c-a)(c-b)} + (c-b)$$

$$b = \sqrt{2(c-a)(c-b)} + (c-a)$$

$$c = \sqrt{2(c-a)(c-b)} + (c-b) + (c-a)$$

书中还有许多这类勾股互求的趣题，如第 6 题"引葭赴岸问题"（今有池方一丈，葭生其中央，出水一尺，引葭赴岸，适与岸齐，问水深葭长各几何？）、第 13 题"折竹问题"（今有竹高一丈，末折抵地，去本三尺。问折者高几何？），都是有名的历史趣题。更有意味的是，与这两题完全类似的问题后来曾在许多国家出现，如印度莲花问题实际上就可看作"引葭赴岸问题"的改写。

自《九章算术》问世后，我国古代许多数学家还对勾股互求问题作了进一步的研究与拓展。人们陆续引入 $a+b\pm c$、$c\pm(b-a)$、$\frac{1}{2}ab$ 等项，得到更多的基本类型，并对这些新的类型加以研究，提出相应公式或算法。从本质上说，这些公式和算法都是勾股定理的推广。因而，我们可以把这一整套围绕勾股定理的算法或公式称为勾股算术。

第二类（第 14 题）涉及勾股数，我们后面再做介绍。

第三类（第 15 题、第 16 题）是勾股容方和容圆问题。勾股容方问题是："已知勾股形勾 5 步，股 12 步，问所容正方形边长是多少？"《九章算术》给出公式：$d = \dfrac{ab}{a+b}$。勾股容圆问题是："已知勾股形勾 8 步，股 15 步，问其中容圆之径多少？"《九章算术》的公式是 $d = \dfrac{2ab}{a+b+c}$。勾股容圆在宋元时代成为重要的研究课题。人们考虑了各种容圆问题。元朝数学家李冶在《测圆海镜》中给出 10 种容圆关系，使之成为一部专论此主题的名著。

第四类（第 17 题～第 24 题）是利用相似勾股形对应边成比例的关系解决的测量问题。

我国传统三角学中没有角的概念，没有角的度量，也没有与此相关的平行性与相似性理论。事实上，我国古代三角学是以勾股定理为基础的勾股计算理论，及以勾股比率为基础的测量理论。在我国，"勾股"章中这最后几题最早系统地论述了勾股计算与勾股测量理论。后世的一些数学家在此基础上，又对勾股测量方法做了进一步发展。

通过上面稍显烦琐的介绍，我们可以一窥勾股定理在我国传统数学中所占有的独特地位。事实上，勾股定理是我国2000多年来数学发展的一个重要的生长点。中国数学中的许多精髓，追根溯源都与勾股定理有这样或那样的关系。尤其是中国式几何学，更是以勾股定理及其应用为核心。

通过我国清朝著名数学家梅文鼎（1633—1721）的几段话，我们可以进一步体会这点。他在第一部数学著作《方程论》中写道："数学一也，分之则有度有数；度者量法，数者算术，是两者皆由浅入深。是故量法最浅者方田，稍进为少广，为商功，而极于勾股。"其中的量法指的是几何学。这段话强调了直角三角形的有关性质和算法在中国式几何学中的位置。在《几何通解》中他又写道："几何不言勾股，然其理并勾股也。故其最难通者，以勾股释之则明。……信古《九章》之义，包举无方。"《勾股举隅》中又说："勾股之用，于是乎神。言测量至西术详矣。究不能外勾股以立算，故三角即勾股之变通，八线乃勾股之立成也。"当西方几何学传入后，梅文鼎错误地认为西方几何学，无非就是中国的勾股数学，没有什么新鲜的东西。但如他所指出的，要想搞清中国古代几何学的原貌，就得从勾股定理及勾股形的有关性质谈起，这是不错的。

当然，勾股定理不仅仅对中国传统数学如此重要。实际上，勾股定理与它的推论、推广，除在现实世界中有着广泛的应用外，还在数学理论的发展中发挥着极其重要的作用。

在平面几何中，这个美妙、著名且有用的定理像一颗明珠，光彩夺目。天文学家开普勒曾把它喻为几何定理中的"黄金"，应该说，勾股定理受之无愧！不仅如此，更重要的是，勾股定理作为一条十分重要而又很著名的数学基本定理，还深入到数学的许多分支中，数学中的许多公式和命题都是由它推导出来，或是建立在它的基础之上的。

可以说，在数学上，勾股定理曾经是并且至今仍是贯穿许多数学领域的一个不可缺少的工具。如果要举一条数学中最重要的定理，恐怕非它莫属。以下趣闻可为佐证。

1955 年，希腊为了纪念 2500 年前古希腊在勾股定理上的贡献发行了一张邮票，图案由三个棋盘排列而成（如图 1-2 所示）。

1971 年，尼加拉瓜政府发行了名为"世界上最重要的 10 个数学公式"的一套邮票，各枚邮票的插图上都印有选定的公式，邮票的背面简略说明了该公式的重要性。这套邮票中的第二张就是勾股定理（如图 1-3 所示）。

图　1-2　　　　　　　　图　1-3

我国著名数学家华罗庚还曾想到将勾股定理作为与外星文明进行第一次谈话的语言。在"数学的用场和发展"一文中他写道："如果我们宇宙航船到了一个星球上，那儿也有如我们人类一样高级的生物存在。我们用什么东西作为我们之间的媒介？带幅画去吧，那边风景殊，不了解；带一段录音去吧，也不能沟通。我看最好带两个图形去：一个'数'，一个'数形关系'（勾股定理）。"

由此可见，勾股定理受到人们何等的偏爱，又在人们心目中居于何等重要的位置了。

第2章
秘密结社：
毕达哥拉斯与毕达哥拉斯学派

勾股定理的重要作用，除了前面所提到的一切，还体现在数学发展过程中。正是它的发现，引出了数学上另一重要发现——无理数，并进而在西方数学界掀起了一场巨大的风波。说起这段曲折的历史，我们需要先将目光投向古希腊的一位伟大人物——毕达哥拉斯。

智慧之神：毕达哥拉斯

毕达哥拉斯（约公元前580—约公元前500），生于萨摩斯岛，古希腊著名哲学家、数学家、天文学家、音乐家、教育家，与我国孔子（公元前551—公元前479）、印度释迦牟尼（约公元前565—公元前486）基本同时。

在生前，这位超凡的天才人物已经被人们神化。由于人们对他的智慧感到不可思议，又有人说他大腿上有一个金色胎记，以至人们相信他是太阳神阿波罗的儿子。其实毕达哥拉斯的智慧，一方面来自于他的天赋，一方面则与他后天的经历和自身的努力分不开。

毕达哥拉斯早年师从阿那克西曼德、菲尔库德斯（古希腊七贤之一），并很可能还曾直接向古希腊七贤之首的泰勒斯（后面我们将对他做简要介绍）学习。据说毕达哥拉斯在拜访这位古希腊著名哲学家兼数学家时，后者已经垂垂老矣，无法再向毕达哥拉斯传授太多的具体知识。但是，泰勒斯给了这位年轻人一个有益的建议——你会发现与现在通常的建议相反——"到东方去"。

于是，毕达哥拉斯踏上了东方之旅。他先到了埃及，在那里他不仅学习埃及人的几何学，而且成为学习埃及象形文字的第一个希腊人。这位具有非凡人格魅力的人，甚至被准许出入寺庙中的密室，参加埃及人的神秘仪式。在埃及逗留了至少13年（或许是22年）后，毕达哥拉斯到了古巴比伦，在那里他又获得了古巴比伦数学的全部知识。或许后来他还到了更远的古印度。不论到了哪里，毕达哥拉斯都不断向有学问的人请教，接受当地流传的天文、数学等各方面知识，以丰富自己的见解。重要的是，他不仅懂得刻苦学习，而且更善于认真思考。在经过兼收并蓄、汲取各家之长后，毕达哥拉斯形成并完善了自己的思想。

在外面经历了漫长的游历岁月后，这位年近半百的智者回到故乡并开始讲学。他收第一个门徒的故事有趣又深富意味。在开始的时候，毕达哥拉斯要花3块小银币请他的学生听自己的一节课。几个星期后，毕达哥拉斯注意到这个学生对知识的学习由勉强转为渴望。于是，毕达哥拉斯提出不再为自己的授课支付学生金钱。这时，他的学生表示宁可付钱受教育也不愿中断学习。这位学生后来成为建议运动员应注意饮食，并吃肉以增强体质的第一人，并因此而出名。

公元前520年左右，为了摆脱家乡掌权者的暴政，毕达哥拉斯和母亲及这位门徒一起离开萨摩斯岛，移居西西里岛，最后定居在克罗托内（意大利半岛南端）。在那里他赢得了人们的信任与景仰，并得到当地有声望人物米洛的赞助。这位富有又喜欢研究哲学和数学的人为毕达哥拉斯提供了足够的房间来建立学校。毕达哥拉斯的讲学逐渐吸引了大批的听众，包括一些女性，其中有米洛美丽的女儿西诺，后来两人缔结良缘。

毕达哥拉斯的听众分两等：一等是作为旁听者的外围成员，这部分普通听讲者是大多数，他们只能听讲，不能发问，更不能参加讨论，高深的知识也不向他们传授；另一等是内部成员，是能通过入会考验的旁听者，据说他的这类门徒有300余人（也有说600人的）。作为真正毕达哥拉斯学派的成员，他们被称为"获得较高深知识的人"。这个用语后来演化成"数学家"与"数学"。另外，"哲学"一词也是由毕达哥拉斯最早使用的。对他来说，哲学家是"献身于发现生活本身的意义和目的，和设法揭示自然的奥秘……的人……他能热爱知识，视其为揭开自然界奥秘的钥匙"。毕达哥拉斯强调学习高于其他工作的重要性，他说："大多数男人和女人，天生就缺乏获得财富和权力的条件，但是他们都有学习知识的能力。"

在广收门徒后，毕达哥拉斯建立起一个组织严密、带有浓厚宗教色彩的学派。学派的成员要宣誓永不泄露学派的秘密和学说，学派成员加入组织要通过一系列的神秘仪式，以求达到"心灵的净化"。学派的教义鼓励人们自制、节欲、纯洁、服从。进入这一学派的成员要接受长期的训练和考核，遵守很多清规戒律。成员有共同的哲学信仰和政治理想，成员之间用五角星作为学派的徽章或联络的标志，并称为"健康"。有一则故事很好地说明了这个组织成员间亲如手足的关系：这个组织的一个成员流落异乡，贫病交迫，无力酬谢房主的款待，临终前要求房主在门前画一个五角星。若干年后，有同派的人看到这个标志，询问事情的经过，厚报房主而去。

毕达哥拉斯领导的学派在大希腊（今意大利南部一带）赢得很高的声誉，产生了相当大的政治影响，但却引起敌对派的忌恨。后来受到民主运动风暴的冲击，毕达哥拉斯被迫移居梅塔蓬图姆，最终被暴徒杀害。

毕达哥拉斯一手创建的宗教、政治、学术合一的毕达哥拉斯学派具有深远的历史意义。在毕达哥拉斯的领导下，该学派进行了多方面的研究工作。学派中有一种习惯，就是将一切发现都归于学派的领袖，而且秘而不宣，以致后人不知是何人在何时所发现的。但由于这个学派在毕达哥拉斯生前，是以他为精神灵魂的，因此可以相信当他在世时，学派做出的多数重大成果都一定凝聚着他的心血与智慧。可以说，正是在他的领导下，该学派取得了多方面的巨大成就。在他死后，他所创立的学派仍然在其门徒的维持下延续到公元前 4 世纪中叶。

毕达哥拉斯本人没有留下什么著作，而学派内部的发现又秘而不宣，因此外人鲜知其详。后来，组织渐渐分散，保密的教条被放弃，一些公开讲述这一学派教义的著作开始出现。于是，毕达哥拉斯及其学派的思想和学说逐渐为人们所知。人们发现，他留给后人的是一份极为丰富的遗产。

他是音乐理论的鼻祖。他用数学观点研究音乐，阐明了单弦的乐音与弦长的关系，从而为现代音乐理论奠定了基础。他关于旋律、节奏等的学说和对音响学的论证，对音乐科学的发展起了很大的推动作用。

他是天才的教育家。在西方他是第一个把某些韵律和旋律用于教育的人，他通过音乐使学生的灵魂得以净化。

在天文方面，他首创地圆说，认为日、月、五星以及其他天体都呈球体。

而他最重要的影响还是表现在数学发现及数学思想上。

毕达哥拉斯学派的数学发现

毕达哥拉斯创建的学派在他生前与死后都进行了大量的数学研究，并得到了众多的数学发现。他们的成果后来被欧几里得收入《几何原本》中，成为希腊数学的重要组成部分。不过，这些数学成果究竟是由何人在何时做出的，大都很难考证清楚了。因此，我们下面介绍的发现除个别有据可查的归于个人外，其余的则只好归于整个毕达哥拉斯学派了。

数的研究

毕达哥拉斯学派对数做过深入的研究。不过，他们感兴趣的不是数的应用即计算问题，而是数的理论问题，也就是研究数的性质及数与数之间的特殊关系。这种研究现在被归入一门数学分支——数论——之中。

毕达哥拉斯学派对整数（当时没有负数与零的概念，因此他们所提到的整数其实只限于我们现在所说的正整数）进行了多种分类，并定义了许多概念。如他们把整数分为奇数与偶数、素数与合数等。此外，他们还做出过更为奇特的划分，并从中发现了一些有趣的数。鉴于它们的趣味性，我们这里简单介绍一下。

毕达哥拉斯学派在研究中发现：有些自然数所有真因子之和小于它们本身，如 4。他们把这样的数叫作亏数。而另有一些数其真因子之和大于其本身，如 12。他们称这种数为盈数。那么，有没有既不盈余，又不亏欠的数呢？即：有没有恰恰等于它自己所有真因子之和的数呢？有。毕达哥拉斯学派把这样的数叫作完全数。最小的完全数是 6（6 = 1 + 2 + 3），下一个完全数是 28（28 = 1 + 2 + 4 + 7 + 14），这是当时他们找出的两个完全数。

毕达哥拉斯学派研究中发现的另一类非常有趣的数是亲和数。什么是亲和数？我们可以先算一下 220 的所有真因子之和：1 + 2 + 4 + 5 + 10 + 11 + 20 + 22 + 44 + 55 + 110 = 284。反过来，再算一下 284 的所有真因子之和：1 + 2 + 4 + 71 + 142 = 220。奇妙的关系出现了：220 的所有真因子之和等于 284；反过来，284 的所有真因子之和又恰好等于 220。220 和 284 之间"你中有我，我中有你"的关系多像一对形影不离、心心相印的好朋友啊！正如毕达哥拉斯由此引出的妙喻："密友就是另一个自我，如同 220 与 284 一样。"

完全数与亲和数的概念提出后，以其特有的魅力吸引了各式各样的人们。许多人怀着极大的兴趣，像淘金一样没完没了地寻找出更多的完全数与亲和数。而数学家们更关心由此引出的一些理论问题。比如经过数学家欧几里得与欧拉（后面将会介绍的两位伟大数学家）联手，人们已经清楚了偶完全数具有的特征。但时至今日，人们却一直没有发现奇完全数的存在。于是是否存在奇完全数就成为数论中至今仍悬而未决的一大难题。

毕达哥拉斯学派热衷的还有一类数，就是现在人们所称的形数。

早期的毕达哥拉斯门徒是通过在地上摆弄小石子来研究数字的，事实上英文的

calculus（计算）一词就是从希腊文的"石子"衍生出来的。于是，在他们的研究中，形与数自然地结合了起来。当他们把石子按某种几何方式排成图形时，就得到了各种形数。

如图 2-1 所示，点数 1, 3, 6, 10…叫作三角数。如图 2-2 所示，点数 1, 4, 9, 16…叫作正方形数（即平方数）。类似地，我们可排出五角数、六角数等。

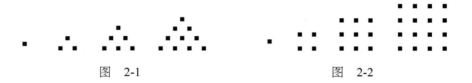

图　2-1　　　　　　　　　　　图　2-2

让毕达哥拉斯学派成员感兴趣并着迷的是对形数性质的研究。

他们得到三角数的通项，又发现三角数是包括奇数与偶数在内的所有相继自然数的和，于是推出了：

$$1+2+3+\cdots+n=\frac{1}{2}n(n+1)$$

他们清楚正方形数的通项，又发现正方形数都等于相继奇数的和，于是推出：

$$1+3+5+\cdots+(2n-1)=n^2$$

做出正方形数 n^2 的图形后，再镶上一个点数是 $2n+1$ 的曲尺形 $\lrcorner$ 的边，就得到下一个正方形数，这相当于证明了 $n^2+(2n+1)=(n+1)^2$，如图 2-3 所示。

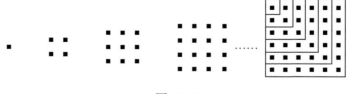

图　2-3

而如图 2-4 所示将正方形剖分，便可得出任何一个正方形数都是两个相继三角形数之和，这相当于得到了 $\frac{1}{2}(n-1)n + \frac{1}{2}n(n+1) = n^2$。

图 2-4

就这样，毕达哥拉斯学派借助直观的图形分析发现了许多数的性质。

这类可以表示成简单而规则图形的有趣的数，还引起了后人浓厚的研究兴趣。后来，人们提出许多与这类数有关的重要数论猜想。比如：任何正整数均可以表示为至多 4 个正方形数之和，这就是四平方和问题。1770 年，数学家拉格朗日给出了完全的证明。近代数论之父费马（我们将在后文对他进行介绍）进而提出猜想：任何正整数都可以表示为 n 个 n 角形数之和。直到 1815 年，这一猜想才被法国数学家柯西证明。

毕达哥拉斯学派还对我们前面提到的勾股数进行了研究。他们考虑的不是给出个别的勾股数，而是想找到一下子产生许多勾股数的公式。他们获得了部分成功，并发现如果 m 是一个奇自然数，则 $\left(\frac{m^2+1}{2}\right)^2 = \left(\frac{m^2-1}{2}\right)^2 + m^2$，因此 $\left(m, \frac{m^2-1}{2}, \frac{m^2+1}{2}\right)$ 可以给出勾股数。如果设奇数 $m=2n+1$，我们可以得到一个等价的形式，即 $(2n^2+2n+1)^2 = (2n^2+2n)^2 + (2n+1)^2$。通过后面这一形式可以看出，这一公式只能产生斜边与一个直角边差是 1 的勾股数解。

约公元前 380 年，古希腊著名哲学家柏拉图设计出另一公式：

$(m^2+1)^2 = (m^2-1)^2 + (2m)^2$，$m$ 为任意自然数

这一公式的特点是斜边与长直角边的差为 2，但它也不能给出所有的勾股数。那么，是否有一种公式能产生全部勾股数呢？

可以证明，设 m 和 n 是两个正整数，m 大于 n，m、n 互素且奇偶性不同，那么

$(m^2 + n^2,\ m^2 - n^2,\ 2mn)$ 就可以给出全部基本勾股数。至于基本勾股数，是指三个数互素。显然，在基本勾股数的基础上，同乘以一个相同的倍数，就可以得出所有勾股数了。

能产生全部基本勾股数的法则在我国最早出现在《九章算术》一书"勾股"章中。此章第 14 题（"今有二人同所立，甲行率七，乙行率三。乙东行，甲南十步而斜东北与乙会，甲乙行各几何？"答数：乙东行 10.5 步，甲斜行 14.5 步）涉及勾股数问题。给出的算法相当于使用了求勾股数的表达式：$\dfrac{m^2 + n^2}{2}$、$\dfrac{m^2 - n^2}{2}$、mn（m 和 n 为奇数，$m > n$）。事实上，这个公式与上面给出的公式是等价的。公元 263 年，著名数学家刘徽（我们将在第二部分中介绍这位中国古代伟大的数学家）注释《九章算术》时说明了这一公式的来源，并利用图形给予了证明。

古印度数学家婆罗摩笈多在公元 628 年左右写成重要的著作《婆罗摩修正体系》，其中明确给出了上述勾股数公式。

西方最先掌握这一全部解法则的数学家是古希腊的丢番图，他在名著《算术》中有若干题用到了这一公式，只是没有明显地表达出来。

我们前面提到古巴比伦人最异彩夺目的"普林顿 322"数学泥板中给出了 15 组勾股数。那么他们是如何得出这些勾股数的呢？许多迹象表明，古巴比伦人在当时很可能使用了上面的一般勾股数公式！

勾股数的研究还引出了另一个问题。勾股数的存在意味着不定方程 $a^2 + b^2 = c^2$ 有（无穷多组）自然数解，那么方程中的指数变为比 2 大的正整数，方程是否还有解呢？换句说话，$a^n + b^n = c^n$ 在 $n > 2$ 时是否有自然数解呢？这一问题由上面提到的数学家费马提出，并被称为费马大定理。直到 1995 年，在困惑了世间智者 358 年后，这个比哥德巴赫猜想更悠久、更有名的难题才被英国剑桥数学家安德鲁·怀尔斯攻克。

毕达哥拉斯学派在研究一些比和比例关系时，还提出了算术比例、几何比例、调和比例等概念。现在，更普遍的用法是将"算术的""几何的"和"调和的"这些名称用到均值上，于是有算术平均值、几何平均值、调和平均值。这几个概念用现在的符号可表示为：若有 p 和 q 两数，则它们的算术平均值 $A = \dfrac{p+q}{2}$，几何平均值 $G = \sqrt{pq}$，而调和平均值 H 是 $\dfrac{1}{p}$ 和 $\dfrac{1}{q}$ 的算术平均数取倒数，即 $H = \dfrac{2pq}{p+q}$。毕达哥拉斯学派还发现了这些概念之间的关系，如 G 是 A 和 H 的几何平均值。即 $A:G = G:H$，他们把这个比例叫作完全比例。此外，他们还发现 $p:A = H:q$，即 $p:\dfrac{p+q}{2} = \dfrac{2pq}{p+q}:q$，并把这个比例称为音乐比例。以该比例为出发点，毕达哥拉斯学派建立起了他们的音乐理论。

几何的成就

毕达哥拉斯学派在几何学方面也取得了很多成就。人们认为以下发现都来自他们或与他们密切相关。

- ❑ 建立了关于三角形、多边形的理论，包括三角形全等定理、三角形内角和为 180°，可能还推证了多边形内角和定理，建立了平行线理论、相似理论等。他们对圆与球的一些定理也有所了解。

- ❑ 研究了正多边形覆盖平面的问题。他们发现这种覆盖只有三种情况，即平面可用 6 个正三角形或 4 个正方形或 3 个正六边形铺满（如图 2-5 所示）。他们也研究了以立方体填满空间的问题。

- ❑ 研究了正五边形、正十边形的作图法。我们前面提到他们是用"五角星"作为组织的徽章或联络标志的，由于这些图形的作法与黄金分割（即将已知线段分为两部分，使较长线段是全线段与另一线段的比例中项。这个分割在中学课本上称作黄金分割，有时也可称中末比、中外比或外内比）密切联系，因此人们推想他们熟悉"几何学中一大宝藏"的黄金分割。

❑ 发现了 5 种正多面体：正四面体、正六面体、正八面体、正十二面体与正二十面体。事实上，可以证明三维空间中正多面体仅有这 5 种。

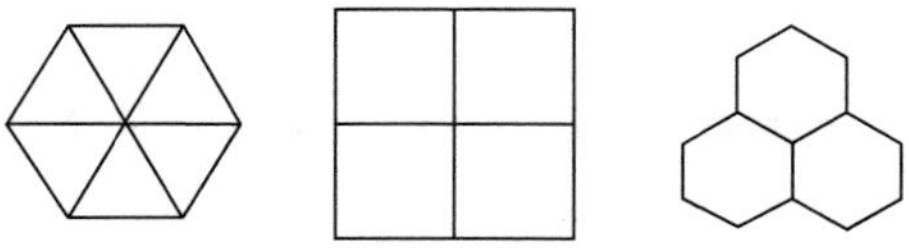

图　2-5

当然，他们最有名的贡献则是发现了勾股定理的证明。据说毕达哥拉斯为此曾供献百牛以作庆贺。对此，古代一位诗人夏米梭写下一首赞美毕达哥拉斯的十四行诗。

是他，一位病弱的人，
最早认识了永存的真理。
毕达哥拉斯定理，
它亘古至今，代代相继。

感谢神灵的启示，
您奉献了丰盛的圣祭，
把一百头活生生的公牛，
赶进了圣光祥云之颠。

自真谛出现之日，
从此
公牛不断的嘶叫。

嘶叫声无损真理的光明，
面对着毕氏的出现，
公牛只能闭目颤栗。

从诗句的字里行间，我们可以看到这条定理在当时人们心目中的地位。正因为西方人认为是毕达哥拉斯最早证明了这一结论，所以西方将勾股定理冠以毕达哥拉斯之名，称这一结论为毕达哥拉斯定理，并一直沿用到现在。

通过勾股定理而发现"不可公度量"（即无理数），是这一学派对数学做出的最大贡献。我们将在下一章详细介绍。

毕达哥拉斯学派的数学思想

毕达哥拉斯学派对数学的贡献不仅来自具体的数学研究，还在于其数学思想产生的深远影响。下面来介绍他们数学思想的几个方面。

万物皆数

毕达哥拉斯学派除了研究数与数之间的关系，还对数与自然之间的关系特别感兴趣。他们发现，很多事物和现象都可以从数量的方面进行说明和解释。他们首先得到的启迪来自音乐。公元 4 世纪的一位学者讲述了下面一则关于毕达哥拉斯的有趣故事。

一天，毕达哥拉斯走过一个铁匠铺，除了一片混杂的声响，他听到锤子敲打着铁块，发出多彩的和声，共同回响。于是，他立即跑进铁匠铺去研究锤子的和声。他发现，大多数锤子可以同时敲打从而产生和谐的声响，而当加入某一把锤子一起敲打时，又总是产生令人不快的噪声。他对锤子进行分析，认识到那些彼此音调和谐的锤子间有一种简单的数学关系——

它们的质量彼此之间成简单比。具体点儿说，那些重量等于某一把锤子重的 $\frac{1}{2}$、$\frac{1}{3}$ 或 $\frac{1}{4}$ 的锤子都能产生和谐的声响。另一方面，那把和任何别的锤子一起敲打时总发出噪声的锤子，它的重量和其他锤子的重量之间不存在这种简单整数比关系。

毕达哥拉斯在琴弦上重复了这一试验，并发现：一根拉紧的弦如果弹出一个音调，比如说是 do，那么当取原弦长的一半时，会弹出高八度的 do；如果取原弦长的 $\frac{2}{3}$，会弹出高五度的音 so；取原弦长的 $\frac{3}{4}$，弹出的音是 fa。他还发现，对于有同样张力的两根弦，当它们的长度为简单的整数比时，奏出的乐声就和谐悦耳。或者说，在每一个和谐组合中，所拨动琴弦的相对长度都可以表示为整数比。于是，从各种不同弦长产生的和声中毕达哥拉斯得出结论，谐音完全是某些确定的数之间的比造成的。后来，毕氏学派根据"简单整数比"的原理创造出一套音乐理论，开创了音乐理论研究的先河。

说到这里，我们可以解释一下"调和"比例名称的来由了。$6:4 = 3:2$ 给出第五度音阶，$4:3$ 给出第四度音阶，$6:3 = (4:3) \cdot (3:2) = 2:1$ 给出第八度音阶。具有如上比例的弦发出的声音非常悦耳，而人们把由此得到的愉快感觉称为谐和（或调和），于是来自最基本和声的 6、4、3 之比就被称为调和比例了。简而言之，调和比例（调和平均值）之名是在寻求音乐理论的过程中产生的。需要指出的是，调和平均值又与调和数列的概念相联系。因为按照调和平均值 H 的定义（即 $\frac{1}{p}$ 和 $\frac{1}{q}$ 的算术平均数取倒数），容易得出：p、H、q 都取倒数后，会构成一个等差数列。比如，1、$\frac{2}{3}$、$\frac{1}{2}$ 各自取倒数得到 1、$\frac{3}{2}$、2，这是一个等差数列。这种情况下，我们就称 p、H、q 构成一个调和数列。具体而言，如果一个数列各项取倒数后得到一个等差数列，那么原数列称为一个调和数列。

音调的和谐竟由整数的比决定！音乐与数这似乎毫无关联的两者间存在的这种意外联系，给毕达哥拉斯以很大的影响。他从中得到启发并做出大胆推测：所有事物都可以用整数或整数的比来解释。他与他的学派成员开始热衷于由此出发去解释更多的现象。

比如，他们相信行星的运动可以归结为数的关系，可以根据数的比表示。在他们看来，物体在空间运动时会发出声音，而且运动得快的物体比运动得慢的物体发出更高的声音。他们相信，行星运动时也会这样。并且，他们认为离地球越远的星，运动得越快，因而会发出更高的声音。进而，他们相信与地球距离不同的行星发出的不同声音能形成和谐之音。而这真正的"天籁之音"也像所有的谐音一样，藏有数与数的比。于是，行星的运动被他们"还原"为数的关系。

事实上，正是由于毕达哥拉斯学派相信天文学和音乐都可以归结为数，他们才把这两门学科都归入了数学。因而，他们的数学课程分为四大部分：数的绝对理论——算术；数的应用——音乐；静止的量——几何；运动的量——天文，而四者合起来就叫作"四艺"。

在几何、算术、天文和音乐方面研究得到的大量结果，不但深深地激励了毕达哥拉斯学派，增强了他们用数来解释世界的信心，而且还让他们从这种研究中感受到一种奇妙的美。让我们举一个该学派注意到的例子。

我们上面提到，在关于音乐的研究中，当用三根弦发出某一个音以及它的第五度音和第八度音时，这三根弦的长度之比为 $\frac{1}{2} : \frac{2}{3} : 1$，即 $3:4:6$，这时能得到悦耳的谐音。我们也提到，只有三种情况下正多边形能覆盖平面，即平面可用 6 个正三角形或 4 个正方形或 3 个正六边形铺满。可以发现，这些正多边形个数之比为 $6:4:3$，而其边数之比则为 $3:4:6$。在其他场合也能发现同样的比例。比如，立方体的面数、顶点数、棱数的比等于 $6:8:12$。类似的观察使他们确信，整个宇宙的现象依附于某种数值的相互关系，也就是存在着"宇宙的和谐"。对毕达哥拉斯学派来说，数学的美就在于整数和整数的比能解释一切自然现象。

"数"的中心地位随处可见，宇宙万物总可以归结为简单的整数或整数之比，这导致他们提出"万物皆数"的论断。他们的这一观点通过一位后期毕达哥拉斯学派成员的话得以清晰表达："人们所知道的一切事物都包含数；因此，没有数就既不可能表达，

数学悖论与三次数学危机

也不可能理解任何事物。""不仅可以在鬼神的事务上，而且可以在人间的一切行动、思想，以至一切行业和音乐中看到这种数的力量。"

世界上的万物和现象都只能通过数（或确切地说是数学）加以解释，唯有通过数和形，才能把握宇宙的本性，毕达哥拉斯学派由于巧合或凭直觉的天才获得的这种观念后来被证明是极为重要的，是他们留给后人最珍贵的思想。如英国学者格斯瑞在《希腊哲学史》中所写："今天自然界的一切科学的描述都采取数学方程的形式。我们能知觉的物理性质——颜色、热、光、声——消失了，被代表波长和质量的数所代替了。因为这条理由，科学史宣称毕达哥拉斯的发现改变了整个历史进程。"从某种意义上说，现代自然科学的发展实际上正是遵循了毕达哥拉斯的传统，当然从形式上变得更加精巧和深奥了。

对毕达哥拉斯学派而言，他们不但认为"万物都可归结为整数或整数之比"，而且相信宇宙的本质就在于这种"数的和谐"。这种观念成了该学派的基本信条，并与其宗教观相融合，于是他们宣称天神用数来统御宇宙。

数字神秘主义

遵循万物皆数的信念，"一切事物都按数来安排"的信条，毕达哥拉斯学派又把数与更多的抽象概念联系在一起，从而产生出数字神秘主义，进而将数字崇拜和对数的迷信奇特地结合起来。

比如，在他们看来，偶数是可分解的，从而也是容易消失的、阴性的、属于地上的，代表着黑暗和邪恶；而奇数则是不可分解的、阳性的、属于天上的，代表着光明和善良。

除了给奇数和偶数指定属性，他们还把一些特定的数与一些概念相联系，从而赋予个别数字以各种不同属性。

1 被认为是其他所有数字的创始者，因此其本身并不被当作一个数字；1 表示几何学的点；1 表示理性，因为理性是不变的。

2 是第一个阴性数字，也是充满意见和分歧的数字，因而代表变化多端的见解；2 又表示几何学中的线。

3 是第一个真正的阳性数字，同时也是和谐的数字，它结合了统一（1）和分开（2），因此它用来代表单一和多变所构成的调和。

4 是公正和秩序的数字。这大约因为 4 为一个正方形数，而正方形是与公正相联系的。

1、2、3、4 这 4 个数叫四象，特别受重视。这可能来自他们的观察与发现：自然由四元组成，例如几何学的四元素（点、线、面、体），以及柏拉图后来所强调的 4 种物质元素（地、气、火、土）；根据"简单整数比"原理创造音乐理论时，正是 1、2、3、4 这头 4 个自然数，按 4∶3、3∶2、2∶1 的比构成了几个主要的音调等。

由于 1 + 2 + 3 + 4 = 10，因而 10 和 4 之间产生了密切的联系。在他们看来，10 可代表宇宙整体，因而是最受崇拜的数字。后来有人又指出 10 包含点、线、面、体各种类型的数：1 是点，2 是线，3 是三角形，4 是四面体。这一联系意味着 10 包含了代表所有维数的数字，更增加了 10 的神秘性。4 由于与 10 相关，也具有了更为特殊的地位。他们的一段祷文反映出对作为神圣象征的圣四与圣十的尊崇：

创造诸神和人类的神圣的数啊！愿您赐福我们！啊！圣洁的、圣洁的四（tetraktys）啊！您孕育着永流不息的创造源泉！因为您起源于纯洁而深奥的一，渐次达到圣洁的四；然后生出圣洁的十，它为天下之母，无所不包，无所不属，首出命世，永不偏倚，永不倦怠，成为万物之锁钥。

5 表示第一个阴性数字 2 和第一个阳性数字 3 的结合，因此是第一个代表爱和婚姻的数字，是结婚的象征。

6 是第一个完全数，从而被视为喜庆、健康、美好与完满的婚姻的象征。

7 和 36 在毕达哥拉斯学派那里具有特殊的意义。7 的神秘意义与对 7 的尊崇是毕达哥拉斯从古巴比伦人那里学到的。至于数 36，则是它的性质给毕达哥拉斯留下了强烈的印象：36 是前三个自然数的立方和，又是自然数列中前 4 个偶数与前 4 个奇数之和。按照毕达哥拉斯学派的看法，整个宇宙是建立在前 4 个偶数与前 4 个奇数基础之上的。因而他们认为，用数 36 作的誓言是最可怕的誓言。

这些现在看来多为荒诞不经的观念，在古代却有其产生的必然性，是一种非常自然的过程。事实上，人类是在经过了极其漫长的历程后才获得了关于数的概念的。数的产生曾是人类文明史上的一个创举。在它产生后，人们慢慢发现它具有无比的威力。于是，"数"这一人类的发现物，渐渐地具有了君临人类之上的地位。在古人的眼中，数慢慢成为人类心目中的神。人们开始相信，数除了描述一个特定的量，还具有运气或其他的力量。于是，数的神秘化、对数字的崇拜与迷信也就应运而生了。事实上，数产生后的神秘化倾向在古代各个民族中都出现了。从古人的角度看，对数的这类态度在当时往往是不可避免的，有其产生的必然性，也是情有可原的。然而，如果在科技已如此昌明的现代还把这种数字神秘主义、数字迷信认真当回事，就是一件很可叹、可悲的事情了。

证明的思想

对古埃及、古巴比伦等东方文明来说，数学是一种作为计算诀窍的实用工具。在约公元前 600 年，数学的本质在古希腊开始发生了改变。古希腊人将证明的思想引入数学，他们注重的不再是数值结果，而是依赖逻辑论证的逻辑证明。他们对古代流传下来的知识开始追问"为什么"并尽力去回答。他们的努力将数学提升到一种新的境界，从此数学从具体的、试验的阶段过渡到抽象的、理论的阶段，并逐渐形成一门独立的、演绎的科学。这在数学史上是一次不寻常的飞跃。

人们通常认为泰勒斯是这一新数学概念的开创者，相信是他沿着论证数学的方向迈出了第一步。

泰勒斯（约公元前 624—公元前 547）生于小亚细亚的米利都城。他早年经商，曾游历古巴比伦、埃及等地，掌握了那里的数学和天文学知识。后来依靠自己广博的知识与智慧，泰勒斯获得了崇高的声誉，被尊为"古希腊七贤之首"，许多有关他的事迹与轶闻流传至今。

泰勒斯最脍炙人口的事迹是通过准确预测公元前 585 年 5 月 28 日的全日食而制止了一场浩劫。他另一项备受赞扬的业绩是测定了埃及金字塔的高度，这个难题是当时拥有知识与智慧的埃及祭司们一直无法解决的。这一贡献使他赢得当时古埃及法老的赏识。

泰勒斯一生热衷于探索大自然的奥秘，对身外之物尤其是财富漠然视之。有人嘲笑他并不真的聪明，因为一个聪明人不可能发不了财。为了回击这些人对自己的讥讽，泰勒斯现身说法，用一件事实证明发财不见得比研究更困难。他利用各方面的知识，估计来年橄榄会大丰收，于是垄断了附近所有的榨油机。事情果然不出所料，在橄榄收获季节中他以高价出租榨油机，并由此得到了巨额财富。他如此做并不是因为想成为富翁，而是想说明自己的兴趣不在致富上。确实，泰勒斯的兴趣在于对知识与智慧的不懈追求，他一生醉心的是钻研哲学与科学。

泰勒斯是西方历史上第一位哲学家，提出了"水是万物的始基"的哲学命题。

他是天文学家，经常专心致志地研究思考天上的问题。柏拉图曾记述了泰勒斯的一件轶事。有一次，泰勒斯一边散步，一边仰望星空，竟然掉进一个大坑。一位秀丽的女仆笑他说：你能认识天上的事物，却看不见脚底下的东西。然而，在泰勒斯看来，那些不思考天上事物的人才更可笑，他们是永远躺在坑内的井底之蛙，不能看到那更高更远的东西。

泰勒斯又是西方历史上第一位数学家。在数学发展史上，他做出了很大的贡献。在他之前，无论是古埃及还是古巴比伦，都已经获得了不少的几何知识。然而，他们对这些几何知识的认识建立在直觉与经验的基础上，而泰勒斯是第一个在"知其然"的同时提出"知其所以然"的数学家。他极力主张，对几何陈述，不能仅凭直觉上的貌似合理就予以接受，而是必须经过严密的逻辑证明。证明命题是希腊几何学的基本精神，而正是泰勒斯在数学方面最早开始引入命题证明的思想，确立和证明了第一批几何定理，从而成为论证数学之父。

泰勒斯在暮年突然死去。他的坟墓上刻有题词：这位天文学家之王的坟墓多少小了一些，但他在星辰领域中的光荣是颇为伟大的。

人们认为，泰勒斯第一个证明了下面几个几何定理：圆的直径等分圆周；对顶角相等；三角形内角和等于两直角之和；等腰三角形的两个底角相等；半圆上的圆周角是直角；如果两个三角形有一边及这边上的两个角对应相等，那么这两个三角形全等。

泰勒斯是否真的证明了这些结果并不太重要，他的成就在于他的方法，而不是应用该方法的具体结果。他在历史上第一个引入命题证明的思想，这是他在数学方面做出的划时代贡献。

泰勒斯已经开创了某种朴素的几何证明，毕达哥拉斯及其学派则大大推进了这种思想，促使数学沿着这一新方向成长。如后人总结的："泰勒斯本人有许多发现，并且在许多方面，他为他的继承人指明了通向基本原理的道路。有时他以比较一般的方式处理问题，有时则以比较直观的方式处理问题……继泰勒斯之后，毕达哥拉斯使得这门科学变成自由式的教育；他从数学的一些基本原理出发来考察这一学科，并尽力以纯逻辑思维的方式来研究各种命题，而不去考虑其具体表示。"

毕达哥拉斯学派对证明思想的发展体现在，他们研究并证明了包括一些深奥得多的更多数学结果上。正如我们前面已经介绍的，毕达哥拉斯在对自然数一般性质的研究中，提出并证明了许多有关数的结论，这一类问题现在被包含在"数论"中。虽说包括中国在内的许多民族都曾有过数论的萌芽，但只有古希腊人对数论进行了更为广泛的研究。事实上，正是毕达哥拉斯学派开辟了"数论"这门新的、极为独特的数学分支。后来，"数学王子"高斯称它为数学王国的"数学皇后"。这一数学中最美的分支中包含的深奥东西，让最出色的数学家也为之流连忘返。这一迷人的数学领域具有的一个真正诱惑是许多富于刺激性的难题，简单得甚至连小学生都能听懂，然而，却使一代又一代世界一流数学家为它们付出了艰苦的努力。上面已提到的著名的费马大定理曾让世间智者困惑 358 年后，到 1995 年才最终得以解决。而这类数论难题（包括至今尚未解决的问题）在数论中比比皆是，如哥德巴赫猜想、奇完全数存在性、孪生素数对问题等。问题表述的简单与解答的极端复杂，作为这一数学分支看似反常的特点吸引着无数的专家与业余爱好者。

在几何学方面，人们也通常把使几何学从经验上升到理论的关键性贡献归功于毕达哥拉斯及其学派。公元前 4 世纪的一位数学史家欧德缪斯后来指出："毕达哥拉斯把自由的科学形式赋予几何学，用纯粹抽象的形式来考察它的原理，并且研究具有非物质的、理性的观点的定理，从而改造了几何学。正是他找到了无理数的实质的理论，发现了宇宙图像的结构。"

从毕达哥拉斯学派之后，几何概念的建立不再借助于直接测量而转向以演绎证明为基础，这是数学史上的一个大事件。而事件中，具有标志性的就是毕达哥拉斯对勾股定理的证明。

勾股定理证明趣闻

勾股定理的证明，自古以来就引起人们的极大兴趣。

在西方国家，人们一般认为毕达哥拉斯最早证明了勾股定理。但他的证明早已失传，西方关于勾股定理证明的最早记载出自欧几里得《几何原本》一书。

自欧几里得之后，古代中国、古印度、阿拉伯世界和欧洲各国又先后出现了各种勾股定理的证明。可以说，2000 多年来勾股定理的证法不断翻新，各具特色，洋洋大观。

在我国，公元 3 世纪的赵爽在为《周髀》一书作注时，利用"弦图"将几何图形互相移补凑合，给出了我国古代关于勾股定理的最早证明。

赵爽，字君卿，我国古代杰出的数学家，一般说法是三国吴人。他的名字与《周髀》一书紧紧联系在一起。他是我国历史上首次对《周髀》进行认真而全面研究的数学家，而他关于数学的研究成果也都记录在其对《周髀》所作的注中。

在《周髀》首章之后，赵爽撰写了极有价值的"勾股圆方图注"。在这篇只有 530 余字的注文中，赵爽不仅叙述并证明了勾股定理，而且给出并证明了关于勾股弦的许多命题。后人曾赞誉说："勾股圆方图注五百余言耳，而后人数千言不能详者，皆包蕴无遗，精深简括，诚算氏之最也。"赵爽对勾股定理的重要性也有深刻的认识，他指出勾股定理"将施于万事"。赵爽的另一传世力作是"日高图注"，其中他给出并证明了日高公式，为重差理论的发展奠定了基础。

赵爽主张数学研究中要"累思"："累、重也，若诚能重累思之，则达至微之理。"他要求"言约旨远，问一事而万事达"。在数学教学方法上，他赞成启发式，"凡教之道，不愤不启，不悱不发。愤之，悱之，然后启发……举一隅，使反之以三也"。赵爽的这些思想在现在仍非常有借鉴价值。

大约同一时期的数学家刘徽在为《九章算术》一书作注时给出了另一种证明，两人的证法都基于"出入相补原理"之上的图验法。

刘徽的证法，原附有证明用的"青朱出入图"，但后来的传本只有注文而无附图。后代研讨《九章算术》的人做出许多补图，清代更是形成补图热潮。据不完全统计，至清代所补"勾股定理"图形约有 88 种之多。仅清朝华蘅芳（1833—1902）就给出 22

幅"青朱出入图"。

日本 1937 年出版《林鹤一博士和算研究集录》一书，书的下卷第 684 页~第 694 页记载了日本数学家对毕达哥拉斯定理的证明方法约 40 种。1940 年，E. S. 卢米斯搜集各种证法的《毕达哥拉斯定理》一书出版。1972 年重印的第 2 版中收录这个著名定理的 370 种证法，并且进行了分类。1978 年，刘毓璋先生的著作《易经之数理思想》在台湾地区出版，其中第 1 章"商高定理"中给出他"搜集及自己创造发明"的证明方法 85 种。而一位希腊人，则在前后 12 年时间里（1986 年~1997 年）获得了毕达哥拉斯定理的 520 种证明方法。

世界各地人们对其着迷程度由此可见一斑。可以说，这一定理证明方法之多是任何其他数学定理都无法比拟的，毋庸置疑，它创下了数学定理证法的一项最高纪录。事实上，毕达哥拉斯定理作为存在最多已知证明方法的定理，确实被载入了吉尼斯世界纪录。

下面我们就从风格各异的古今证法中采撷几个来赏析一下吧。

勾股定理证法赏析

毕达哥拉斯证法

毕达哥拉斯的证法已经失传，后人只能对他的证明做出推测。一种比较合理的看法是：毕达哥拉斯从铺地砖中获得了启发。如图 2-6 所示，用等腰直角三角形来铺地是常见的做法。很容易看出，△ABC 直角边上的两个正方形合起来正好是斜边上的正方形。由此，我们想到对于非等腰的直角三角形这一关系也能成立。于是，获得如下的一种证明：

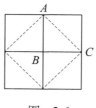

图　2-6

任给直角 △ABC ，各边为 a 、b 、c 。以 $a+b$ 为边做正方形，它由 4

个全等的直角三角形和以 c 为边长的一个正方形组成，如图 2-7a 所示。把 4 个全等的直角三角形重新摆放，可以看出图 2-7b 中的大正方形也可以由这 4 个直角三角形、以 a 为边长的正方形和以 b 为边长的正方形组成，从而以 c 为边长的正方形面积等于以 a 为边长的正方形与以 b 为边长的正方形面积之和，因此得到 $a^2 + b^2 = c^2$。

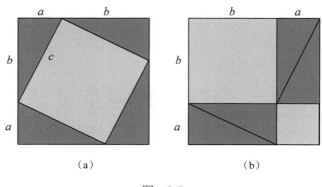

图　2-7

这种证法比较简捷，人民教育出版社所编中学教科书中采用的就是这一证明方法。

如前面所述，据说毕达哥拉斯在证明了这一结论后欣喜若狂，杀牛百只以供奉神灵。于是，这一定理又有"百牛定理"的称法。

欧几里得证法

希腊数学家欧几里得在巨著《几何原本》中给出一个经典证明。

如图 2-8 所示，在直角三角形 AC 、BC 、AB 三边上向外做三个正方形，由 $\angle ACB$ 是直角易知 H 、C 、B 三点在一条直线上。

连结 BF、CD，过 C 作 $CL \perp DE$，交 AB 于点 M，交 DE 于点 L。

下面我们可以证明小正方形 $ACHF$ 的面积等于矩形 $ADLM$ 的面积。为了证明这一点，可以根据正方形 $ACHF$ 的面积为 $\triangle ABF$ 面积的 2 倍（因为两者同底等高），而矩

数学悖论与三次数学危机

形 *ADLM* 的面积是 △*ACD* 面积的 2 倍（因为两者同底等高）。于是，最终归结为证明 △*ABF* 与 △*ACD* 面积相等。

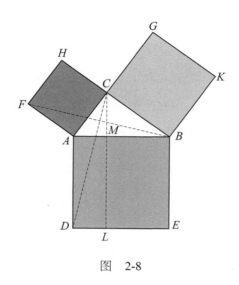

图　2-8

这很明显，因为易证两者全等，即△*ABF* ≌△*ADC*。

同理可以证明小正方形 *BCGK* 的面积等于矩形 *BELM* 的面积。

于是，我们可得到，两个小正方形的面积之和等于大正方形的面积，即"正方形 *ADEB* 的面积 ＝ 正方形 *ACHF* 的面积 ＋ 正方形 *BCGK* 的面积"。

这里的证明讲的是纯粹几何图形之间的关系，没有用到任何数据。如果换成现在的表述，于是有：$c^2 = a^2 + b^2$。

以上证明记载于《几何原本》第一卷的末尾。它是历史上现存最早的完整而严格的勾股定理证明方法。这一证法及证明所用图形（这个图形也成为非常著名的图形）随着《几何原本》在许多国家流传，人们对证明中特有的图形不断给予新解，于是勾股定理的名称也就不断得以翻新。比如在中世纪的阿拉伯国家和印度，人们给这一定理起了一个绰号，叫"新娘图"。也许是因为定理说的是两个小正方形合成一个大的，可以象征结合，后来又引申为"新娘的椅子"。又有人觉得这个图很像一个风车，所以这个定理的另一个外号是"风车定理"。也有人认为这个图形看似僧人头巾，因而其另一雅称是"僧人头巾定理"。

我国以前称这一定理为毕达哥拉斯定理。20 世纪 50 年代初曾展开过关于这一定理命名的讨论，有人主张叫"商高定理"，因这一结论在我国最早是由商高提出的；又有人主张应称为"陈子定理"，因为普遍勾股定理是由陈子提出的；后来决定不用人名，而称为"勾股弦定理"，最后确定叫"勾股定理"。

"商高定理""勾股定理""毕达哥拉斯定理""百牛定理""新娘椅子定理""僧人头巾定理"……就称呼之多，勾股定理大约又创下一项数学之最了吧。

赵爽证法

赵爽在为《周髀算经》作的注中巧妙地构造了一幅"弦图"（如图 2-9 所示），并注解道："案弦图，又可以勾股相乘为朱实二，倍之为朱实四，以勾股之差自乘为中黄实，加差实，亦成弦实。"这幅图与这几行字给出了我国对勾股定理的最早证明。我们来解释一下。

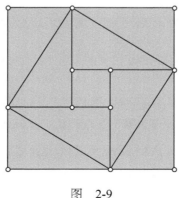

图　2-9

　　如图 2-9 所示，赵爽的"弦图"可以如下构造：把一对直角三角形沿弦边拼成一个矩形，把 4 个一样的矩形围成一个正方形，于是 4 条弦边也围成一个正方形，弦边正方形中有 4 个直角三角形及中间一个小正方形"洞"。

　　赵爽称直角三角形的面积为"朱实"，中间小正方形的面积为"黄实"。于是，显然 4 个"朱实"加上一个"黄实"便可得到大正方形的面积。即，设直角三角形的勾、股、弦分别为 a、b、c，则勾股之积 ab 为两个朱实，$2ab$ 为 4 个朱实，勾股之差即 $b-a$，自乘是现在平方的意思，所以中间的黄实即指 $(b-a)^2$。4 个朱实加上一个黄实就等于弦实：$2ab+(b-a)^2=c^2$，整理即得出勾股定理。

　　赵爽的证法直观、简捷，很有特色，体现了我国古代证题术的独特风格。2002 年世界数学家大会在北京召开时，大会会标的中央图案正是经过艺术处理的"弦图"，标志着中国古代的数学成就（如图 2-10 所示）。

图　　2-10

刘徽证法

　　在为《九章算术》作注时，数学家刘徽将对勾股定理所作的证明表述在勾股术注中："勾自乘为朱方，股自乘为青方，令出入相补，各从其类，因就其余不移动也。合成弦方之幂，开方除之，即弦也。"

从上文看，刘徽是利用平面图形的割补移合来证明勾股定理的。可惜刘徽的"青朱出入图"失传了。后来许多数学家给出补图，清代数学家李潢（？—1812）在《九章算术细草图说》中给出的图据推测应近于刘徽原意。

如图 2-11 所示，我们先分别做出以勾、股为边的正方形，依次涂上朱色、青色，分别称为"朱方""青方"；然后将左上边的"青出"移至右下标有"青入"处，将左下小"青出"移至右上标有"青入"处，再将"朱出"移至标有"朱入"处。于是，图形经过一番移拼、出入相补后拼成以弦为边的正方形，他称此正方形为"弦方"，并且有：朱方 + 青方 = 弦方，即 $a^2 + b^2 = c^2$。不需用任何数学符号和文字，更不需进行运算，隐含在图中的勾股定理便清晰地呈现在人们面前。这是多么神奇的"青朱出入图"啊！数学家华罗庚在《数学的用场和发展》中提出，我们可以用勾股定理作为与外星文明沟通的媒介，在同一文中，他继续提议："为了使那里较高级的生物知道我们会几何证明，还可送去下面的图形，即'青朱出入图'。这些都是我国古代数学史上的成就。"

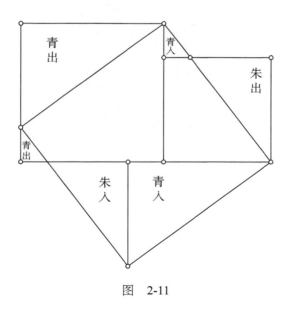

图   2-11

数学悖论与三次数学危机

有趣的是，日本古代著名数学家和算之圣关孝和（约 1642—1708）在《解见题作法》中曾给出完全相同的图证。

婆什迦罗证法

婆什迦罗（约 1114—约 1185）是古印度著名的数学家，他首创了一种利用相似性质证明勾股定理的简捷方法。

如图 2-12 所示，在直角 $\triangle ABC$ 中，过点 C 作 $CD \perp AB$，垂足是 D。

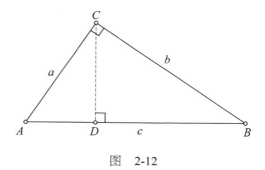

图　2-12

易知 $\triangle ADC \backsim \triangle ACB$，所以有 $AD : AC = AC : AB$，即 $AC^2 = AD \cdot AB$。同理可证 $\triangle CDB \backsim \triangle ACB$，从 而 有 $BC^2 = BD \cdot AB$。于 是， $AC^2 + BC^2 = AD \cdot AB + BD \cdot AB = (AD + BD)AB = AB^2$，得证。

1220 年，数学家斐波那契在著作《实用几何》中给出了类似的证明。

上面证法稍加改造，还可以得到另一种证法，如下。

设 $\triangle ADC$ 面积为 S_1， $\triangle CDB$ 面积为 S_2， $\triangle ABC$ 面积为 S。

由 $\triangle ADC \backsim \triangle ACB$ 与 $\triangle CDB \backsim \triangle ACB$ 得 $\dfrac{S_1}{S} = \dfrac{a^2}{c^2}$， $\dfrac{S_2}{S} = \dfrac{b^2}{c^2}$，利用比例性质， $\dfrac{S_1 + S_2}{S} = \dfrac{a^2 + b^2}{c^2}$，由于 $S_1 + S_2 = S$，得证。

达·芬奇证法

达·芬奇（1452—1519）是意大利著名画家。作为一位伟大的天才，他曾广泛涉猎许多科学领域，并做出很多发现。如下是他给出的一种勾股定理证法。

如图 2-13 所示，图形看上去比较复杂，其实它可通过欧几里得证法中所用图形，上下各添加一直角三角形而获得。

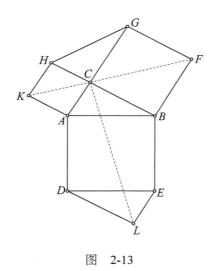

图　2-13

要证明勾股定理成立，我们只需证明横着摆放的六边形 *KABFGH* 与纵放的六边形 *CADLEB* 全等，然后做一次面积减法。

至于两个六边形全等，可以通过严格的几何方法证明。思路是：根据已知 *K*、*C*、*F* 共线以及 *DL* ∥ *BC*、*LE* ∥ *AC*，证明四边形 *KABF* ≌ 四边形 *CADL* 与四边形 *KFGH* ≌ 四边形 *LEBC* 。

总统证法

詹姆斯·加菲尔德（1831—1881）是美国第 20 任总统，他对数学怀有浓厚兴趣。1876 年，当还是一名众议员的时候，他发现了勾股定理的一种有趣证明。5 年后的 1881 年，加菲尔德当选为美国第 20 任总统，可惜仅就职 4 个月就遭枪击，于当年 9 月去世。他关于勾股定理的证明于 1882 年发表在《新英格兰教育杂志》上，后被称为"总统证法"。

如图 2-14 所示，梯形由三个直角三角形组合而成，利用梯形面积等于三个直角三角形面积之和，容易推得：$a^2 + b^2 = c^2$。

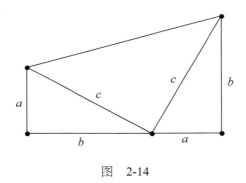

图　2-14

勾股定理逆定理证法

勾股定理的逆定理也有着重要地位，历史上许多古代民族（如我们前面提到的古埃及人）曾通过它来作直角。它的证法也比较多，我们简单介绍两种。

最简单的证明是由余弦定理直接推出，寥寥数字即可完成。设 $\triangle ABC$ 的三边为 a、b、c，由余弦定理 $c^2 = a^2 + b^2 - 2ab\cos C$，再由题设条件 $c^2 = a^2 + b^2$，于是得出 $2ab\cos C = 0$，$\cos C = 0$，因为 $0° < C < 180°$，所以角 C 为直角。

这是否有"循环论证"之嫌呢？ 1979 年的全国高考数学试题中，有一道题是证明勾股定理。当时不少考生对这道题的证明都犯了循环论证的错误：有的直接用余弦定理，有的用了解析几何中两点距离公式，还有的用三角恒等式 $\sin^2\alpha + \cos^2\alpha = 1$。他们忘记了这些结论的证明或推导都来自勾股定理，这就出现了循环论证的错误。

但是，对于逆定理的上述证明方法不存在循环论证的问题，因为逆定理和定理本身是两个彼此独立的命题，我们所依据的推导顺序是：勾股定理 $\Rightarrow$ 余弦定理 $\Rightarrow$ 勾股逆定理。

欧几里得在《几何原本》中给出了另一种简短证明。

如图 2-15 所示，$\triangle ABC$ 满足 $AB^2 = AC^2 + BC^2$，下面证明 $\angle ACB$ 是直角。

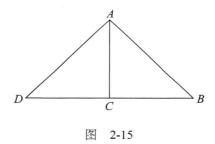

图　2-15

作 DC 垂直 AC，并取 $DC = BC$。连接 AD，得到直角三角形 ACD。

根据勾股定理有：

$$AD^2 = AC^2 + CD^2 = AC^2 + BC^2$$

所以，$AB = AD$，于是两个三角形全等，这样就推出了 $\angle ACB$ 是直角。得证。

第3章
风波乍起：
第一次数学危机的出现

作为古希腊著名的数学家，毕达哥拉斯最重要的数学成果是证明了勾股定理。然而，具有戏剧性的是，由毕达哥拉斯建立的这一定理却成了毕达哥拉斯学派数学信仰的"掘墓人"，并在数学界掀起了一场轩然大波。

毕达哥拉斯悖论

在前面的介绍中，我们已经知道毕达哥拉斯及其学派把"万物皆数"作为基本信念。在他们看来，一切事物和现象都可以归结为整数与整数的比，这就是所谓的"数的和谐"，而他们相信宇宙的本质就在于这种"数的和谐"。在这种观念下，他们对几何量进行了研究，让我们看看他们是如何比较两条线段长度的。

在比较两条线段 a 与 b（设 $b>a$）的长度时，如果 b 恰好包含 a 的正整数 r 倍，我们可以直接用 a 作为两者的共同度量单位。更一般情况下，a 的正整数倍不等于 b。这时可以去找一条小线段 d，使 a 可以分成 d 的某整数（比如 n）倍，同时使 b 可以分成 d 的另一整数（比如 m）倍，那么毕达哥拉斯学派就把小线段 d 作为 a 与 b 的共同度量单位，并说线段 a 与 b 是可公约或可公度的（ d 就是两者的共同度量单位）。

我们用一个简单的例子说明一下。比如线段 a 长 15， b 长 21，那么可以找到一条长为 3 的小线段 d ，使 a 可分成 15/3 = 5 个 d ，同时 b 可分成 21/3 = 7 个 d 。于是，这个长为 3 的小线段就可作为长为 15、21 的两线段的共同度量单位。这时，我们说长为 15 的线段与长为 21 的线段是可公度的。当然，还有一个小问题，即如何找出这个 d 。这不难通过求最大公约数的辗转相除法得到：21 = 15×1 + 6；15 = 2×6 + 3；6 = 3×2。

这个过程相当于先用短些的线段当尺子去量长的。如果一次量尽，度量结束；如果一次量不尽，就用余数作为新的尺子去量那个短些的线段，如果量尽，度量结束；如果还量不尽，就用新的余数作为尺子去量上次的余数……依次量下去，直到某一次的余数等于 0，结束度量。这时，结束前一次的余数就是我们要找的共同度量单位。

对任意长度的两条线段来说，毕达哥拉斯学派成员相信上面的操作过程总会在进行有限步后结束。他们相信：只要把单位线段取得适当短，总可以把两条线段同时量尽，而只要有耐心就可以发现更小的量度单位。因此，任意两个同类量是可通约的，或者说是可公度的。

为了简便，我们不妨直接找两条线段的任一个公约数作为度量单位，比如在上面的例子中直接取 1 作为度量单位，这对结论没有实质性的影响。关键在于，人们从直觉上相信必定能够找出第三条线段，使得给定的两条线段都包含这个线段的整数倍。你是否觉得这不可靠？你是否对这直觉上如此明显的结论还有什么怀疑？好，我们通过实验证实它的成立。

给你一把尺子去量黑板的长和宽。假设结果是，长 2 米 8 分米，宽 1 米 6 分米 8 厘米。那么你来考虑这样一个问题："能否找到第三条线段——也许很短——使得给定的上面两个线段都是这个线段的整数倍？"我们可以这样分析：如果第三条线段用 1

数学悖论与三次数学危机

米做单位，长宽都不是它的整数倍；如果第三条线段取 1 分米做单位，则长是它的 28 倍，宽是 16.8 倍，还不是整数；但如果用 1 厘米长的线段去量长和宽，长是 280 倍，宽是 168 倍，都是整数倍。你看，答案是肯定的。或许你说，上面用尺子量太不准确了。好，拿出你的新式武器：游标卡尺或螺旋测微器来试试怎么样？我等着你的结果。最后你的精确结果出来了：长为 2.816 米，宽为 1.684 米。这次你的结果想必精确些了。但我只需从容地答复你说：取第三条线段为 1 毫米即可。如果你对自己的精确程度还不满意，那我可以静心等你给出更好更精确的结果。当你费了九牛二虎之力时，我只需轻描淡写地说：毫米不行，你可以取微米（1 毫米 = 1000 微米），这总行了吧。

最终，当你玩够了这一把戏时，就会相信：似乎在任何情况下，这样的第三条线段都应该是存在的，只需将第三条线段取得很短很短就行了。如果有人胆敢反驳，你也可以从容地让别人拿出尺子或别的什么去量一件物体，那么可以预料到反驳者很快就会成为你的同盟军。毫无疑问，我们总可以使前两条线段是第三条线段的整数倍！这样的结论怎么可能错呢？我们已经通过实验的方式证实了，任何两条线段都是可通约的，这一命题显然是对的。无论凭直觉还是通过实验，我们都已经证明这是颠扑不破的真理。于是，我们可以明白，当毕达哥拉斯学派提出"任何两个量都是可公度的"时，古希腊人是如何坦然地接受了这一似乎是无可怀疑的结论。怀疑可作为共同公度量的第三条线段的存在，这似乎十分荒谬。不是吗？

答案竟然是：不是！

转折是从毕达哥拉斯提出并证明勾股定理开始的。具有戏剧性与讽刺意味的是，正是他在数学上的这一最重要发现，把他推向了两难的尴尬境地。他的一个学生希帕索斯（约公元前 470）在摆弄老师的著名成果时，想到这样一个问题：正方形的对角线与边长这两条线段是不是可通约的呢？既然任意两条线段都可公度，那么一定可以找到一个度量单位来度量正方形的边和对角线。换句说话，总存在一个长度，使正方形的边和对角线都是这个长度的整数倍。然而，经过认真的思考，希帕索斯意外地发现这两条线段不存在共同的度量单位，不管度量单位取得多么小，都不可能成为正方形的边与对角线的共同度量单位。一句话，正方形的边和对角线是不可公度的！

至于这一发现的细节则具有浓厚的神秘色彩，后人甚至不知道在这一过程中希帕索斯到底使用了什么样的证明。十有八九是一种几何证明而不是代数证明，因为对几何学的研究是毕达哥拉斯学派的主要兴趣。当然另一个原因在于，他们还没有掌握代数语言。对当时可能采用的证明，我们在后面再作介绍。

我们目前所知道的是，无论如何，希帕索斯在当时得出了自己的非凡发现：存在不可公度量！这可是一项杰出的发现！在此之前，作为老师的毕达哥拉斯，在学生做出新的发现时总会很高兴地认可学生的成绩，因为他并非心胸狭窄之人。然而这次他并没有为学生这一青出于蓝的重大发现而欢欣鼓舞，相反他陷入极度不安之中。如果不赞同它，理智上无法接受，学生的论断毕竟是找不出毛病的呀！如果赞同，感情上太难接受了。因为这一发现对他及其学派来说是致命的，它将完全推翻他自己的数学与哲学信条。于是这就导致了"毕达哥拉斯的两难"。两难处境下，他在学派内封锁这一发现，把它作为一个严加防范的秘密，禁止成员向外透露。

对这类数量所取的名字是最好的证据，这种不可度量的数被他们叫作"阿洛贡"（Alogon），这个词有一层意思就是"不可说"。上帝创造的和谐宇宙中竟然出现了无法解释的破绽，此事应绝对保守秘密，以免他因事情败露而把愤怒发泄到人类身上。

后来希帕索斯本人还是把发现泄漏了出去。对此后这位聪明的学生从伟大的老师那里获得的"奖赏"存在不同版本的说法。有人认为，因他违背了严守秘密的社团规则，毕达哥拉斯让人将其杀死。又有人说毕达哥拉斯的信徒将他从船上扔进水里淹死，或在湖里溺死了他。又有说，这一发现激怒了众神，于是把他抛入大海。如有人描述的："听说，首先泄漏无理数的秘密者们终于悉数覆舟丧命。因为对不可说的和无定形的必须保守秘密。凡揭露了或过问了这种生命的象征的人必定立遭毁灭，并万世受那

数学悖论与三次数学危机

永恒的波涛的摆布。"但也有说法认为，他只是被学派开除了。如一位哲学家和历史学家描述道："据说第一个向那些不配理解这个理论的人揭示可比性和不可通约性本质的人遭到了不同寻常的憎恨，以至于他被排除在毕达哥拉斯学会和日常生活之外，甚至他的坟墓都被建造好了，似乎他以前的同事认为他已经不属于人类。"

不管取何种说法，我们所知道的是希帕索斯因为自己的发现得到的结局并不美妙。被后人尊为"智慧之神"的毕达哥拉斯不是拿出勇气承认自己的错误，而是想通过暴力压制真理，这一做法令他一生蒙羞，成为他一生中的最大污点。然而正如我们所熟知的，真理毕竟是扑不灭的，希帕索斯所提出的不可公度问题逐渐在社会上流传开来，史称"希帕索斯悖论"或"毕达哥拉斯悖论"。

第一次数学危机

在继续探究之前，我们先切换到一种熟悉的角度来思考这一悖论的实质。

毕达哥拉斯学派相信任意两条线段 a 与 b 都可公度，就是指存在一条小线段 d 作为 a 与 b 的共同度量单位，使得 $a = nd$，$b = md$。这实际上意味着 $\dfrac{b}{a} = \dfrac{m}{n}$，其中 m 与 n 都是整数。因此，当毕达哥拉斯学派相信两条线段 a 与 b 可公度时，用我们现在的语言表述就是指任意两条线段长的比是整数或是一个分数；简言之，是一个有理数。因此，希帕索斯不可公度量的发现就是指，正方形对角线与边长的比既不是一个整数，也不是一个分数，或者简言之，不是一个有理数，而是一个当时人们完全不了解的全新的数。这类数后来被称为无理数。顺便一提，古希腊人使用"有理""无理"的术语，其原义是"可比的"与"不可比的"。后来转译过程中，在"可比的"之义外，派生出"有理（合乎情理）的"与"无理的"的含义。再后来，前一义渐渐被人遗忘，就只剩下后来的含义。于是，"可比数"与

"不可比数"转成：前者是合理数，后者是不合理数。最后在转译成中文时就有了"有理数"与"无理数"的称法。

我们现在清楚，希帕索斯发现的 $\sqrt{2}$ 是人类历史上诞生的第一个无理数。以现在人的眼光看，不可通约量或无理数的发现，或许是毕达哥拉斯学派最重大的贡献。然而，在当时它的发现为什么会被古希腊人认为是悖论并引发如此严重的问题呢？我们有必要对此做进一步说明。

首先，这一发现动摇了毕达哥拉斯学派的数学与哲学根基，它将推翻毕达哥拉斯学派"万物皆数"的基本哲学信条。不可通约量的发现表明有些量不能用数来表示，这就宣告了他们"一切事物和现象都可以归结为整数与整数的比"的数的和谐论的破产；而他们那建立在数的和谐论上的对宇宙本质的认识也是虚妄的。

其次，这一发现摧毁了建立在"任意两条线段都是可通约的"这一观点背后的数学观念。具体而言，毕达哥拉斯学派接受一种数学原子论的观点。这种质朴的观念认为：线是由原子次第连接而成的，有如项链是由一串珠子组成一样。原子可能非常小，但都质地一样，大小一样，它们可以作为度量的最后单位。这一认识构成了毕达哥拉斯学派的几何基础。

另外，早期的希腊数学家认为任何量都可公度还基于另一个原因。那时，有一个比较数量的方法，即今天的辗转相除法。假如 A 和 B 是两条线段的长，根据数学原子论，他们相信按照辗转相除法做下去，总会碰到一个正整数，使得 A 和 B 都是这一正整数的若干整数倍。

更重要的是，这一发现摧毁了人们通过经验与直觉获得的一些常识。根据经验以及各式各样的实验，任何量，在任何精确度的范围内都可以表示成有理数。这不但是古希腊人普遍接受的信仰，就是在今天，测量技术已经高度发展时，这个断言也毫无例外是正确的！对于日常生活来说，有理数足够用了。对于科学研究而言，仅有理数也够用了。就度量的所有实际目的来说，有理数都完全够用了。

而不可通约量的存在，意味着当我们用辗转相除法比较两线段的长度时，这个过程将会无限进行下去，永无休止；意味着我们即便有一根刻有非常非常精细刻度的理想的尺子，也无法量出所有长度，因为当面对不可通约量时，需要无限次地看尺子上的刻度，而且永远看不完；意味着在比较两条线段的长度时，有时候你永远也找不到一个共同的度量单位；意味着就度量的所有实际目的来说完全够用的有理数，对数学来说却是不够的……

简言之，这意味着曾为人们的经验所确信的，完全符合常识的许多论断都要被小小的 $\sqrt{2}$ 的存在而推翻了！这应该是多么违反常识，多么荒谬的事！要把这种"荒谬"的事承认下来是多么困难啊！它简直把以前所知道的事情从根本上推翻了。事实上，不可通约量的发现不但对毕达哥拉斯学派是致命的打击，它对于当时所有古希腊人的观念都是一个极大的冲击。

不可通约量的发现所造成的影响，不但体现在猛烈冲击并摧毁了许多传统观点与毕达哥拉斯学派所坚持的观念上，而且表现在它对具体数学成果的否定上。事实上，毕达哥拉斯学派的许多几何定理证明都是建立在任何量都可通约的基础之上的。如他们关于相似形的几何定理就是根据这一假设论证的。举一个例子，他们曾经证明了这样一个定理：等高的三角形的面积之比等于它们的底边之比。如图 3-1 所示，两个三角形 ABC 和 ADE ，它们的底 BC 和 DE 在同一直线 MN 上，因而两者等高。随后，毕达哥拉斯学派通过下面的方式证明了其面积之比等于对应底的比。

因为一切量都可公度，所以按照可公度的定义，可设 BC 为一公度单位的 m 倍，而 DE 为此公度单位的 n 倍。把 BC 等分成 m 份，并与顶点 A 连接，于是得到 m 个小三角形；把 DE 等分成 n 份，于是得到 n 个小三角形。这些小三角形等底等高，面积相等。而 ABC 的面积等于 m 个这种小三角形的面积， ADE 的面积等于 n 个这种小三角形的面积。因此可以推出：

三角形 ABC 的面积 : 三角形 ADE 的面积 $= m:n = BC:DE$ 。

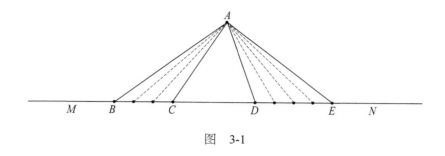

图　3-1

然而，由于不可公度量的发现，这一证明就完全失效了，因为证明所依据的基础已经坍塌。于是，建立在"任何两条线段都可通约"基础上的数学结论都失去了根基，所有建立在这一假设基础之上的证明都被粉碎了，已经确立的许多几何学定理不得不随之瓦解了。而最令人尴尬的是，人们相信这些定理的正确性，只是随着不可公度量的发现，他们拿不出有力的证据来支持他们的观点。这就是人们所谓的希腊几何的"逻辑耻辱"。

面对不可公度量，古希腊人陷入困惑与混乱之中。更糟糕的是，面对由不可公度量带来的多重毁灭性打击，人们竟然毫无办法。这就在当时直接引起人们认识上的危机，从而导致了西方数学史上一场大的风波，史称"第一次数学危机"。

在转入介绍解决危机的方案之前，我们先回头了解一下不可公度性的可能发现过程，也就是去欣赏一下 $\sqrt{2}$ 是无理数的证明。

$\sqrt{2}$ 是无理数的证明

希帕索斯最先通过比较正方形边长与对角线发现了不可通约量，那么他是通过什么途径取得这项成就的呢？后人做出了几种推测。

一种可能的方法是，用辗转相截的方法求正方形的边与对角线的公度，发现公度根本不存在。这种证明的基本思想是，从任一正方形开始，我们可以构造一系列一个比一个小的小正方形，而这个过程可以一直进行下去。

如图 3-2 所示，在正方形 $ABCD$ 中，令 $AB = s_1$，$AC = d_1$。在对角线 AC 上，取 $AE = s_1$，并作 EF 垂直于 AC，且交 BC 于 F。可以证明 $CE = FE = FB$（因为三角形 CEF 为等腰直角，又可以证明三角形 BAF 与三角形 EAF 全等）。于是，我们可以构造出一个新正方形 $CEFG$。它以 $s_2 = CE = d_1 - s_1$ 为边，以 $d_2 = CB - FB = s_1 - s_2$ 为对角线。

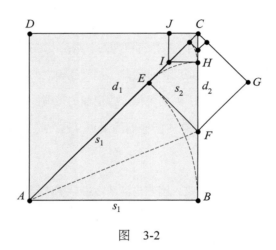

图　3-2

在这个新的小正方形中，我们可以重复原正方形中进行的操作，这样就可以得到更小的正方形。于是，我们可以得到一系列一个比一个小的正方形，而且这个过程可以一直重复下去，永远不会终结！

从这个几何构造过程中，我们已经可以看到正方形的边与对角线是不可公度的。当然，我们还可以用反证法给以更严格的证明。

如果两者可公度，根据可公度定义，一定存在着一个更小线段 δ，使得：

$$s_1 = m_1 \delta，\quad d_1 = n_1 \delta$$

于是 $s_2 = d_1 - s_1 = (n_1 - m_1)\delta = m_2\delta$ ，且 $m_2 < m_1$ 。而根据上面的构造过程，我们可以得到 $\cdots < m_3 < m_2 < m_1$ ，而这个过程可以无限进行下去，但比 m_1 小的自然数只有有限个，矛盾。

另一种可能的证明过程如下。

如图 3-3 所示，假设正方形的边 BD 和对角线 DH 是可公度的，即它们都可以表示为某共同度量单位的倍数。我们可以假设这两个数字中至少有一个是奇数，因为如果不是这样，那么将存在一个更大的共同的度量单位。现在，我们看边上的正方形 DBHI 和对角线上的正方形 AGFE ，它们分别代表一个正方形数。显然， AGFE 是 DBHI 的 2 倍，所以它表示一个偶正方形数。因此边 AG = DH 是偶数。于是，我们得到正方形 AGFE 是四倍的，也就是说，它一定是 4 的倍数。由于 DBHI 是 AGFE 的一半，所以 DBHI 一定是二倍正方形（即 2 的倍数），即它表示一个偶正方形。这样，我们就推得 BD 边一定是偶数。这与 BD 、 DH 中有一个是奇数相矛盾。因此，假设错误，这两条线段是不可公度的。

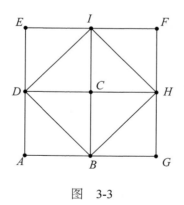

图　3-3

对于古希腊人来说，古老的几何证明是他们所熟悉的，因而上面所介绍的两种几何证法应更接近于希帕索斯的思路。下面我们再介绍一种更易为现代读者所理解的方法。这一方法其实与上面第二种几何证法是一致的。

假设 $\sqrt{2}$ 为有理数，则可设 $\sqrt{2} = \dfrac{p}{q}$（$\dfrac{p}{q}$ 是既约分数），式子两边平方，则有 $2 = \dfrac{p^2}{q^2}$，即：

$$p^2 = 2q^2$$

简单讨论一下这个式子。因为式子右边是偶数，所以显见 P 为偶数，于是不妨设 $p = 2m$，于是 $(2m)^2 = 2q^2$，整理后有 $q^2 = 2m^2$，于是显见 q 为偶数。而 p、q 都是偶数，这与 $\dfrac{p}{q}$ 为既约分数矛盾。因而假设错误，于是我们证明了 $\sqrt{2}$ 是无理数。

如上严格证明的思路，是在古希腊著名哲学家亚里士多德《分析论前书》中给出的。后来，它又出现在 2000 多年前欧几里得的《几何原本》一书中。由于推理的出发点是奇数和偶数的基本性质，有时叫作"欧几里得奇偶数证法"，不过后人考证这一证明并非欧几里得原书中所有，而是后人加入的。

这里我们所感兴趣的是证明中使用的逻辑推理技巧。为了证明 $\sqrt{2}$ 是无理数，先假设它是有理数，然后推出矛盾，说明 $\sqrt{2}$ 不可能是有理数，于是最后得出 $\sqrt{2}$ 是无理数。这就是数学中非常有用的反证法。而上述简捷优美的证明常常被看作利用反证法证明的绝妙例子。

英国数学家哈代在他的《一个数学家的自白》一书中概括了反证法的精髓："欧几里得如此深爱的反证法是数学家最精妙的武器之一。它是比任何奕法更为精妙的弃子取胜法，棋手可能牺牲一个卒子甚至更大的棋子以取胜，而数学家则牺牲整个棋局。"

为了证明一个命题：若条件 A 成立，则必有结论 B。使用反证法的证明模式如下：若条件 A 成立，而结论 B 不成立（舍去将帅），经过一系列的逻辑推理，产生矛盾（可能与条件 A 成立矛盾，可能与结论 B 不成立矛盾，可能与已知证明过的数学定理矛盾，也可能与证明过程中的某个结论矛盾——总之，整盘棋牺牲掉了），产生了矛盾说明结论 B 成立。在第三部分中我们会看到，这种为哈代激赏的证明方法竟也引起了某些争议。

最后介绍一则趣闻。1988 年秋，著名的国际性普及数学杂志《数学智力》倡议并组织了一次数学定理选美。英格兰数学教育家大卫·魏尔斯在杂志上发表了一篇文章"哪一个是最美的?"，其中列出了 24 条数学定理。他要求世界各地的数学爱好者对每一条数学定理，根据它们"美"的程度，打上 0 到 10 之间的一个分数。同时，他还欢迎参评的人提供具体的评论意见。"不存在平方等于 2 的有理数"列入候选名单。一年后，评选结果出来了，它荣获第七名。

第4章
绕过暗礁：
第一次数学危机的解决

毕达哥拉斯学派曾认为，一旦对某类量选定了一个单位，那么每个这类量关于此单位必是"可公度的"——我们习惯上说它的度量是一有理数。后来，小小的 $\sqrt{2}$ 出现了，它的诞生本来是数学史上的伟大发现，然而由此引出的难以解释的毕达哥拉斯悖论，却把古希腊人驱逐出了毕达哥拉斯整数（或其比）的乐园。古希腊人陷入了"失乐园"后的彷徨之中，并因而引发了第一次数学危机。正如我们现在经常提到的"上帝为你关闭一扇窗，同时会为你开启一扇门"。当人们失去一个乐园的时候，也正是面临挑战，重建新的乐土之时。对古希腊人来说幸运的是，200 年后，大约在公元前 370 年，一位伟大数学家的出现使得新的乐土终于被建立起来。

欧多克索斯的解决方案

帮助古希腊人摆脱困境的关键一步是由才华横溢的欧多克索斯迈出的。

欧多克索斯（公元前 408—公元前 355），生于小亚细亚附近的尼多斯（今土耳其西南部），是古希腊著名的数学家、天文学家与地理学家，被认为是古代世界最卓越的创新人物之一。

欧多克索斯家境贫寒，青年时饱受极度贫穷之苦。他家世代行医，年轻时他曾就读于尼多斯医科学校。公元前 368 年，当他访问雅典时，被雅典学派关于哲学和数学的演讲吸引，强烈的求知欲驱使他每天步行十多千米，去柏拉图学园聆听柏拉图等大师们的演讲。在学园浓厚的学术气氛感染下，他坚定了献身于学术的决心，并和柏拉图建立了友谊。

返回尼多斯之后，他一边行医，一边研究学问。约公元前365年，他去埃及访问。在旅居期间，他虚心向僧侣们学习天文历算知识，仔细研究了埃及历法。

自埃及返回小亚细亚以后，欧多克索斯在基齐库斯（今马尔马拉海南岸）创办了一所学校，在那里培养了许多学生。公元前360年～公元前350年，他曾带领一些学生迁往雅典，和柏拉图学园建立了更为密切的联系。后回归故国尼多斯定居，他继续从事教学和科学研究，并坚持天文观测，直至逝世。

欧多克索斯一生的著述很多，涉及天文、地理、数学、医学、法律、哲学等多个领域。瑞士希腊史家F.拉瑟尔称他是"和柏拉图同时代的最杰出的数学家，他由于对三门学科——几何学、天文学和地理学——的贡献而闻名于世"。

作为地理学家，他写过一部7卷的《地球巡礼》，总结了他在地理学方面的考察研究结果。在天文学方面，他最有影响的工作是提出一个以地球为中心的同心球理论，创立了借助转动球面描述行星运行的第一个模型。

欧多克索斯更重要的贡献表现在数学方面。作为古希腊时代成就卓著的数学家，他对数学的最大功绩是创立了关于比例的一个新理论。他对数学的第二个贡献是建立了严谨的穷竭法，并用它证明了一些重要的求积问题。此外，他还研究过"中末比"（即黄金分割）和"倍立方"等著名的数学问题。《几何原本》卷Ⅴ和卷ⅩⅡ主要来自欧多克索斯的工作。

人们一般认为欧多克索斯是仅次于最伟大数学家阿基米德的古希腊卓越数学家。

欧多克索斯通过建立既适用于可通约线段，也适用于不可通约线段的完整的比例论，把由于不可通约量的出现而引起的数学危机解决了。在介绍其理论之前，为了更好理解，我们有必要简单提一下他的基本思路。

我们已清楚地了解到，古希腊人面对的难题是如何解决不可通约量，或以我们现在的说法是无理数问题。对他们来说，问题来自几何，只要研究线段等几何量，就不得不面对不可通约量，这是无法绕过去的。但涉及"数"时，则可以采取"避而不谈"的策略。于是，古希腊人设想的思路是：在数的领域仍然只承认整数（或整数的比），只要在几何研究中能解决几何量中出现的不可通约量问题，就可以宣告万事大吉了。简而言之，把数和量分开，研究的关键转向线段、面积、体积等几何量。令人称奇的是，古希腊人依照这种思路走下去竟然成功了。

欧多克索斯本人的著作已经全部失传。不过，值得庆幸的是，他的比例论成果被保存在欧几里得《几何原本》一书第五卷中。现在人们主要是通过后者来了解前者的工作的。下面介绍的内容来自《几何原本》第五卷，但其主要思想属于欧多克索斯。下面就来欣赏一下古希腊人是如何做的吧。

在《几何原本》第五卷中，欧几里得先是给出了关于量的几个定义。我们看几个比较重要的。

定义 3：两个同类量之间的一种数量关系叫作比。

同类量，就是线段与线段、面积与面积、体积与体积。或许你会问：为什么非要做出两个同类量才有比的规定？这并不难理解。因为当研究几何量时，我们无法拿线段与面积这种不同量进行比较。

定义 4：如果一个量增大几倍后可以大于另一个量，则说这两个量有一个比。

这个定义说的是什么意思呢？举一个简单的例子。比如说有两个可表示为数 5 与 1001 的量。由于 5 增加到 201 倍后可以超过 1001，于是就称这两个量有一个比。这个比是人们早已熟知的可通约量。这一定义似乎很平凡无奇。不过，认真分析一下，你会发现它的特别之处：它实际上允许了不可通约量的存在。比如对正方形对角线与边长这两个量来说，因为正方形的边长在增加 1 倍后就可以超过其对角线，所以现在对两者就可以定义一个比了。也就是说，这里创造的量的比这一新的数学定义，已突破了毕达哥拉斯认为只有可公度量才可以比的限制。实际上，如果承认"两个有限的同类量，任一个加大适当的倍数后都能大于另一个"（这个假设，首先由伟大的数学家阿基米德作为一条公理明确陈述出来，因此通常称为阿基米德公理。但阿基米德指出，欧多克索斯已经了解并使用了这一命题，因此也把它称为欧多克索斯 – 阿基米德公理），那么任何两个有限量都有比，而不必考虑是否可公度。虽然，古希腊人不承认这个"比"是数，但这不妨碍他们以此为起点建立适用于一切量的比例论。

上述定义是迈出的第一步。为了能够展开研究，人们还需要进一步定义两个比间的关系。定义 5 给出了两个比相等的定义，这是欧多克索斯解决方案中的一个中心概念。

定义 5：所谓 4 个量成等比，即第一个量与第二个量之比等于第三个量与第四个量之比，是指：当取第一个、第三个两个量的任何相同的倍数，并取第二个、第四个两个量的任何相同的倍数时，前两个量的倍数之间的小于、等于或大于的关系是否成立，取决于后两个量的倍数之间的相应关系是否成立。

对这个烦琐的文字叙述，我们换成现在所用的代数符号表示如下：

$a:b=c:d$ 是指：如果对于任意的正整数 m、n，只要 $ma>nb$，总有 $mc>nd$；只要 $ma=nb$，总有 $mc=nd$；只要 $ma<nb$，总有 $mc<nd$。

这或许仍然不容易理解。让我们对上面的叙述继续转换一下：

$a:b=c:d$ 是指：对任意分数 $\dfrac{n}{m}$，商 $\dfrac{a}{b}$ 和 $\dfrac{c}{d}$ 同时大于、等于或小于这个分数。

对我们现代人而言，如果 $\dfrac{a}{b}=\dfrac{c}{d}$，那么对任意的分数 $\dfrac{n}{m}$，商 $\dfrac{a}{b}$ 和 $\dfrac{c}{d}$ 同时大于、等于或小于这个分数，这是再自然不过的了。欧多克索斯比例论的关键，就是将这一性质作为了比例相等的定义。

正是这个语言叙述起来显得复杂并难以理解的定义，被誉为数学史上的一个里程碑。这个定义的贡献在于：如果在只知道有理数而不知道无理数的情况下，它指出可以用全部大于某数和全部小于某数的有理数来定义该数，从而使可公度量与不可公度量都能参加运算。可以说，这一定义是整个比例论的基础。欧几里得正是从这一定义出发，推出了"$a:b=c:d$，则$a:c=b:d$"等25个有关比例的命题。在论证了比例的这些"通常"性质后，古希腊人就能够对几何量之比进行运算了——与我们对实数进行算术运算的方式几乎完全相同，结果也相同。进而，古希腊人可以在这些命题基础之上，利用比例理论进一步讨论相似形问题。这正是欧几里得在《几何原本》第六卷中开展的工作。在这一卷中，他对早期毕达哥拉斯学派的研究成果进行了再整理，重新证明了许多由于不可通约量的发现而失效的命题。我们就以前面提到的命题为例，看看在欧多克索斯新比例论下是如何逻辑严密地解决旧问题的。

如图 4-1 所示，已知两个三角形 ABC 和 ADE，底 BC 和 DE 在同一直线 MN 上，因而两者等高，试证明其面积之比等于对应底的比。

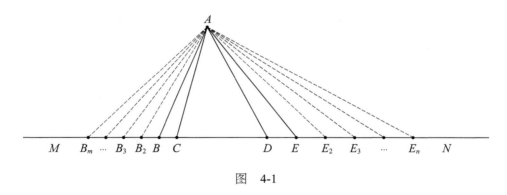

图　4-1

在 CB 延长线上从点 B 起依次截取 $m-1$ 个与 CB 相等的线段，分别将分点 B_2，B_3，…，B_m 与顶点 A 连接。于是，B_mC 的长度为 BC 长的 m 倍，同时三角形 AB_mC 的面积也是三角形 ABC 面积的 m 倍。

同样在 DE 延长线上依次截取 $n-1$ 个与 DE 相等的线段，分别将分点 E_2, E_3, $\cdots$, E_n 与顶点 A 连接。于是，E_nD 的长度为 DE 长的 n 倍，同时三角形 AE_nD 的面积也是三角形 ADE 面积的 n 倍。

三角形 AB_mC 与三角形 AE_nD 等高，因此当 B_mC 大于、等于或小于 E_nD 时，三角形 AB_mC 的面积也相应地大于、等于或小于三角形 AE_nD 的面积。

也即，BC 长的 m 倍大于、等于或小于 DE 长的 n 倍时，三角形 ABC 面积的 m 倍大于、等于或小于三角形 ADE 面积的 n 倍。

根据欧多克索斯比例定义，这就证明了：三角形 ABC 的面积：三角形 ADE 的面积 $= BC : DE$ 。

不可公度线段的存在曾被称为"逻辑上的丑闻"，而今这一"丑闻"就这样被巧妙地消除了。当然，对于我们一般读者而言，或许有些不易接受欧多克索斯这种处理问题的方案：定义看上去有些古怪，而证明又过于烦琐了。但我们可以引述一个故事来看看真正的数学家对欧多克索斯比例论持有的意见。这是捷克数学家波尔查诺讲述的一个关于他本人的故事。故事说的是他在布拉格度假，那时他正在生病，浑身发冷，疼痛难忍。为了分散注意力，他拿起了欧几里得的《几何原本》，第一次阅读关于欧多克索斯比例理论的精彩论述，其高明的处理方法使他无比兴奋，以至从病痛中完全解脱出来。后来，当别的朋友生病时，他总是推荐阅读欧几里得解释的欧多克索斯的比例理论，将其作为一个解脱病痛的妙方。

事实上，许多数学史家认为以上我们简略提到的比例论是古希腊数学中最值得夸耀的理论呢。我们只需要知道，欧多克索斯的比例理论为处理无理数提供了逻辑依据，用几何方法消除了毕达哥拉斯悖论引发的数学危机，从而拯救了整个希腊数学。不过，这种拯救是有代价的，欧多克索斯理论是建筑在几何量的基础之上的，它所处理的是几何量。在这种理论中，量与数是不同的，量可以代表连续对象，如线段、面积、体积、角、时间等。而数却只能代表离散对象即整数或整数之比。或者说，欧多克索斯的解决方式是借助几何方法，通过避免直接出现无理数而实现的。于是，我们现在理解的数与量的统一，被生硬地肢解开了。在这种解决方案下，对无理数的使用只有在几何中是允许的、合法的，在代数中就是非法的、不合逻辑的。这所导致的后果我们在后面还会提到。

同途殊归：古代中国的无理数解决方案

事实上，许多不同民族的数学发展过程中都发现了无理数的存在，而上面介绍了古希腊人面对无理数时的态度与解决办法。当从线段不可公度的几何角度发现了无理数的存在时，他们受毕达哥拉斯学派关于数的观念的影响，兼之追求逻辑严密性，因而对无理数概念采取了回避、拒绝的态度，不愿意明确承认无理数的存在。对实在无法回避的无理量，他们借助欧多克索斯巧妙的比例论用几何方式去处理。这样，古希腊人走向了一条独特的道路：把数与量分开，回避无理数，研究无理量。然而，毕竟无理数是不可能完全回避的。比如，在实际中人们往往需要对某些数进行开方运算，这种情况下就很可能遇到无理数。出于不得已，古希腊数学家也研究了如何用近似值来表示无理根的问题。不晚于公元前 4 世纪，古希腊数学家们已熟知了一种求平方根的近似方法。不过，我们有必要指出，古希腊对数学理论与应用是区分得十分清楚的。在理论中，他们只接受无理量，而拒绝无理数。只有在数学应用中，他们才勉强接受无理数，并对无理数的近似计算做了一些研究。

在介绍了古希腊对待无理数的复杂态度与解决方案后，我们再看看我国古代是如何处理无理数的。我国对待及处理无理数的方式，可在经典著作《九章算术》中寻到答案。

算经之首：《九章算术》

《九章算术》是我国古代最主要的一部传于后世的数学著作。它上承先秦数学发展之源流，后经汉代许多学者删补，最晚成书于公元 1 世纪下半叶。由于内容深刻、广博，它一问世就占据了中国数学舞台的中心位置。它的出现，标志着中国古代数学体系的形成。

《九章算术》共收有 246 个数学问题，包括方田、粟米、衰分、少广、商功、均输、盈不足、方程、勾股九章。其体例统一为："今有……问……几何。答曰：……术曰：……"全书以计算为中心，任何问题都要计算出具体的数字作为答案，而其术文，全部是公式和计算程序，即现在经常所说的算法。它集中体现了中国古代数学体系的特征：以筹算为基础，以算法为主，寓理于算，广泛应用。

反过来，《九章算术》的问世进一步塑造了中国古代传统数学，它的框架、形式、风格和特点深刻影响了中国古代数学的发展。在它之后，中国的数学著述基本上采取两种方式：一是为《九章算术》作注；二是以《九章算术》为楷模编纂新的著作。数学理论密切联系实际的风格和以计算为中心的特点，在中国也由此被牢固确立下来。

如现代著名数学家吴文俊先生（1919—　　）所说，《九章算术》"直到明代以前，向为中国数学上各种重大发现的源泉"。这本被誉为中国古算经之首的数学经典之于中国和东方数学，大体相当于《几何原本》之于希腊和欧洲数学。在世界古代数学史上，两者像两颗璀璨的明珠，东西辉映，前者所代表的算法体系，与后者代表的公理化体系旨趣既异，途径亦殊，成为现代数学思想方法的两大源泉。

数学悖论与三次数学危机

作为一部世界科学名著，《九章算术》在隋唐时期即已传入朝鲜、日本。现在，它又被译成俄、德、法等多种文字。

《九章算术》少广章中提到："若开之不尽者，为不可开，当以面命之。"由于我国古代汉语过于简略，以致后人往往对同一句子的理解产生歧义。对于这句简单的话，不同的研究者有不同的理解。一种观点认为：面就是边，以面命之，就是对开方开不尽的，取一分数，以面作为分母，以其根命名一个分数。于是，以面命之，即指可取 $x = \sqrt{a^2 + r} = a + \dfrac{r}{a}$。另一种观点认为，在不可开的情形中，以面命之，是把开方开不尽的数命名为"面"，这样就定义了一个无理数。

其实无论接受何种理解，我们都可以看到古代在处理无理数问题时所采取的方式，尤其是对待无理数的态度与古希腊截然不同。

由于数学背景的不同，在发现"开方不尽"这一类数的存在时，我国古代人的态度是非常坦然的：有这种数吗？好吧，我们承认就是了。他们根本没有过分纠缠于这是不是数的问题，而是径直地接受了它的存在，甚至坦然到根本没有考虑这与以前的有理数之间是否存在什么本质区别。这对我国古代人来说是很自然的。因为在我国，数学研究侧重于实用的计算技术，数的理论方面却被漠然置之。这或许是由于民族特性的差异，或许只是由历史原因造成的，这里我们不去深究其详。需要指出的是，中国古代在发现存在开方不尽的数后，很快将重点转向考虑在实际中如何去使用这一类数。于是，如何求出这类数的更精确的近似值成为中国古代数学家专注的目标。

比如著名数学家刘徽在注《九章算术》时，指出取平方根的近似值 $x = \sqrt{a^2 + r} = a + \dfrac{r}{a}$ 是不准确的。于是，他提出用不足及过剩近似值来表示：

$$a + \frac{r}{2a+1} < \sqrt{a^2 + r} < a + \frac{r}{2a}$$

不但如此，为了求出更准确的近似值，刘徽还创造了开方求其微数的方法。所谓求微数，实际上就是求无理根的十进分数近似值。如他所说："其数可举，不以面命之，加定法如前，求其微数。微数无名者以为分子，其一退以十为母，其再退以百为母。退之弥下，其分弥细，则朱幂虽有所弃之数，不足言之也。"刘徽的想法是，求出根的整数部分之后，继续开方程序。如果所给的单位下还有名数单位，则继续退位开方，求出关于这些名数单位的值；如已无名数单位，仍继续退位开方，依次以 10, 100, …, 10^n 为分母。越退，分母 10^n 越大，到一定程度之后，剩余部分可以忽略不计……这与我们现在计算无理根十进小数近似值的方法完全一致。

出于实际的需要，我国古代进一步研究了其他相关问题。例如，关于分数开方问题，《九章算术》也提出了正确论断。如果分母开得尽，就先化为假分数，把分子开方，然后除以分母的方根：

$$\sqrt{\frac{b}{a}} = \frac{\sqrt{b}}{\sqrt{a}}$$

如果分母不是完全平方数，分子乘以分母的积，开方，所得数除以分母。即：

$$\sqrt{\frac{b}{a}} = \frac{\sqrt{ab}}{a}$$

这实际上是有理化分母的运算，是先进的计算方法。与开平方情形一样，《九章算术》也提出开立方中不可开的问题，并给出了与上面完全相仿的处理方法。

由此可见，我国在对无理数的态度上采用了现实的、实用主义的立场。由于它们是客观存在、无可避免的，这样引入它们就是自然的。又由于它们是有用与有效的，这就证明了对它们的使用是完全有道理的。于是，人们的注意力很快转移到如何更好地运用它，即求它的近似值与运算等方面，并取得了不凡的结果。

与中国类似，其他东方民族在遭遇无理数时也是侧重于计算其近似值。例如第 1 章中曾提到过古印度，尤其是古巴比伦人很早就给出了精确度很高的 $\sqrt{2}$ 的近似值。对于以应用为目的的东方数学而言，有好的近似值就足够了。在东方，人们并没有把无理数的出现当作什么大事，这在以实用计算为主的背景下是很自然的事。

至此，我们可以看到东方与古希腊人一种鲜明的对比了。

对无理数是否是数这一问题，在古代东方包括我国根本就没有引起人们的多大关注。然而，古希腊人却费尽心思地去思考，并困惑于一个让东方各民族不怎么感兴趣的问题：$\sqrt{2}$ 是无理数意味着没有任何有理数的平方能精确地等于 2。取近似值，并不是给出无理数的精确处理。如果数学能称作一门精确的科学，那么就必须发展出一套研究无理数的方法，而不是仅取近似值。在希腊人看来，这是让人感到头疼的真正难题，并引发了一场危机。他们正视这其中的逻辑困难，并最终以几何方法精确处理了无理量。

$\sqrt{2}$ 就像一面镜子，我们从它的出现在东西方产生的完全不同的影响中，从东西方通过不同途径认识和发展无理数理论的对照中，可以一窥东西方古代在传统、文化、数学观等诸方面的差别。

第5章
福祸相依：
第一次数学危机的深远影响

我们的航行从勾股定理开始，途经毕达哥拉斯，驶入进退维谷的毕达哥拉斯悖论，并被卷入第一次数学危机的漩涡，最终在欧多克索斯的拯救下得以摆脱危境。在这一次的数学历险之后，人们获得了什么呢？在第一部分的最后一章中，我们将讲述这次数学危机对希腊数学产生的深刻与多方面的影响。

第一次数学危机对数学思想的影响

经过第一次数学危机的洗礼，希腊人不得不承认：直觉、经验乃至实验都不是绝对可靠的（如用任何实验都只能得出一切量均可用有理数表示这个结果），推理论证才是可靠的，证明的思想在希腊人心中扎下了根。进一步，古希腊人发展了逻辑思想并加深了对数学抽象性、理想化等本质特征的认识。

在促使这些数学思想牢固确立的过程中，柏拉图起到了重要的作用。

柏拉图（公元前 427—公元前 347）是最有影响的哲学家之一（在许多人看来，"之一"两字可以去掉）。虽非数学家，但是他热衷于数学。他深信数学的重要性，在他所创建的柏拉图学园门口刻着箴言"不懂几何者，不得入内"，既表明了数学在柏拉图心目中的重要地位，又反映了他的一种观点，即只有那些首先证明自己在数学上成熟的人才有能力面对学园的智力挑战。

柏拉图对于数学重要意义的突出强调，极大地激励了他的同时代人和后人积极从事数学研究。事实上，公元前 4 世纪的重要数学工作几乎都是柏拉图的朋友和学生做出的，前面我们已经提到的欧多克索斯就是他的朋友。一位数学史家曾评论说："虽然柏拉图本人在数学研究方面没有特别杰出的学术成果。然而，他却是那个时代的数学活动的核心……他对数学的满腔热忱没有使他成为知名的数学家，但却赢得了'数学家的缔造者'的美称。"

我们在这里提到柏拉图，除了因他对数学的热情，还在于他的数学思想。在数学思想方面，柏拉图受到毕达哥拉斯学派的影响，并发展了他们的观点。他的数学思想对希腊产生了强有力的影响。

柏拉图强调要把数学奠基于逻辑之上，并坚持使用准确的定义、清楚的假设和严格的证明。他坚持对数学知识作演绎整理，这在他的代表著作《理想国》中有清晰地陈述："你们知道几何、算术和有关科学的学生，在他们的各科分支里，假定奇数和偶数、图形以及三种类型的角等是已知的；这些是他们的假设，是大家认为他们以及所有人都知道的事，因而认为是无需向他们自己或向别人再作任何交代的；但他们是从这些事实出发的，并以前后一贯的方式往下推，直到得出结论。"柏拉图所强调的"应从自明的假设出发进行严格的证明"的思想后来成为古希腊公理方法的发端。

在数学方法方面，柏拉图也做出了一些贡献，比如首先提出了为我们所熟知的由结论推导前提进行证明的分析法。

柏拉图像毕达哥拉斯一样，强调数学对了解宇宙的重要作用，他相信整个物质世界是依照数学原则设计的，他的一句名言反映了他的这种观点："上帝是几何学家。"因此，他认为只有通过数学才能领悟物理世界的实质和精髓。

柏拉图严格区分数学研究对象和现实中相应的物理实体。他强调在数学中处理的都是理想化的对象。他把数学的研究对象规定为抽象的数和理想的图形，把数学概念当作抽象物。早期的毕达哥拉斯学派曾把数和具体事物联系在一起，而柏拉图则完全排斥包含具体意义和感性成分的"数"的理解，在他的观念中，数是脱离具体事物的抽象概念。

柏拉图意识到，在数、量、几何图形这些名称下，他们是在对完全不同的实体即非物质的实体进行推理，这种非物质实体是从人们的感官所能感知的对象"通过抽象"得到的，而后者只是前者的"形象"。这种抽象化、理想化正是数学的本质特征，我们以几何学中的点、线等为例说明一下。

我们在解题中经常要画出线，然而这种画出的、我们眼睛可以看到的线并不是数学中真正的直线。为什么？事实上，作为几何学的概念是理想化的实体，在这种理想化的抽象概念中："点"是没有大小的，"线"是没有粗细的，"直线"是可以沿两个方向无限延长的。如此理想化的"点""线"，都不存在于我们的物质世界中。现实世界中存在的所有点和线都有尺度，因而都只是几何学家所构造的"点""线"的不完美的代表而已。你见过没有宽度的线吗？绝对不会，因为当线没有宽度时，你的眼睛也就不会看到它了。数学中的"点""线"只存在于我们头脑中，是想象出来的，是只能通过"心灵之目"看到的存在，而画出的点、线只是用来帮助把想象中的"点"、"线"加以形象化，是传达一种含义以帮助我们形象地看到一种场面而已。同样的，只有理想化的欧几里得世界里任意三角形的三个内角之和才正好等于180°，等等。然而，奇怪的是，如此理想化的概念编织而成的数学竟能被广泛应用于现实世界中，这真是令人备感惊异。

柏拉图的这些思想在他的学生尤其是亚里士多德那里又得到了极大的发展和完善。

亚里士多德（公元前384—公元前322）18岁开始一直在雅典柏拉图学园跟随柏拉图从事研究。他是柏拉图最得意的学生，但他的许多基本观点却与柏拉图截然相反。

数学悖论与三次数学危机

对此，他说过一句广为流传的名言：吾爱吾师，吾更爱真理。

公元前347年柏拉图去世不久，亚里士多德接受马其顿国王菲利普二世的邀请，成了菲利普儿子亚历山大的老师。亚历山大在公元前335年继承王位，成功地征服了地中海国家，同时亚里士多德返回雅典建立了自己的学派——吕园学派。在那里他写作、授业。由于他与学生边散步边讨论问题，因此其学派又得名"逍遥派"。

亚里士多德研究的领域极其广泛，涉及政治、道德、哲学、物理学、生物学等，被革命导师马克思称为"古希腊最博学的人"。

对数学而言，亚里士多德最大的贡献是在前人基础上完成经典著作《工具论》，把逻辑规律典范化、系统化，阐述了逻辑学理论，从而创立了古典逻辑学。

他研究和讨论了三段论问题，他相信逻辑论证应该建立在三段论的基础上。什么是三段论？"三段论法是由三个判断构成，其中两个判断是前提（大前提和小前提），一个判断是结论。"举一个简单的例子：所有人都会死（大前提）、柏拉图是人（小前提），柏拉图会死（结论）。

如果三段论的前提正确，那么结论也必定正确。但在亚里士多德看来，不是任何知识都可以作为三段论的前提，大前提必须是大众普遍接受的事实。他还对每门特殊学科中的基本原理和大众共知的普遍真理加以区分，把前者称为公设，后者称作公理。他举出"两个等量减去同一量后还剩下两个等量"这一公理作为普遍真理的例子。他认为，根据我们不会出错的直觉可知，公理为真的。另外，亚里士多德清楚地认识到，我们必须有这些真理作为进一步推理的基础。因为，任何推理都必须建立在某些前提上，而这一过程不能无穷重复下去。亚里士多德还指出，有些概念绝不能给出定义，否则就无起点可言。

亚里士多德首次明确提出了基本的思维规律：矛盾律和排中律。所谓矛盾律，可表述为：A 不是非 A。即在同一时刻和同一关系下，同一个概念不能具有两种互相矛盾的属性。所谓排中律，可表述为：或者是 A，或者不是 A。即在同一时刻和同一关系下，同一个概念或者具有这种属性，或者不具有这种属性。二者必居其一，不可能有第三种情况。换言之，排中律是说：对一个矛盾对象的任何判断，必然要么是肯定的，要么是否定的。我们数学中经常使用的反证法，根据的就是排中律：否定命题的结论为假，从而证明命题是真的。这是有效而简练的逻辑手段。我们将在第三部分看到，这一逻辑规律在 20 世纪曾受到某些数学家的质疑。

亚里士多德的逻辑思想为把几何整理在严密的体系之中创造了必要的条件，奠定了基础，为形成一门独立的初等几何理论做好了充分的准备。而不久后，作为亚里士多德的逻辑学与当时已有数学成果完美结合的结晶，欧几里得的巨著《几何原本》孕育而生。

欧几里得和《几何原本》

　　欧几里得是公元前 3 世纪古希腊著名的数学家。关于他的生平，现在的人们知道得很少。他早年大概就学于雅典，精通柏拉图的学说。公元前 300 年左右，在托勒密王的邀请下，他来到亚历山大，长期在那里工作。我们可以引述关于他的两则轶事来说明他是一个什么样的人。有心的读者会从这两则故事中得到些重要启示。

　　一则故事讲的是：托勒密王问欧几里得，除了他的《几何原本》一书，有没有其他学习几何的捷径。欧几里得回答道："几何无王者之道。"对于不肯刻苦钻研，总打算投机取巧的人来说，很可以把这句后来传诵千古的学习箴言作为自己的座右铭。

　　另一则故事是说：一个学生刚开始学习第一个命题，就问欧几里得，学了几何学之后将得到些什么。欧几里得说：给他三个钱币，因为他想在学习中获取实利。由此可见，欧几里得是反对狭隘的实用观点的。

欧几里得写过不少数学、天文、光学和音乐方面的著作，现存的有《几何原本》《数据》《论剖分》《现象》《光学》和《镜面反射》等，还有一些仅留书名而内容已失传。在所有这些著作中，最重要的莫过于《几何原本》了。

欧几里得被后人称为"几何学之父"，20世纪前，欧几里得的名字几乎是几何学的同义词。他在数学史上的这种显赫名声，完全得益于他编纂的《几何原本》。

从公元前6世纪起，希腊几何学不断朝着积累新的事实，以及阐明几何原理的相互关系的方向迅速发展。在欧几里得之前，希腊人已经积累了大量的数学知识，并已用逻辑推理的方法去证明几何结论。而在亚里士多德的影响、推动下，逻辑理论已渐臻成熟，公理化思想已是大势所趋，这为形成一门独立的理论科学做好了充分准备，形成一个严整的几何结构已是"山雨欲来风满楼"了。事实上，在欧几里得之前已有好几位数学家做过这种整理工作，但经得起历史风霜考验的，只有欧几里得的《几何原本》。

欧几里得这位伟大的几何建筑师在前人准备的"木石砖瓦"材料基础上，天才般地按照逻辑系统把几何命题整理起来，建成一座巍峨的几何大厦，完成了数学史上的光辉著作《几何原本》。这本书的问世标志着欧氏几何学的建立，在数学发展史上竖起了一座不朽的丰碑。这部划时代的著作共分13卷。我们对它的内容简单介绍一下。

《几何原本》的1～4卷讲直线形和圆的基本性质。

第1卷论述最基本而重要的直线形及其作图法。卷1最后，作为高潮推出了勾股定理（命题47）与勾股定理的逆定理（命题48）。

第2卷讲述的内容，现在称几何代数（即用几何方法讨论代数问题）。包括黄金分割。

第3卷讨论圆及其部分，讨论切线、割线、圆周角和圆心角等概念及其性质。

第 4 卷讨论有关圆的内接和外切正多边形命题。

第 5 卷讨论比例论。在这一卷中，他将比例理论由可公度量推广到不可公度量，使它能适用于更广泛的几何命题证明，从而巧妙地回避了无理量引起的麻烦。对这一卷的内容，我们前面已做过简要介绍。

第 6 卷讨论利用比例理论研究相似形。

第 7 卷、第 8 卷、第 9 卷是关于数论的内容，即讲述关于整数和整数之比的性质，其中包括我们已提到的辗转相除法，现称为欧几里得算法。

第 10 卷主要讨论无理量，但只涉及相当于 $\sqrt{\sqrt{a}\pm\sqrt{b}}$ 类的无理量。

第 11 卷～第 13 卷主要讨论立体几何，第 12 卷详细陈述了穷竭法。

就书中内容而言，有很多来自于此前毕达哥拉斯学派及欧多克索斯的前驱工作。如关于代数几何、数论等内容来自毕达哥拉斯学派，第 5 卷的比例论与第 12 卷的穷竭法来自欧多克索斯。因此，使《几何原本》赢得非凡评价的绝不限于其内容的重要，或者其对定理出色的证明，真正重要的是欧几里得在书中创造的称为公理化的方法。

在证明几何命题时，一个命题总是从前一个命题推导出来的，而前一个命题又是从更前一个命题推导出来的。我们不能这样无限地推导下去，应有一些命题作为起点。这些作为起点，具有自明性并被承认的命题称为公理，如中学所学的"两点确定一条直线"等。同样对于概念来讲也有些不加定义的原始概念，如点、线等。在一个数学理论系统中，我们尽可能少地选取原始概念和不加证明的一组公理，以此为出发点，利用纯逻辑推理的法则，把该系统建立成一个演绎系统，这样的方法就是公理化方法。欧几里得正是采用这种史无前例的陈述方法，组建自己整个几何学体系的。

书中第 1 卷开始给出 23 个定义，涉及点、线、面、角、圆、三角形、四边形等。我们举前面有关点、线、面的几个列一下，可以从中窥其大略："点是没有部分的""线只有长度而没有宽度""一线的两端是点""直线是它上面的点一样地平放着的线""面只有长度和宽度""面的边缘是线""平面是它上面的线一样地平放着的面"……

接着是 5 个公设：由任意一点到另外任意一点可以画直线；一条有限直线可以继续延长；以任意点为心及任意的距离可以画圆；凡直角都彼此相等；同平面内一条直线和另外两条直线相交，若在某一侧的两个内角的和小于二直角的和，则这二直线经无限延长后在这一侧相交。

随后是 5 个公理：等于同量的量彼此相同；等量加等量，其和仍相等；等量减等量，其差仍相等；彼此能重合的物体是全等的；整体大于部分。

欧几里得对公理、公设的区别是采用了亚里士多德的观点，即公理是适用于一切科学的真理，而公设则仅适用于几何。现在我们一般已不再区分公设与公理，而统称为公理。

这 5 条公理、5 条公设除第 5 公设外都是极为显然、极易让人接受的，而第 5 公设其实就是我们初中平面几何中所学的平行公理（过直线外一点，只能做一条直线与已知直线平行）的原始等价命题。这一"欧几里得平行公设"自《几何原本》产生时起就引发了很多议论，后世数学家大都认为它是一个可以证明的命题，但所有证明它的企图都没有获得成功，这一努力后来导致 19 世纪非欧几何的建立。

《几何原本》后面各卷又给出了许多定义，最终全书给出了 119 个定义，但没有再添加新的公理或公设，因此上面给出的就已是全书所需的全部公理和公设了。119 个基本定义、5 条公设和 5 条公理成为全书推理的出发点、论证的依据。利用公理、公设、定义为要素，作为已知，欧几里得先证明了第一个命题。然后又以之为基础，并作为新的已知来证明第二个命题。如此循序渐进，欧几里得有条不紊地由简单到复杂最终推出共 465 个命题（即现在所说的定理），其中包括 54 个作图题。其论证之精彩，逻辑之周密，结构之严谨，令人叹为观止。零散的数学理论被他成功地编织为一个从基本假定到最复杂结论的连续网络。因而在数学发展史上，欧几里得被认为是成功而系统地应用公理化方法的第一人，他的工作被公认为是最早用公理法建立演绎数学体系的典范。

这部数学著作也是整个科学史上发行最广使用时间最长的书。其手抄本曾统御几何学 1800 年之久，印刷术发明后，又被译成多种文字，共有 2000 多种版本，成为数学中的"圣经"。其中文译本前 6 卷由徐光启与传教士利玛窦合译，于 1607 年出版，并定中译本书名为《几何原本》。其实，欧几里得的原书名是《原本》（根据我们上面的介绍可知，欧几里得此书内容并不完全限于几何，它实际上包括了当时的全部数学）。"几何"一词为徐光启和利玛窦所首创，人们一般认为此词兼有音译和意译的好处。首先，几何是 geometria 字头 geo 的音译。其次，在汉语里"几何"是"多少""若干"的意思，因此"几何"又是意译。徐光启曾给予这部著作高度评价："此书有四不必：不必疑，不必揣，不必试，不必改。有四不可得：欲脱之不可得，欲驳之不可得，欲减之不可得，欲前后更置之不可得。有三至三能：似至晦，实至明，故能以其明明他物之至晦；似至繁，实至简，故能以其简简他物之至繁；似至难，实至易，故能以其易易他物之至难。易生于简，简生于明，综其妙在明而已。"后 9 卷是 1857 年由李善兰、伟烈亚力合译的。1990 年，兰纪正、朱恩宽重译并出版了希思的《欧几里得原本十三卷》（1908）。

2000 多年来，这部著作在几何教学中一直占据统治地位，至今其地位也没有被动摇，包括我国在内的许多国家仍要把它作为中学数学的必修课目来讲授（现在中学几何课本是按法国数学家勒让德《几何原本》改写本思路编写的），并作为训练逻辑推理的最有力的教育手段。有一则趣闻提到，美国第 16 任总统林肯在做律师时为了磨砺自己的推理技能，曾"……购买一部欧几里得的《几何原本》……在外出巡回出庭时，把书装在他的旅行袋里。晚上……别人都已入睡了，他还在借烛光研读欧几里得"。

《几何原本》是古希腊数学成果、思想、方法和精神的结晶，它的问世是整个数学发展史上意义极其深远的大事。欧几里得所树立的这一数学史上的理论丰碑深刻地影响了日后的数学，通过以公理为前提来获取知识和使用证明来得到新结论的原则，成为数学家们的共识和所有数学的规范，从而对西方数学的发展产生了不可估量的影响。

《几何原本》的影响还越出数学，成为整个人类文明史上的里程碑，并对西方思想产生了极为深远的影响，它的创立孕育出一种理性精神。人类任何其他的创造，都不可能像欧几里得的几百条定理那样，显示出这么多的知识都是仅仅靠推导得出来的。这些大量深奥的演绎结果，使得希腊人和以后的文明了解到理性的力量，从而增强了他们利用这种才能获得成功的信心。受这一成就的鼓舞，西方人把理性运用于其他领域。神学家、逻辑学家、哲学家、政治家和所有真理的追求者，都纷纷仿效欧几里得几何的形式的推演过程。著名数学家、哲学家罗素在《西方哲学史》中说："欧几里得的《几何原本》毫无疑义是古往今来最伟大的著作之一，是希腊理智最完美的纪念碑。"

当我们以赞叹的眼光审视这一纪念碑，并回顾无理数在古希腊走过的一波三折的曲折历程时，应该能获得一些极为有益的启示了：提出似乎无法解答的问题并不可怕，相反，这种问题的提出往往会成为数学发展中的强大推动力，使数学在对问题的克服中向前大步迈进，这在数学发展史上实在是屡见不鲜的。当希腊人用一种积极的方式面对这一危机时，危机的产生对他们来说就不再是一件坏事。事实上，正是为了解决这一危机，古希腊才发展出了令其引以为豪的欧多克索斯比例理论，并用几何方式圆满解决了危机。进一步，在他们手中诞生了古典逻辑的经典《工具论》和集古希腊论证几何学之大成的美丽画卷《几何原本》，使数学从此被奠基在形式逻辑和演绎公理的基础上。"塞翁失马，焉知非福。"古希腊人从这一数学危机中真是受益匪浅。这正是古希腊数学注重非实用态度与追求逻辑严谨之所"得"。

与之相对照，包括古代中国在内的东方各民族，由于将兴趣集中于计算，从而忽视了无理数概念所涉及的逻辑难点。这虽然避免了数学危机的产生，但同时也失去了发展数学逻辑体系的契机。如中国传统数学最明显的特点是以算为中心，其最大的弱点就在于没有形成一个严密的公理化演绎体系。这正是东方数学注重实用态度与不太追求逻辑严谨之所"失"。然而，正是因忽视无理数隐含的逻辑困难，东方数学得以绕过曾导致希腊数学改变航向或裹足不前的暗礁，随意地把适用于有理数的步骤运用到无理数过程中，从而发展了代数。这实在可以看作实用态度之所"得"。

在人类历史发展的长河中，任何民族的文化都既有其优点，也有其不足之处。在谈过古希腊之"得"后，我们有必要去关注一下古希腊"得中之失"。

第一次数学危机的负面影响

古希腊人在解决危机的过程中，把数和量区分开来，对无理量建立了严密的理论，并由此建筑了几何学大厦。而因为无理数作为数没有可靠的逻辑基础，所以他们对无理数采取了完全回避的方式。这一解决方案为西方数学的发展带来了许多负面影响。

最重要的影响是，从欧几里得以后，代数与几何这数学中的两大分支被严格区分开了。同时，由于几何包含了数学的大部分内容，它成为了几乎所有"严格"数学的基础，这就建立起其后西方数学中几何对算术的绝对优势。

由于整数及其比不能包括一切几何量，而几何量可以表示一切数，因此希腊人认为几何较之算术占据更重要的地位。几何成了全部希腊数学的基础，他们几乎把整个数学概念都以纯粹几何的形式来表述，把数的研究隶属于形的研究，代数依附于几何，称为"几何代数学"。在几何代数中，最基本的元素是线段，所有的运算过程都是借助于线段建立起来的。加法用线段的加长来解释；减法则是从线段上截去与减数相应的线段；二数相除被视为二线段长度的比；两条线段相乘归结为建立二维的矩形，乘积代表矩形的面积；三条线段相乘归结为三维的长方体，而乘积代表其体积。x^2 至今称作 x 的平方，而不说 x 的二次方；x^3 称作 x 的立方，而不说 x 的三次方，就是这种几何代数学的遗迹。我们现在使用的代数恒等式，被解释成一些几何命题。如 $(a+b)^2 = a^2 + 2ab + b^2$ 在《几何原本》中是如此表述的："如果一条线段被分成两部分，则以整个线段为边的正方形等于分别以这两部分为边的正方形以及这两部分为边的矩形的两倍之和。"

这种处理方式，还带来了诸多的禁忌。比如说：我们不能把三个以上的数相乘；要遵守同类量之间相加减的要求，即体积与体积相加，面积与面积相加等；列方程时要求方程中各项都是"齐性"的——因为不如此就会导致几何解释的无意义。诸如此类的限制对几何学或许只是显得烦琐，但对依附于其上的代数却是致命的。我们现在所熟知的代数运算在古希腊变得基本不可能，这就极大地束缚了代数学的发展。

古希腊人这种数与量分而治之带来的后果是，算术、代数的发展受到极大的限制，而几何学却得到充分发展。在其后的西方数学中，受到希腊数学的影响，这种几何对算术的优势至少持续到 1600 年。作为一个证据，"几何学家"这个名称，直到 19 世纪末之前一直用来指所有数学家，甚至包括并不涉足几何学的数学家。

代数、几何分家的另一表现是，原本能紧密结合在一起的数与形也被割裂开了。现在我们知道，数轴与实数之间有一种对应关系，然而对古希腊人而言，直线与数的结合是被严格禁止的。这一局面在欧洲持续了 2000 年，直到 17 世纪，随着解析几何的诞生才出现了转折。

过分追求严谨性的古希腊人，还在数学发展的另一重要方面——数系的扩展上——突然止步了。在古希腊人的解决方案下，数与量被人为割裂开来。对他们来说，无理数的使用只有在几何中是允许的、合法的，在代数中就是非法的、不合逻辑的。

例如，讨论正方形的边长和对角线之比是可行的，因为这已经建立在严格的欧多克索斯比例理论基础之上了。但若像我们通常所做的那样，设正方形的边长为 1，根据毕达哥拉斯定理，求得对角线长度为 $\sqrt{2}$，从而引入 $\sqrt{2}$ 这样的数，在古希腊就是非法的。从这种意义上来说，由无理数的发现导致的第一次数学危机并不算是真正解决了。圆满解决这场危机，还有待于无理数地位在数学中的牢固确立，而这还需要经历极为漫长的时间。

受古希腊人对逻辑完美性追求的影响，西方在很长一段时间内都对缺乏严格基础的无理数持否定或怀疑态度，无理数是否可以看作数一直受到质疑。直到 18 世纪，仍有许多数学家对无理数表示出一种矛盾的心态。他们一方面随意使用无理数进行各种计算，另一方面却怀疑它们的意义和存在的真实性。作为一种典型反映，不把无理数看作真正的数，而是把它当作一种依附于几何量的形式上的符号的观点，在很晚的时代仍然在许多数学家中非常流行。直到 19 世纪下半叶，处理无理数的棘手问题，才在精确的纯算术基础上被解决，无理数严密的逻辑基础才最终建立起来，无理数本质才被彻底搞清，无理数在数学园地中才真正扎下根，确立起在数学中合法的地位。直到那个时候，我们才能说第一次数学危机被真正彻底、圆满地解决了。恰好，这正是我们将在下一部分中讲述的主题之一。

第二部分

贝克莱悖论与
第二次数学危机

第6章
风起青萍之末：
微积分之萌芽

微积分，作为人类思维的伟大成果之一，诞生于 17 世纪，完善于 19 世纪。但这一震撼人之心灵的智力奋斗的结晶，却有着一个长期的历程。早在 2500 多年前，人类就已有了微积分思想的萌芽。

古希腊微积分思想

微积分思想是与许多概念联在一起的，如连续、极限、无限（无穷大、无穷小）等。在数学上具体应用这些概念作为解决问题的有力工具是后来的事情，而与这些概念打交道一般而言要早得多。对古希腊人而言，他们最早遭遇的是连续与离散的困境。

当毕达哥拉斯学派发现不可公度量的存在时，事实上，他们已经面对了"离散与连续的关系"这一难题。整数代表离散的量，可公度比代表两个离散对象间的比。毕达哥拉斯学派起初认为所有长度是度量单位的离散集合，但实际上并非如此。毕达哥拉斯悖论把离散与连续的问题突出出来，并宣布了毕达哥拉斯学派试图用离散的量去精确度量一切连续的量这一努力的失败。

在经历了毕达哥拉斯悖论造成的危机后不久，古希腊人又陷入另一困境中。这就是芝诺悖论的提出。

芝诺悖论

芝诺（约公元前 490—约公元前 425），古希腊哲学家，生于意大利半岛南部的埃利亚。关于他的生平，缺少可靠的文字记载。据传，他早年是一个自学成才的乡村孩子，一生经历很坎坷，最终遭到一暴君的陷害而被拘捕、拷打，直至被处死。

芝诺是继毕达哥拉斯学派之后在意大利新出现的一个哲学派别——埃利亚学派的代表人物之一，这一学派的领袖是芝诺的老师巴门尼德。巴门尼德认为整个世界是个不变的整体，即"不变的一"，运动、变化与多样性都只是幻象。

芝诺以其悖论闻名，他一生曾巧妙地构想出 40 多个悖论，在流传下来的悖论中以关于运动的 4 个"无限微妙、无限深邃"的悖论最为著名。他提出这些悖论很可能是为他老师的哲学观点辩护。

人们对芝诺关于运动的 4 个悖论是通过亚里士多德的转述了解的，而亚里士多德的记述相当简单，说理也很含混，后来不同的研究者按照各自的理解做出了种种不同的解释。我们下面介绍的仅是有代表性的说法。

第一个悖论叫作"二分法悖论"。这个悖论是说：任何一个物体要想由 A 点运行到 B 点，必须首先到达 AB 的中点 C，随后需要到达 CB 的中点 D，再随后要到达 DB 的中点 E，依此类推。这个二分过程可以无限地进行下去，这样的中点有无限多个。所以，该物体永远也到不了终点 B。不仅如此，换一种角度思考这个悖论，我们会得出，运动是不可能发生的，或者说这种旅行连开始都有困难。因为在进行后半段路程之前，必须先完成前半段路程，而在此之前又必须先完成前四分之一的路程，等等。因此，物体根本不能开始运动，因为它被道路的无限分割阻碍着。

第二个悖论叫作"阿基里斯追龟悖论"。阿基里斯，荷马史诗《伊里亚特》中的英雄，以善跑著称。这个悖论说：如果让爬得极慢的乌龟先行一段路程，那么阿基里斯将永远追不上乌龟。芝诺的论证如下：乌龟先行了一段距离，阿基里斯为了赶上乌龟，必须要先达到乌龟的出发点 A。但当阿基里斯到达 A 点时，乌龟已经向前进到了 B 点。而当阿基里斯到达 B 点时，乌龟又已经到了 B 前面的 C 点……以此类推，两者的距离虽然越来越近，但阿基里斯永远落在乌龟的后面而追不上乌龟。

第三个悖论叫作"飞矢不动悖论"。芝诺的论证是，任何一个东西待在一个地方那不叫运动，可是飞动着的箭在任何一个时刻不也是待在一个地方吗？既然飞矢在任何一个时刻都待在一个地方，那飞矢当然是不动的。

第四个悖论叫作"运动场悖论"。芝诺提出这一悖论可能是针对时间原子论观点的，即有人所认为的时间存在最小的单位。对此，他做出如下论证。

设想有三列实体，最初它们首尾对齐。设在最小的时间单元内，C 行列不动，A 行列向左移动一位，B 行列向右移动一位。容易知道，相对于 B 而言，A 移动了两位。这就是说，我们应该有一个能让 B 相对于 A 移动一位的时间。自然，这点时间是 B 相对于 A 移动两位所用时间的一半。但如果假定存在不可分的"时间原子"，那么这两个时间就是相同的了，即最小时间单元与它的一半相等。

AAAA   AAAA

BBBB   BBBB

CCCC   CCCC

如果对这 4 个悖论做认真分析，可以发现它们可分为两组：头两个是第一组，假定时间空间是连续的；后两个是第二组，假定时间空间是间断的。每组的第一个悖论表明孤立物体的运动是不可能的，第二个表明两个物体的相对运动是不可能的。芝诺意在表明，无论时空是连续的还是间断的，运动都不可能，都会出现荒谬的事情。

数学悖论与三次数学危机

芝诺悖论的特点是道理简单，叙述也不复杂，仔细琢磨一下就能明白其意。但其结论却是如此出人意料。凭基本常识，我们知道芝诺论证的结果是不可能的，运动的真实性是无可置疑的。我们都非常明白，运动并非幻觉；我们可以从一处移动到另一处；我们也清楚如果把阿基里斯与乌龟放在一起比赛会发生什么事。因而，需要质疑的是芝诺的推理。为了维护常识，我们必须要在他的推理中找到漏洞，找出毛病之所在，才能驳倒他。

然而，找到芝诺论证的破绽之所在绝非一件容易之事。事实上，芝诺悖论在当时曾给古希腊人造成深深的困惑。而芝诺悖论所涉及的对时间、空间、无限、连续、运动的看法，也都在极长的历史岁月中困扰着后来的哲学家和数学家。我们在后面的章节中还会回到这个话题，看看后人的某些解答。

芝诺还有一个与上面悖论，也与本书第二部分内容紧密相关的想法，我们有必要提一下。

芝诺遵循老师的教导认为"多"是不存在的，他的论证如下。如果"多"存在，那就可以无限分割下去，越分越细。分到最后结果会怎么样呢？一种情况，分到最后的单元没有大小了。然而，如果没有大小，那么把没有任何大小的单元积累起来，不管加多少个，仍然是没有大小。因为无数个零相加结果还是零。另一种情况是，分到最后有大小。然而，如果有大小，那么将无穷多个有大小的东西积累起来，就会得到无穷大。

把他的两个假设说得更清楚些就是：无限多个没有大小的量的总和仍然是没有大小的量，而无限多个相等的任意小的正量的总和必然是无穷大。只要否定其中一个假设，我们就能推翻芝诺的想法。但这两个假设看起来都是成立的，然而只要它们成立，那么按照芝诺的推理，就能得出荒谬的结果。我们将会看到，这一困惑将在微积分发展历史中反复出现。

显然违背人们的常识又没有人能解释得通的芝诺悖论，在毕达哥拉斯悖论之后又一次造成了古希腊人观念上的混乱。从放宽的视角而言，正是由于无理数的出现与芝诺悖论两者才导致了第一次数学危机。无理数问题由于欧多克索斯比例论的出现而基本获得了解决，但芝诺悖论却一直困扰着古希腊人。

　　多年后，亚里士多德曾试图解决芝诺悖论。他对与芝诺悖论密切相关的无限问题进行了思考，并做出一项对后世数学发展深具影响的工作：把无限区分为潜无限与实无限。

　　所谓潜无限是指：把无限作为永远在延伸着的，一种变化着、成长着被不断产生出来的东西来解释。它永远处在构造中，永远完成不了，是潜在的，而不是实在的。如把自然数的无限理解为"任何一个自然数我们都能找到下一个比它更大的自然数"，这就是一种潜无限观念。所谓实无限思想是指：把无限的整体本身作为一个现成的单位，是已经构造完成了的东西，换言之，即是把无限对象看作可以自我完成的过程或无穷整体。比如把直线看作由无数个点组成等。

　　在做了这种区分后，亚里士多德承认存在潜无限，却抛弃了实无限概念。他对实无限的排斥后来深刻而长远地影响了日后数学的发展。先举一方面小的例证：《几何原本》中，欧几里得说直线可任意延长而不是无限长；对"素数无穷多"的结论，用"素数的个数比任意给定的素数都多"来表述等。欧几里得如此做正是为了避开实无限观念。

　　分析亚里士多德当时如此做的原因时会发现，他是想通过这种方式消除芝诺悖论。因为通过否认实无限，他就能拒绝任何把一线段分割成无数不可再分的元素（即无数个无延展的点）的想法了。

　　亚里士多德消除芝诺悖论的尝试并不算很成功。在希腊人眼中无穷仍然是一个逻辑祸害，他们对令人头疼的无穷仍然是望而却步、敬而远之，认为那铺下了一条令人疯狂的道路。这对古希腊数学家造成的后果就是：为了讲究严格，他们不得不把无限排斥在自己的推理之外。

德谟克利特

德谟克利特（约公元前460—约公元前370）是原子论的代表人物。

原子学派在思考分割物质问题时，得出一个结论：分割过程不能永远继续下去，物质的碎片迟早会达到不可能分得更小的地步。德谟克利特接受了这种物质碎片会小到不可再分的观念，并称这种物质的最小组成单位为"原子"（意思是"不可分割"）。现代科学的发展已经证实了这一伟大的思想。

德谟克利特一生曾花费大量的财产去广泛游历，因为专心向学，死时甚为贫困。他写下60多种著作，几乎覆盖当时的所有学科。

物体是由大量的，但数量有限的终极微粒——原子组成的，进一步，德谟克利特认为数学中的线、面、体也是由不可再分的原子组成的。这种观点可称作"数学原子论"。因此，计算面积或体积就相当于把这些原子集合起来。

对这种"数学原子论"可作多种理解，这涉及如何理解"数学原子"。比如说，线由点组成，点是线的"数学原子"，那么如何理解"点"呢？一种理解是点有大小，或者说点是一些非常短的基本线段，这基本就是毕达哥拉斯学派早期所持的看法。正是由此出发，他们相信任何两条线段都是可公度的，因为两条线段都是由许多（实际上是有限）基本线段（点）组成的。随着不可公度量的发现，这一理解方式行不通了。另一种是把这种数学原子看作"无穷小量"，这就是"无穷小量"的观点。在这种理解下，我们可以说线是由无穷多个如点那样的无穷小量组成的，这大概就是德谟克利特的观点。然而，何谓"无穷小量"？是零吗？如果是零的话，无穷多个没有长度的点加在一起又如何会得到有长度的线？如果不是零，那么无穷多个不为零的点加在一起，不会得到无限长的线吗？这正是芝诺所质疑的。无穷小量的观点无法摆脱芝诺的责难。简单说，无穷小量的观点存在着逻辑方面的疑难。要克服这一疑难，还有漫长的路要走。与这个非常有启发性但又有问题的概念打交道还有的是机会，现在且让我们回头来看看德谟克利特。

德谟克利特进而将这种思想应用于数学问题。他把棱锥（或圆锥）看作一系列不可分的薄层叠成，从而得出其体积等于同底同高棱柱（或圆柱）体积的1/3。

把体看作不可分的面叠合而成，这在中国古代称为"积幂（面积）成积"思想，这种思想代表的观点称为不可分量观点。我们后面会介绍到，不可分量是积分论诞生的前奏，因此可以说在德谟克利特的思想中已孕育了后来积分论的萌芽。

不过，德谟克利特对不可分量的认识还很模糊。比如说，体由面积累而成，那么面是有限的呢，还是无限的？德谟克利特没有回答这样的问题。其实，无论如何回答都在逻辑上无法自圆其说。另一方面，不可分量观点会导致如下难以解释的问题：

如果一个圆锥被一些平行于底的平面所截，那么这些截面是怎样的呢？是相等的，还是不相等的？如果它们是不相等的（即可把各片段看成是一些小圆柱），于是圆锥就呈阶梯形；而如果它们是相等的，则一切平行于底的截面都是相等的，圆锥就呈圆柱形。然而，这是毫无意义的。简单说，对圆锥来说，若设各层相等则得圆柱，而若设各层不等则圆锥面不光滑。

德谟克利特本人曾受困于这样的思考。确实，数学原子论或不可分量观点存在着逻辑上的漏洞。因而，讲究逻辑严密性的古希腊人认为，由此推出的结论并没有得到真正的证明。在大约半个世纪后，欧多克索斯把德谟克利特似乎合理的论证转化为严格的证明，他使用的方法称为"穷竭法"。

穷竭法

穷竭法由智人学派（也称诡辩学派）的代表人物安提丰（约公元前 480—公元前 410）首创。他为了解决化圆为方问题（"作一正方形，使其面积等于已给圆的面积"，这是公元前 5 世纪智人学派提出的著名的三大尺规作图问题之一，另两个是三等分角问题、倍立方体问题。直到 19 世纪，这三大问题才被证明无法用尺规完成），提出用圆内接正多边形逼近圆面积的方法来化圆为方。他从一个圆内接正方形出发，将边数逐步加倍得到正八边形、正十六边形……无限重复这一过程，随着圆面积的逐渐"穷竭"，将得到一个边长极微小的圆内接正多边形。安提丰认为这个内接正多边形将与圆重合，既然我们通常能够做出一个等于任何已知多边形的正方形，那么事实上就能做出等于一个圆的正方形。这种推理当然没有真正解决化圆为方问题，但他却因此成为古希腊"穷竭法"的始祖。完善、成熟的穷竭法则主要归功于我们前面介绍的古希腊伟大数学家欧多克索斯。

欧多克索斯对穷竭法进行了改进与严格化，使其成为古希腊数学家证明面积、体积定理时经常使用的一种得力的几何方法。这一方法的逻辑依据是下述结果："设给定两个不相等的量，如果从其中较大的量减去比它的一半大的量，再从所余的量减去比这余量的一半大的量，继续重复这一过程，必有某个余量将小于给定的较小的量。"这个结果，现在称为欧多克索斯原理。这一原理未被当作公理，是因为它可以通过我们前面提到的欧多克索斯－阿基米德公理推得。

利用穷竭法，欧多克索斯证明了"棱锥体积是同底同高的棱柱体积的 1/3"和"圆锥体积是同底同高的圆柱体积的 1/3"的结论。其证明被记录在《几何原本》第 12 卷中。在这里，为了解穷竭法的基本精神，我们举另一个稍简单些但相当典型的例子体会一下穷竭法的应用，这就是第 12 卷的命题 2："两圆面积之比等于其直径平方之比。"

下面我们先利用欧多克索斯原理说明可以通过将正方形边数加倍的方式"穷竭"

圆，即使圆的内接正多边形与圆的面积之间的差做到任意小。

定理证明的第一步要求从其中较大的量减去比它的一半大的量，这里较大的量就是圆面积。为了完成这一步，如图 6-1 所示作圆内接正方形 $ABCD$，它的面积包含圆面积的一半以上（为了说明这一点，可如图做外切正方形 $EFGH$，正方形 $EFGH = 2 \cdot$ 正方形 $ABCD$，又正方形 $EFGH$ 大于圆）。于是，我们可以自圆面积减去正方形 $ABCD$ 的面积，就实现了第一步工作。

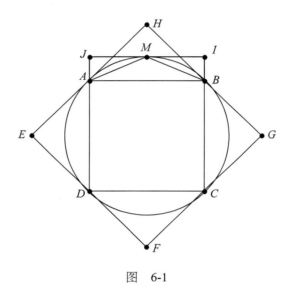

图　6-1

定理证明的第二步要求再从所余的量（记为 $S-S_4$）减去比这余量的一半大的量。

在正方形基础上，取各弧中点，做出内接正八边形。我们下面说明 $S_8 - S_4$ 就是比上一次余量 $S - S_4$ 一半大的量。即 $S_8 - S_4 > \dfrac{1}{2}$（$S - S_4$）。为此，取弧 AB 中点 M，则 $\triangle AMB$ 包含弓形 AMB 一半以上（为了说明这一点，如图 6-1 所示作平行四边形 $ABIJ$，它等于 $2\triangle AMB$，又平行四边形 $ABIJ$ 大于弓形 AMB，所以平行四边形 $ABIJ$ 的一半即 $\triangle AMB$ 大于弓形 AMB 的一半），又正方形 $ABCD$ 的每一边都加上这样的 $\triangle$，就得到内接正八边形，因而这正八边形包含正方形 $ABCD$ 以及圆与正方形 $ABCD$ 之差的一半以上。这样，它与正方形 $ABCD$ 的差就大于圆与正方形 $ABCD$ 之差的一半。

同理作正十六边形、正三十二边形……得到边数加倍的一系列正多边形，而且每一步正 $2n$ 边形与正 n 边形之差必大于圆与正 n 边形之差的一半，即 $S_{2n} - S_n > \dfrac{1}{2}$（$S - S_n$）。这样，我们每次取余量为 $S - S_n$ 就完全可以满足欧多克索斯定理的要求。于是，根据这一定理，通过正多边形加倍而得到的正多边形系列可以"穷竭"圆，即总可以找到一个边数足够多的内接正多边形，使它与圆的面积之差小于任给的小量。（事实上，同理可证这一结果对外切正多边形也适用。即对于任何已知圆，可作它的外切正多边形，使其面积任意接近圆的面积。）

有了上面的铺垫后，我们来证明：$S_1 : S_2 = d_1^2 : d_2^2$，其中 S_1、S_2 为圆面积，d_1、d_2 为两圆对应的直径。

这里借助于反证法。假设：

$$S_1 : S_2 > d_1^2 : d_2^2$$

那么存在 $S_3 < S_1$，满足 $S_3 : S_2 = d_1^2 : d_2^2$。

根据上面的铺垫，我们可以在面积为 S_1 的圆内做一边数足够多的内接正多边形，使它的面积 P 满足 $0 < S_1 - P < S_1 - S_3$，即找到一个正多边形且其面积介于 S_1、S_3 之间：$S_3 < P < S_1$。

下面我们将说明这会导致矛盾。

在 S_2 内作与上面内接正多边形相似的正多边形，设其面积为 Q，则 $P : Q = d_1^2 : d_2^2$（这一推导过程中需要的链条，即两圆的两个相似内接正多边形面积比等于两圆的直径平方之比，此前已被证明）。

于是有 $P : Q = S_3 : S_2$，即 $P : S_3 = Q : S_2$，根据上面已经得到的 $S_3 < P$，所以 $S_2 < Q$，这与 Q 是圆 S_2 的内接正多边形产生矛盾。这意味着最初的假设错误。

如果假设 $S_1 : S_2 < d_1^2 : d_2^2$，同样可推出矛盾。因此，只有 $S_1 : S_2 = d_1^2 : d_2^2$。

这里使用的方法叫双归谬法。

通过上面命题的介绍，我们已可了解穷竭法的两个特点了：逻辑严密、用起来烦琐。

上面证明的命题，换一种角度理解就是说圆面积与直径平方之比是一个常数。但欧几里得未能对这一常数做出数值估计，也未能确立这一常数与我们在研究圆的过程中所遇到的其他重要常数之间的关系。

在《几何原本》一书中，欧几里得还利用穷竭法证明了更多的命题。包括第 12 卷最后一个命题"两个球体的体积之比等于其直径之比的三重比"。这一结果意味着球的体积与其直径立方之比为一常数。但欧几里得依然没有提出这一常数等于什么，这些问题留给了古希腊最伟大的数学家：阿基米德。

数学之神：阿基米德

阿基米德（公元前 287—公元前 212），生于西西里岛（今属意大利）的叙拉古。他早年曾在当时希腊的学术中心亚历山大跟随欧几里得的学生学习，并在那里结识了许多同行好友。后来，阿基米德回到叙拉古，但仍然和他们保持密切的联系。他的许多学术成果就是通过和亚历山大的学者通信往来保存下来的。有关他的生平没有详细记载，但关于他的许多故事却广为流传。

最著名的是关于叙拉古城国王希伦的王冠的故事。国王怀疑金匠用一些合金偷换了他王冠上的黄金，就请阿基米德来做鉴定。阿基米德一直解不开这道难题，但有一天，在洗澡时忽然找到了答案。兴奋之余，他从浴盆里跳出来，跑到了叙拉古城的大街上，边跑边欢呼："尤里卡！尤里卡！"（这一古希腊语的意思是"我找到了！我找到了！"。）令人啼笑皆非的是，完全沉浸在新发现之中的阿基米德，竟然忘记了自己没穿衣服！他的发现后来以"阿基米德定律"著称于世，是流体静力学中的第一个基本定律。

正如这则著名故事中我们所看到的，阿基米德能够在一段时间里非常专注地研究问题，以致当他进行研究时，常常会忽略日常的生活问题。有人曾如此描绘过这位心不在焉的数学家：

"……忘记了吃饭，甚至忘记了他自己的存在，有时，人们会强制他洗浴或敷油，他都浑然不知，他会在火烧过的灰烬中，甚至在身上涂的油膏中寻找几何图形，完全进入了一种忘我的境界，更确切些说，他已如醉如痴地沉浸在对科学的热爱之中。"

阿基米德，正是凭着自己过人的天赋与这种勤奋、执着、忘我的精神，才在力学与数学等方面做出了很多杰出的贡献。

作为力学家，除了阿基米德定律，他还发现了杠杆定律。他为此发现而感动并曾发出豪言壮语："给我一个立足点，我就可以撬动整个地球！"此外，据说他还曾经给国王做过一次实际演习：他用自己通过杠杆和滑轮原理设计的机械去操纵一艘满载的船，只用一只手就使船下水了。国王佩服得五体投地，当即宣布："从现在起，阿基米德说的话我们都要相信。"阿基米德用这种戏剧般的方式使人们相信，科学的能力不仅仅限于抽象的推理。

不过阿基米德真正喜爱的还是纯数学。作为一个双重天才，除了可以脚踏实地地研究实际问题，他还能够在最抽象、最微妙的领域中探索。在其辉煌的数学生涯中，他将熟练的计算技巧和严格证明融为一体，将数学疆域从欧几里得时代向前推进了一大步。其几何著作是希腊数学的顶峰，体现了其非凡的创造力。他的著作以精确和严谨著称，其完美性往往让读者心生一种敬畏的情感。他像是一只孤独的鹰，翱翔于数学的天空。他所达到的高度非但远远超出了自己的时代，甚至于千百年间都无人能出其右！

阿基米德留下的数学著作不下 10 种:《论球与圆柱》《圆的度量》《论螺线》《平面图形的平衡或其重心》《抛物线图形求积法》《论浮体》《引理集》《群牛问题》等。他的著作涉及数学、力学和天文学等。在体例上,他深受欧几里得《几何原本》的影响,先设立若干定义和假设,再依次证明各个命题。如果说他的著作是希腊数学的顶峰,那么顶峰之上的顶峰则是《论球与圆柱》。在这本阿基米德自认为最得意之作中,他推导出著名定理:"球的体积等于和它外切而等高的圆柱体体积的 2/3,球的表面积等于这个圆柱体的表面积的 2/3。"阿基米德本人对这一发现也深感自豪,他希望后人能在他的墓碑上刻一个内切于圆柱的球体。

阿基米德古稀之年时,第二次布匿战争爆发了。公元前 214 年,罗马名将马塞勒斯率领大军围攻叙拉古。阿基米德这位历史上最伟大的机械学天才之一,献出自己的聪明才智发明了许多利器为祖国效劳。传说他用起重机抓起敌人的船只,摔得粉碎;发明奇妙的机器,射出大石、火球;用巨大的镜子反射日光去焚毁敌船(现代人对此进行了多次验证,都未能制造成功这种光能武器,因而现在一般认为这多半是一个美丽的传说)等。马塞勒斯嘲笑他自己的工程师说:"我们还能同这个懂几何的'百手巨人'较量下去吗?"

后来罗马军放弃正面进攻,改用长期围困的策略。叙拉古终于因粮食耗尽,被叛徒出卖,于公元前 212 年被攻破。科学史上极其悲壮的一幕发生了:一个罗马士兵闯入阿基米德的屋子,老人正在沙盘上专心致志地画着几何图形。士兵命令他马上去见马塞勒斯,他拒绝了士兵的要求,表示要等解决了问题并给出证明,否则是不会去的。勃然大怒的士兵,拔出剑刺向了手无寸铁的老人。就这样,75 岁高龄的古代最伟大数学家,被后人尊称为"数学之神"的阿基米德,悲剧性地走完了自己的一生,临终前仍像他活着时一样,执着于他所喜爱的数学研究。古往今来,数学家不知有多少,但像阿基米德这样结局者,却是绝无仅有的。

罗马统帅马塞勒斯后来杀死了那个无知的士兵,而且遵从阿基米德的意愿,为他建造了墓碑，上面刻着"圆柱和它的内切球"这样一个几何图形，以使后世永远缅怀他的伟大业绩！

阿基米德的一生不是创作了一件杰作，而是创作了很多杰作。我们下面就来介绍其中的几个。

上面提到欧几里得在《几何原本》中证明了两个圆的面积之比等于两圆直径的平方比，这一结果相当于证明了圆的面积与直径或半径的平方之比是一个常数。而人们在更早的时候还认识到圆的周长与直径之比为一个常数。那么，这两个常数之间有什么关系呢？换句话说，圆的周长与直径之比正是我们对圆周率的定义，那么圆面积与直径的平方之比又与圆周率这个常数是否有某种联系呢？欧几里得没有考虑这个问题，是阿基米德给出并严格证明了这两个常数之间的关系，从而找到了这两个常数之间存在的简单联系。

约公元前 225 年，阿基米德在《圆的度量》中阐述了关于圆的三个命题。其中，第一个命题给出并证明了：圆的面积等于一个以其周长及半径作两个直角边的直角三角形的面积。

证明仍用穷竭法。如图 6-2 所示，设圆半径为 r，周长为 C，面积为 S。以 C、r 为两直角边作直角三角形，设面积为 K。现证明 $S = K$。

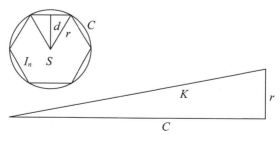

图　6-2

用反证法，假定 $S > K$，根据前面我们已经证明过的，一定可以做出一个边数足够多的内接正多边形，使其面积 I_n 与圆面积 S 之差比 $S - K$ 小，即：

$$S - I_n < S - K$$

于是有 $I_n > K$。

然而，我们做出的是圆的一个内接正多边形，因此它的周长小于 C，其边心距也小于圆的半径。而 I_n 的面积是其周长与边心距乘积的一半（这是不难证明的），因此 $I_n < K$。矛盾。

同理作外切正多边形，可证 $S < K$ 也导致矛盾，从而有 $S = K$。

在这个命题中，阿基米德证明了圆面积公式，但他的陈述却与我们所熟知的形式不同。他的命题是把圆面积与一个三角形面积联系在一起。原因正在于，古希腊在第一次数学危机后，考虑到几何量可能是无理数，所以他们尽量避免用数来直接表示几何量。因此，为了确定某一给定图形的面积，不得不引入另一个平面图形，使其面积等于给定图形的面积。另外，在他的命题中没有看到我们所熟悉的简洁的代数公式，这是因为当时还没有简明的代数符号，所以他只能依靠陈述而无法用简单的公式来表示这些命题。如果记圆周率为 π（圆周率的这种记法是很晚的事情），那么，上述命题就恢复了我们所熟悉的形式：$S = \pi r^2$。在这种语言陈述与代数公式表示的对照中，我们可以深切体会出目前所用代数与代数符号系统的美。

阿基米德在这一命题之后，又给出了计算圆周率的办法。他从圆的内接正六边形出发，最后得到内接正九十六边形的周长，推出圆周长与直径比的一个下限；然后，他又转向外切正多边形，求出了外切正九十六边形的周长，从而又推出这个比的上限。最终得出"圆周长与圆直径之比小于 $3\frac{1}{7}$ 而大于 $3\frac{10}{71}$"。这是历史上第一次通过科学的方法计算出圆周率的近似值。

可以看到，阿基米德的严谨证明是采用了穷竭法。在古人中，阿基米德对穷竭法做出了最巧妙的应用。事实上，以现代的观点来看，阿基米德的真正贡献在于他既深入理解和熟练地运用了穷竭法，同时又发展了穷竭法。

在阿基米德手中，穷竭法发展成为所谓的"括约法"。即不仅利用内接多边形，而且利用外切多边形，也就是说，把圆的面积"括约"在十分接近于圆的内接多边形和外切多边形的面积之间。他证明了，只要边数足够多，圆外切正多边形的面积 C 与内接正多边形的面积 I 之差可以任意小。换一种说法是 C/I 可以与 1 任意接近。发展后的穷竭法成为阿基米德用来解决一系列问题的一种强有力武器，他利用这种方法成功地证明了许多命题，如抛物弓形面积是同底等高三角形面积的 4/3 等。

行文至此，不知读者有没有注意一个问题，就是用穷竭法证明命题是严谨的，但事实上，穷竭法本身却不能得出成果。换句说话，如果知道了结果，它能提供证明的巧妙工具。然而，这种方法对结果的最初发现却不起作用。有些简单问题的结果可能容易得到，然而对一些复杂问题如求抛物弓形的面积，在用穷竭法进行证明之前，阿基米德又是如何先得到它的结果的呢？一份于 1906 年意外发现的羊皮纸手抄稿（后来以《方法》的名称发表）为后人解开了这一谜团。

人们发现他解决问题的独特思路大致是：把一块面积或体积看成是有质量的东西，为了计算一个未知量（面积、体积等），他先将它分成许许多多的微小量（如将面分成线段，将体积分成薄片等），再用另一组微小量来和它比较。通常是建立一个杠杆，找一个合适的支点，使前后两组微小量取得平衡。而后一组微小量集合起来后的总体是较易计算的，于是根据杠杆平衡原理就可以求出前一组微小量的总和，即未知量的面积或体积等。借用他的力学去推进他的数学，这让我们想起法国著名哲学家、启蒙运动的领袖人物伏尔泰对这位伟大数学家的一个评价："阿基米德比荷马更富于想象力。"

阿基米德对这种方法具有的重要性深信不疑，他相信："这种方法对于数学将大有帮助；因为我知道有些人（不论是我的同代人还是我的继承者）一旦认识到这一点，他们就会利用这种方法来发现我还不知道的其他新的定理。"

但这种力学方法背后隐藏着一种与两个多世纪以前德谟克利特相同的"原子论"思想，即图形由许多微小量或者说无穷小量组成，如平面由线组成、立体由平面组成。而无穷小量的观念在逻辑方面是不严密的，因而用这种方法得出的证明并不严格。

对此，阿基米德也非常清楚，其实对他来说，这种方法只是严格证明前的一种试探性工作，一种猜测问题结论的方法。因而，这种方法的作用在于"应用这种方法得出问题的结论后，再去寻求这些结论的证明，当然比一无所知的情况下去发现这些问题的结论容易得多"。而由此得出的结论只是在某种程度上表明该结论可能成立，而"并没有通过所进行的论证真正得到证明。"因此，用这种力学方法进行的研究并不算是真正意义上的证明，"将来必须用几何的方法加以证明"。

阿基米德正是如此做的。他在利用这种方法发现了许多定理后，又通过穷竭法或括约法给出了严格的证明。这种发现与求证的双重方法，是阿基米德独特的思维模式。这方面一个典型的例子是抛物弓形的面积求法。在《方法》中阿基米德得到了抛物弓形面积的结果后，又在《抛物线图形求积法》中使用了严格的几何方法：先作一系列的内接三角形去穷竭（逼近）弓形，最后用双归谬法完成证明。

阿基米德惊人的创造力展现在更多的方面。有充分的证据说明他还写了大量内容广泛的著作，涉及平衡、重心、光学、天文学等多个方面。我们这里所讨论的仅仅是阿基米德数学遗产的一小部分而已，远不能充分说明他的数学天赋。正像有人说过的，当你了解了阿基米德的成就以后，对他以后的杰出人物的天才创造，就不再那么钦佩了。

如果以现在的观点看，阿基米德对数学做出的最引人注目的贡献是：微积分尤其是积分方法的早期发展。在证明许多命题的过程中，他对平衡法、穷竭法及括约法的使用都已非常接近于后来发展出的定积分思想。事实上，在今天，只有用积分法才能解决的许多重要问题，阿基米德都通过一条迂回之路，独辟蹊径，创立新法，取得了正确的结果，使后人惊叹不已。此外，后世的数学家们也正是在深入研究了阿基米德的著作，充分领会穷竭法的思想之后开创新的研究的。因而，阿基米德的方法是后世微积分发现的出发点，微积分是奠基于他的工作之上才最终产生的。

微积分在中国

中国古代对微积分也做了许多研究，但很少为世人所知。我们下面花一些笔墨介绍一下。

中国有关微积分的思想最初来自哲学家。早在春秋战国时期，诸子百家中的名家、墨家就具有了许多关于微积分思想的精彩论述。正如我们在芝诺悖论中所见到的，来自古代的这些论述由于太过于言简意赅，并往往未能清楚说明所论的理由，所以造成后人理解上的困难。因而，下面我们所介绍的只是许多不同看法中比较有代表性的观点而已。

名家的代表人物是惠施（约公元前 370—公元前 310，战国宋人），以善辩著称。他的许多记录于《庄子》的言论蕴涵了无限、极限等微积分思想，体现了他对此的深刻认识，我们举几则如下。

"一尺之棰，日取其半，万世不竭。"这一主张分割是无穷无尽的命题大概是最为人所熟知的。这一脍炙人口的命题，常被现代人用作以零为极限的例子。

"至大无外谓之大一；至小无内谓之小一。"这里"大一""小一"相当于现在的无穷大、无穷小。"外"是外界或边界。因此，这一句可译作：至大是没有边界的，这叫作无穷大；至小是没有内部的，这叫作无穷小。不难看出，这一命题中包含了对无穷的一定认识。

"无厚不可积也，其大千里。"这里我们把"无厚"理解为几何学中的"面"，面是没有体积的。但无数无体积的面积累起来，却可以大至千里。如果可以这样解释，那么这一命题中包含的正是关于无穷小量的思考了。

名家还有两个极为有趣的命题："飞鸟之影未尝动也""镞矢之疾，而有不行不止之时"。我们说它们有趣，不但是指其立论的精辟，还在于这两个命题让我们很容易想到古希腊的芝诺。它们与我们刚提到的飞矢不动悖论简直如出一辙，有异曲同工之妙。在没有交流的情况下，东西方哲人竟然不约而同地产生出思路如此近似的想法，的确让人啧啧称奇。

墨家关于微积分思想也有许多精彩论述，记录在《墨经》中，我们也举几则如下。

"体，分于兼也。""体：若二之一，尺之端也。"体可以作图形讲。"分"是部分，"兼"是全体。因此，第一句话是说：图形是由部分组成的。"二之一"是将图形平分，"尺"可理解为线段，"端"就是点。这样，第二句可解释为：将一个图形例如线段，一半一半地分下去，最后将得到一个点。如果这解释是《墨经》原意的话，那么这里面已含有"点是线段无限分割的极限"的思想萌芽。

"非半弗斫，则不动，说在端。"这一句是说：将一线段按一半一半地无限分割下去，就必将出现一个不能再分割的"非半"，这个非半就是点。这是墨家不赞同名家"一尺之棰"的命题而提出的自己的看法。在墨家看来，线段无限半分下去，最终必能达到不可再分的"端"，即极限点。

"非，斫半，进前取也。前，则中无为半，犹端也。前后取，则端中也。斫必半，毋与非半，不可斫也。"这句提出了从线段分割中获得"端"的两种方式：一种方式是"进前取"，即是由线段后端向前逐次斫取其半；另一种方式是"前后取"，即从线段的前后两端向中间逐次斫取其半。其结论是，这种斫取继续进行下去，最终达到不能再分之时都能得到一个或者在区间的边界，或者在区间内部的"端"。

"穷，或有前，不容尺也。""或不容尺，有穷；莫不容尺，无穷也。""或"作区域讲，"有前"作有界讲。因此，第一句话的解释是：穷就是有边界的区域，如果沿着某一方向用尺（另一线段）去量这区域，一定能够量尽。而第二句则可解释为：穷，是能够量尽的区域，也叫有穷；如果永远量不尽（莫不容尺），必定是无穷的。有观点认为，这与欧多克索斯－阿基米德公理意义相同。所以，我国有的教科书把欧多克索斯－阿基米德公理改称为"或不容尺公理"。

前秦诸子深刻的微积分思想并非单纯的哲学思辨，它还给后人以深刻的启迪。伟大数学家刘徽正是在前人（尤其是墨家）哲学思想的基础上加以发展，并在中国第一个将这种思想成功地应用于数学计算和证明中，从而取得了前无古人的创造性成果。

刘徽

刘徽（公元263年左右）是中国古代著名的数学家。作为现在公认的中国历史上最杰出的数学家之一，刘徽的数学成就已得到国际的承认。有研究者称他为"当之无愧的世界数学泰斗"，也有研究者认为"从对数学贡献的角度来衡量，刘徽应该与欧几里得、阿基米德等相提并论"。但令人遗憾的是，历史上却没有留下有关他的详细生平史料。对于他的一生经历我们所知甚少，而且没有定论。根据一些零星的记载，只能大致推断他的生活年代主要是在三国魏晋时期，籍贯可能是山东淄乡（今山东邹平）。然而这些方面的缺失也许并没有那么重要，因为他有自己伟大的数学成就留传于世，对于一个数学家而言，还有什么比这更重要、更令人欣慰的呢？

刘徽在幼年时就学习过《九章算术》，成年后又继续深入研究。在魏景元四年（263 年）注《九章算术》，刘徽的数学成就完整地保留在他为《九章算术》所作的注释中。可以说，《九章算术》的刘徽注是我国古代数学上的划时代著作，其中包含了刘徽丰富多彩的创见与发明。

在数系理论方面，他扩充数系和建立数的运算理论。在算术方面，他引进了用十进分数形式给出的十进小数；在对分数、负数、无理数问题上他都提出了一些真知灼见；在线性方程组解法中，他创造了解线性方程组的互乘相消法与方程新术；他还研究过等差级数，并且得出求和公式。在几何方面，他证明了圆面积公式，对圆周率进行了推算；他对多面体、圆锥、球等的体积进行了研究。另外，刘徽发展完善了重差理论。"重差"是利用我们前面提到的勾股术进行测量的一种方法。刘徽在前人工作基础上，撰《重差》一章作为《九章算术》第 10 卷，后来以《海岛算经》为名单行，并成为《算经十书》之一。

除了这些具体的数学成果，以现代的观点看来，刘徽更重要的贡献在于他的数学思想与方法。

刘徽在《九章算术》中引入了原书中所缺乏的逻辑环节：他以严密的数学用语描述了有关数学概念，提出并定义了许多数学概念；提出出入相补原理、截面积原理、齐同原理等许多公认正确的判断作为证明的前提，然后通过"析理以辞、解体用图"（这里的"辞"就是逻辑，"图"则指图形直观），把逻辑推理与直观分析结合起来。他把这种科学的方法贯彻在他的《九章注》中，全面论证了《九章算术》中的公式、算法；对各种算法进行总结分析，揭示出各种算法之间的有机联系，使之成为一个严谨、完整的理论体系。正如现代研究者指出的："刘徽的数学之树是在《九章算术》的数学框架基础上加以改造，注入了血肉和灵魂，形成了一个以计算为中心，以演绎推理为主要逻辑方法的理论系统。"

在前面的介绍中，我们提到了古希腊《几何原本》所建立的严密的公理化体系，也提到这是中国传统数学所缺乏的，但刘徽的工作或许可作为反例。可惜的是，虽然在现代人看来，刘徽头脑中形成了一个独具特色的体系，但他的思想却因为融于《九章算术》注之中，受文体的限制未能充分发挥。而且由于他将自己的数学知识分散开来，因而他所勾画出的由定理、公理出发的演绎逻辑系统的轮廓，如果不通过认真分析，就很难体会得到。将系统化的理论隐藏、分散于注释中，这正是与欧几里得《几何原本》明确提出公理体系的差别之所在。而这种区别，进而导致两者在公理化体系方面产生的影响迥异。前者在国外产生了巨大的影响，而后者即便在中国古代也未能引起后代数学家的太多关注。

作为中国古代伟大的数学家，刘徽另一项杰出创见是对微积分思想的认识与应用。以现代的观点看，将无穷小分割方法与极限思想引入数学证明，可看作刘徽最杰出的贡献。

刘徽在发展极限思想并加以灵活运用方面，最为现代人熟知并被经常引用的是他的割圆术，记录于《九章算术》"圆田术"注中。这是一篇约 1800 字的奇文，在其中他用极限思想严格证明了《九章算术》提出的圆面积公式，并在中国首创计算圆周率的科学方法和正确可行的程序。让我们一同去欣赏一下他所做的事吧。

刘徽首先从圆内接正六边形开始割圆，依次得正十二边形、二十四边形……。先来看一下这些正多边形面积的计算方法。

如图 6-3 所示，AB 是正六边形的一边，AC、BC 都是正十二边形的边。我们分别记为 a_6 与 a_{12}。

于是，$\triangle AOC$ 的面积 $= \dfrac{1}{2}AD \cdot OC = \dfrac{1}{2}(\dfrac{1}{2}a_6)r$（$AB$ 与 OC 垂直，而 AD 是 AB 的一半）。

而正十二边形由 12 个与 $\triangle AOC$ 全等的三角形组成，所以其面积恰好是 $\triangle AOC$ 面积的 12 倍。

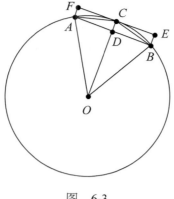

图 6-3

因此 $S_{12} = \frac{1}{2}(6a_6)r = \frac{1}{2}l_6 r$，其中 l_6 代表正六边形的周长。

同理，$S_{24} = \frac{1}{2}(12a_{12})r = \frac{1}{2}l_{12}r$，其中 l_{12} 代表正十二边形的周长。

一般地有 $S_{2n} = \frac{1}{2}(na_n)r = \frac{1}{2}l_n r$，其中 l_n 代表正 n 边形的周长。用语言叙述，就是正 $2n$ 边形的面积等于正 n 边形的半周长与圆半径之积。

当我们每次将边数加倍，不断分割下去时，割得越细，正多边形的面积与圆面积之差越小。而"割之又割，以至于不可割，则与圆周合体而无所失矣"。就是说，当无限割下去，割到不可再割之时，圆就与正多边形合为一体，自然此时两者的面积也就一样了。然而，"什么是圆的面积"呢？曲边图形"圆"该怎样定义它的"面积"或"周长"呢？刘徽从另一方面对圆的面积作了界定。我们追随刘徽的思路，看看他后面的论证。

刘徽指出，这些正多边形每边外有一余径，以各边长乘余径，加到相应的正多边形上，则大于圆面积 S。我们解释一下。

如图 6-3 所示，CD 是正六边形的一余径，以 AB 乘 CD 得到长方形 $ABEF$ 的面积，用正六边形的 6 个边乘余径，则得到 6 倍 $ABEF$ 的面积。显然，把这个面积加到正六边形上，得到的面积将大于圆的面积。而 6 倍 $ABEF$ 的面积正好是 $6 \cdot 2 \cdot \triangle ABC$，注意

$S_{12} - S_6$ 等于 6 个 $\triangle ABC$ 的面积，于是我们得出 $S_6 + 2（S_{12} - S_6）$ 大于圆的面积 S 。

一般情况下有， $S_n + 2（S_{2n} - S_n）$ 大于圆的面积 S 。

又考虑到，圆面积 S 显然大于 S_{2n} ，于是刘徽得到一个不等式：

$$S_{2n} < S < S_n + 2（S_{2n} - S_n）= S_{2n} + (S_{2n} - S_n)$$

刘徽把 $S_{2n} - S_n$ 称为差幂。

刘徽进而指出，当分割次数无限增多时，其内接正多边形与圆周合体，这时余径消失，上面式子两侧的面积就都趋向于圆的面积了。用刘徽本人的话说就是："若夫觚之细者，与圆合体，则表无余径。表无余径，则幂不外出矣。"这样，刘徽就把尚待定义的圆面积夹在两个已被定义的正多边形面积之间，然后两边夹证明了圆面积的存在，并从上界和下界两个方面定义了圆面积是两个多边形面积序列的极限。

随后，刘徽开始推导圆面积的计算公式："以一面乘半径，觚而裁之，每辄自倍。故以半周乘半径而为圆幂。"即将与圆合体的边数无限多的正多边形分割成无限多个以每边为底，以圆心为顶点的等腰三角形，由于以一边长乘半径，等于每个三角形面积的两倍，而与圆合体的正多边形边长之和是圆的周长 l ，这就证明了 $S = \frac{1}{2}lr$ ，其中 l 为圆的周长。

在《九章算术》中已经给出"圆面积等于半径乘半周长"的结论，但只是一个经验公式，刘徽这里通过引入无穷小分割和极限思想对圆面积公式进行了证明。

再进而，刘徽利用割圆术，创立了计算圆周率的新方法，在中国第一个把推求圆周率近似值奠基于理论基础之上。

他仍然从圆的内接正六边形出发，并取圆内接正六边形的边长为一尺（为了计算方便）。然后逐渐倍增边数，利用勾股定理，计算出同圆内接正十二边形、正二十四边形、正四十八边形、正九十六边形和正一百九十二边形的面积。其中：

数学悖论与三次数学危机

$$S_{96} = 313\frac{584}{625} \text{ 平方寸}, \quad S_{192} = 314\frac{64}{625} \text{ 平方寸}$$

利用上面已经推导的不等式有：

$$S_{192} < S < S_{192} + (S_{192} - S_{96}), \text{ 得 } 314\frac{64}{625} < S < 314\frac{64}{625} + \frac{105}{625}$$

为了使用方便，舍弃分数部分，取 314 作为圆的面积，代回圆的面积公式，并利用已假定的圆半径为 1 尺，得 π ≈ 3.14，或 157/50。现在人们就把圆周率的近似值 3.14 或 157/50 称为"徽率"。刘徽很可能还进而通过求出 S_{3072}，得出了圆周率的更精确近似值 3927/1250 = 3.1416。

刘徽割圆术的出现，在世界数学史上虽晚于希腊的阿基米德，但在我国数学史上却是十分重要的。刘徽的不等式只需要圆内接正多边形就确定了圆面积的上界、下界，这比阿基米德用内接同时又用外切正多边形简捷得多，起到了事半功倍的效果。

刘徽把类似的思想与方法用于弧田（即弓形面积）的计算，如图 6-4 所示。他在方田章弧田术中注称："割之又割，使至极细，但举弦矢相乘之数，则必近密率矣。"具体而言，求弧田密率的方法是：先用勾股定理，由已知的弦、矢求出弧田所在的圆的直径，再利用类似于割圆的程序，将弧分成 2、4、8……份，"割之又割，使至极细"，这就是用一串小三角形面积之和逼近弧田面积。他又用勾股定理求出与上述小三角形相应的一串小弧田的弦、矢，即这串小三角形的底与高，"但举弦矢相乘之数，则必近密率矣"。用这种方法，可以把弧田面积精确到所需要的程度。

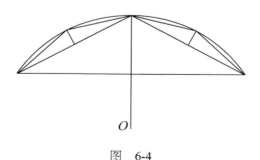

图 6-4

刘徽的极限思想还体现在提出我们前面介绍过的"微数"方面。在圆周率等的计算过程中，为了实现求解，不可避免地要遇到开方与开方不尽问题。刘徽将极限思想应用于近似计算中，提出"微数"思想，有效地解决了这一问题。他的"微数"思想还促进了十进小数的诞生，对我国成为世界上最早使用小数的国家做出了贡献。此外，刘徽求微数的意义也体现在：倘无求微数，计算精确的圆周率（其中要多次进行开方）是不可能的。求微数是保证中国圆周率计算长期领先的先决条件。

刘徽极限思想应用的另一精彩之例记载在商功章"阳马术"注中。在这阳马术中，刘徽极其稔熟地应用无穷小分割方法，利用极限思想证明了"阳马居二，鳖臑居一，不易之率也"。这一结果现在称为刘徽原理。具体证明过程比较复杂，我们这里略而不谈了。

在刘徽的另一项著名成果中，也体现出他的微积分思想，这就是球体积的计算。

我国古代把球称为"立圆"，又叫作"丸"。《九章算术》"少广"章开立圆术中给出球体积与直径 d 的关系：$d = \sqrt[3]{\dfrac{16V}{9}}$，即球体积公式为 $V = \dfrac{9}{16}d^3$。刘徽在为《九章算术》作注时指出这一公式不正确，并设计了立体模型"牟合方盖"作为计算球体积的方法。"牟"指相等；"盖"指伞。"牟合方盖"是指正方体沿横、竖两个方向作内切圆柱截面，两圆柱面内部的共同部分。由于其形状如把两个方口圆顶的伞对合在一起，故取名为"牟合方盖"。刘徽证明了球体积与牟合方盖的体积之比为 π:4。

在推证这一结论的过程中，刘徽运用了一个原理："如果两个高相等的立体，在任意等高处的截面面积的比总等于常数 k，则它们体积的比也等于 k。"这一命题后来称为截面原理。刘徽在解决圆锥体积的计算问题时也曾经用过这一原理。

这样，只要求出"牟合方盖"的体积就可由此推出球的体积。通过设计"牟合方盖"，刘徽指出了彻底解决球体积的一种正确途径。但刘徽没有找到计算牟合方盖的方法。他写道："观立方之内，合盖之外，虽衰杀有渐，而多少不掩。判合总结，方圆相缠，浓纤诡互，不可等正。"（考查在立方体之内，牟合方盖之外，方与圆相纠缠，多与少相混杂，不能得到一个规范的形状）他坦率地表示"欲陋形措意，惧失正理，敢不阙疑，以俟能言者"（想要凭借我的浅薄学识给出一个解答，又怕背离了正确的原理，敢不存疑，以待能者，做出正确的解答），既表现了他"知之为知之，不知为不知"的实事求是作风，又反映了他寄望于后学，相信后人能超过自己的坦荡胸怀。二百多年后，祖冲之父子沿着他所开辟的道路前进并最终完成了他的未竟之业。

祖冲之、祖暅

祖冲之（429—500），南北朝时代南朝的杰出科学家。自年轻时起，他就对天文学和数学产生了浓厚的兴趣。一生中，他曾担任过各种大小官职，可他对科学的热爱一直未停止，几十年中利用一切时间孜孜不倦地从事研究。

在对前代的历法书几乎都进行了分析比较并进行了长达十年之久的天文实测基础上，年仅 33 岁的祖冲之制定了当时最先进的历法——《大明历》。作为多才多艺的科学家，祖冲之还创造过指南车、水碓磨、千里船等多种机械；他又精通乐律，还是一位下棋能手，甚至写过 10 卷"小说"。

深受父亲影响的祖暅，自小也热衷于科学研究。传说他小时候专心读书，连打雷也不觉得；走路时思考问题，曾经撞到别人身上。

祖冲之父子二人一起取得了许多重要成果，但他们最大的成就仍然在数学方面。后来，祖冲之撰《缀术》5 卷，祖暅又续作 1 卷，将他们的数学研究结果记载在里面。然而，极为可惜的是，由于书的内容深奥难懂，"学官莫能究其深奥，是故废而不理"，后来竟然失传了。现在我们只能从他人著作中找到这父子二人的两项重要成就。其中最广为人知的一项是圆周率的计算，他们得到了 $3.141\,592\,6 < \pi < 3.141\,592\,7$ 这一领先世界千年之久的结果。这一纪录直到 15 世纪才由阿拉伯数学家卡西打破。关于祖冲之是如何算得如此精确的圆周率的，一般认为是采用了刘徽的割圆术。如果是这样，

那么需要算到正 24576（6×2^{12}）边形。根据我们前面对此的介绍，完全可以想象这在当时需要何等的耐心与毅力！在对圆周率的研究中，祖冲之还给出 π 的两个分数形式：$\dfrac{22}{7}$（约率）与 $\dfrac{355}{113}$（密率）。后者是数学史上一项极为卓越的成就，在外国直到 16 世纪才有人重新获得这一结果。

另一项成果是球体积公式的推导。对此，刘徽已经指出了思路：只要求出"牟合方盖"的体积，整个问题就可迎刃而解。但在"牟合方盖"体积计算这一关键点上，刘徽没有成功。祖冲之父子找到了解决问题的巧妙办法，最终圆满地得到了球的体积公式。这在我国数学史上是一件很辉煌的大事。祖暅得到这一结果后也非常高兴："等数既密，心亦照晰，张衡放旧，贻哂于后，刘徽循故，未暇校新，夫岂难哉？抑未之思也。"

在对球体积的研究中，祖氏父子提出了"缘幂势既同，则积不容异"的原理。对这句简洁话中的"势"，后人给出两种理解。一种把"势"理解为两个截面的比例关系，"幂"指面积，等高这一条件在陈述中被省略了。因此这句话可解释成：如果两个立体的任意（等高）截面的面积恒有一定的比值，那么这两个立体的体积也等于这个值。这正是刘徽的截面原理。

更常见的说法是把"势"理解为"高"，于是这句话相当于说：如果两个立体的任意等高截面的面积都相等，那么它们的体积必然相等。这种理解下，"缘幂势既同，则积不容异"原理是刘徽截面原理的特例，相当于后者中比值为 1 的情形。在第 7 章的介绍中，我们将会看到，1000 多年后（公元 1635 年）意大利数学家卡瓦列里给出了与此完全一致的说法。

虽然刘徽曾多次采用截面原理进行推导，但并没有给这一原理以明确的叙述。祖暅是第一个用明确的文字把这一原理表达出来的数学家，而且通过对球体积公式的推导为这一原理提供了一个极为精彩的示范，所以我国称这一原理为"祖暅原理"。

如果仔细分析一下刘徽截面原理或祖暅原理，我们会发现其中蕴含着一种观点：立体是无数平面的积累，平面是无数直线的积累，直线是无数点的积累。而这些平面的厚度、直线的宽度，点的长度都是不可再分量。借用后来一位清朝数学家李善兰的形象描述："为面便可如纸之薄，为线便可如丝之细。故盈尺之书由叠纸而得，盈丈之绢由积丝而成也。"这与古希腊的无穷小量或说不可分量思想是完全相同的。

可以说，刘徽的微积分思想是中国古代数学园地里一株璀璨的奇葩。其极限思想之深刻，是前无古人的。真正遗憾的是，他的思想在极长的时间内也后无来者。直到约 1600 年后李善兰提出尖锥术之前，没有人超过甚至没有人达到刘徽的水平。

第7章
积微成著：
逼近微积分

早在 2500 多年前，东西方就都已出现了微积分思想的萌芽。随后阿基米德、刘徽各自为西方与中国微积分的发展开辟了道路。然而，直到十多个世纪以后，才有人继续他们的工作。这期间漫长的时间是微积分发展的一个蛰伏期。

蛰伏与过渡

　　数学最早起源于东方各文明古国（古埃及、古巴比伦、中国、古印度）。从公元前 6 世纪开始，古希腊人从古埃及、古巴比伦人那里学习数学，并对其进行改造，特别是引入了证明的思想，使数学的本质发生了改变。青出于蓝的古希腊成为当时世界数学的发展中心。在泰勒斯，尤其是毕达哥拉斯及其学派的努力下，古希腊数学获得很大发展。这一时期被称为希腊数学的古典时期，其时间大致从公元前 6 世纪到公元前 3 世纪。其后，经过柏拉图、欧多克索斯等中间人的过渡，古希腊数学进入了一个"黄金时代"，其时间大约是从公元前 338 年到公元前 30 年。这一时期涌现出三位伟大的数学家：一位是欧几里得，在他手中完成了集当时古希腊数学之大成的《几何原本》；另一位是"数学之神"阿基米德，他的成就代表了古希腊数学的最高峰；还有一位是比阿基米德年轻的阿波罗尼奥斯（约公元前 262—公元前 190），他对圆锥曲线进行了广泛的研究，用纯几何的方式得出了我们现在解析几何中学习的一些主要结论，并以欧几里得式的严谨风格写成传世之作《圆锥曲线论》。从公元前 30 年到公元 6 世纪是古希腊数学最后的余晖，这一时期他们取得的重要成就表现在算术（即数论）、代数与三角学方面。随着古希腊数学帷幕的落下，欧洲数学进入一个长期的黑暗时代。

"西方不亮东方亮"，随着欧洲数学步入低潮，数学的中心重新转移到了东方，数学也进入了"东方的发展阶段"。中国、印度与阿拉伯成为数学活跃的舞台。

中国数学先是在两汉时期获得发展，《周髀算经》《九章算术》问世。随后在南北朝时代，由于刘徽、祖冲之等人的杰出成就，中国传统数学迎来了一个繁荣时期。随后，中国数学稳步发展。宋元时代（960 ～ 1368），中国传统数学进入一个鼎盛时期，这与当时西方的落后恰成鲜明的对比。可惜的是，由于当时交流的缺乏，蒸蒸日上的中国传统数学对西方未产生直接影响。但也有可能，中国传统数学通过对印度或阿拉伯数学的影响，间接地促进了西方数学的发展。

印度数学，于公元 5 ～ 12 世纪达到全盛时期，出了不少有名的天文学家兼数学家，如我们在勾股定理证明中提到的婆什伽罗等。这一时期印度数学在算术和代数方面取得的重要成就，后经由阿拉伯对世界数学的发展产生了一定的影响。如我们现在所使用的印度－阿拉伯数字，就是由印度人首创，并通过后者传遍欧洲及世界各国的。

阿拉伯文明是后起之秀。公元 7 世纪初，阿拉伯民族开始崛起，在此后数十年中，经过不断的武力扩张，建立了一个横跨亚、非、欧的庞大的阿拉伯帝国。公元 830 年，阿拉伯帝国在巴格达修建智慧宫，吸引了大批学者来此研究学术。阿拉伯数学早期（公元 8 世纪中叶至 9 世纪）是翻译阶段，他们翻译希腊、印度（可能还有中国）的著作。经过一个半世纪的翻译工作，他们对希腊和印度数学的成果继承、吸收，兼收并蓄，发展出既含有希腊因素也含有印度因素的折中数学。从公元 9 世纪到 15 世纪，阿拉伯数学繁荣了 600 年，出现了一批有名的数学家及重要的数学成果。其最主要贡献在于，首先确立了独立的代数学科。

阿拉伯在世界数学史上扮演了沟通东西文化、承前启后、继往开来的重要角色：它在东西方数学的相互传播和交流方面发挥了独特的作用；它保存了古希腊数学遗产，在欧洲沉睡的几百年中，充当了"大量世界智力财富的监管人"。

1100 年左右，贸易、旅游、战争等因素促成了东西方文化的交流。随着东方文化的传入，欧洲开始从黑暗时代觉醒了。12 世纪，大量的数学著作从阿拉伯文翻译成拉丁文，保存在阿拉伯人手中的希腊典籍又重返欧洲。借助译本，古希腊和阿拉伯的文化财富得以传播、继承，为中世纪后期及文艺复兴时期欧洲数学的发展奠定了基础。

在穿越黑暗后，欧洲出现的第一位伟大的数学家是斐波那契（约 1170—约 1250，以斐波那契数列闻名），他是中世纪欧洲最卓越的数学家。他的重要贡献之一是他在名著《算盘书》（1202，中世纪欧洲最重要的数学著作）中，向欧洲介绍了印度 - 阿拉伯数字。这对于改变欧洲数学的面貌起了极为重要的作用。

13 世纪，亚里士多德的科学论著广泛流行，他关于无穷、连续等的思想，成为经院派哲学家讨论的中心话题。这些哲学家从哲学上对无限、连续统的性质以及不可分量的存在进行了详细并且极其烦琐的考察和争论。这种"潜数学的"活动，对促进日后人们接受无穷小方法是有益的。

14 世纪初，欧洲人还对变化和运动进行了定量研究。牛津大学的一批逻辑学家和自然哲学家研究了匀速运动和匀加速运动，并推导出一个重要结果，就是匀加速运动的默顿法则，即平均速度定理。这一时期对数学影响最大的是法国经院哲学家奥雷姆（约 1320—1382）。他为默顿法则提供了一个几何验证，并为此引入了许多新思想的萌芽，如函数概念及函数图示法、解析几何、粗浅的积分思想等。他的另一项重要工作是最早引入分数指数幂的概念，并规定了它的记法和使用规则。

进入 15、16 世纪，西方数学的主要成就体现在代数学方面的迅速发展上。一方面，代数方程论取得了长足的进展，意大利数学家获得了三次、四次方程的公式解法；另一方面，人们在代数中引入符号，符号体系对于代数学本身的发展以及后来分析学的发展来说，都是至关重要的。在符号体系上使代数产生最大变革的是法国著名数学家韦达（1540—1603，描述根与系数关系的韦达定理就是以他的名字命名的）。他是第一个系统地在代数中使用字母的人，他的名著《分析术引论》（1591）被认为是一部符号代数的最早著作。因在代数符号体系方面所做出的卓越贡献，他被誉为"代数学之父"。在韦达之后，数学符号仍被陆续引入，符号体系不断得到改进和完善，最终形成了我们现在所使用的简捷、优美的数学符号体系。

计算技术的发展是文艺复兴时期数学的重要成就之一。印度 - 阿拉伯记数法开始通用，引入十进小数，对数的发明及应用，是欧洲在这一时期所取得的三大成就，也是数学进一步发展的重要条件。

17 世纪，随着社会生产力的发展，西方在天文、力学等方面都获得一些新发现。比如，德国天文学家开普勒发现行星沿着椭圆轨道运行；意大利科学家伽利略发现投掷物体沿着抛物线运动……这些都成为有力的推动力，激发起人们对曲线研究的热情。而对于数学本身而言，代数这一学科已日趋成熟。代数学方法和代数学符号的充分发展，使代数越来越成为解决问题的有效工具，其威力随着它的成熟日渐显现。于是，通过代数寻求解决几何问题，找到研究曲线的新途径成为数学发展的趋势。解析几何的出现成为大势所趋。

1637 年 6 月 8 日，法国哲学家、数学家笛卡儿的《方法谈》一书出版。在作为附录之一出现的"几何学"中，他阐述了解析几何思想。而《方法谈》出版的这一天也就成为解析几何诞生的日子。

笛卡儿，1596 年 3 月 31 日降生在法国一个古老的贵族家庭。自幼年起，被父亲称为"小哲学家"的笛卡儿就对世界充满好奇，总想知道阳光下万物的本原。由于体弱多病，直到 8 岁笛卡儿才被送进一所欧洲著名的耶稣会学校接受正规教育。在得到校方的允许后，笛卡儿被特许每天在床上多睡些时间。由此，他养成了早晨沉思的习惯。中年时期回顾自己这段学生生活时，笛卡儿曾说"那些在寂静的冥思中度过的漫长而安静的早晨，是我的哲学和数学思想的真正源泉"。

1616 年，笛卡儿被授予法学博士学位。此后不久，他走出书斋开始到社会上去阅读"世界这一本大书"。1617 年 5 月笛卡儿参加了军队。在度过几年军队生活后，1621 年他离开军队，随后到丹麦、荷兰、瑞士、意大利等地游历。1625 年他回到巴黎与梅森、笛沙格等共同研究数学，同时进行其他方面的探索。从 1628 年开始直到 1649 年，笛卡儿定居于荷兰，并将自己的思想加以总结，潜心著述，完成了他所有的主要著作。

笛卡儿一生涉猎极广，而他在哲学与数学方面最具影响力。在哲学上，黑格尔曾称他为"现代哲学之父"。在数学上，他贡献很多，比如对符号系统的改革做出重大贡献。其中一项是用字母表中开头几个字母 a、b、c 等来表示已知数，用末尾几个字母 x、y、z 表示未知数。而他最重要的发现则是创建解析几何这一深远的数学研究领域。正如后人所评价的，笛卡儿所创立的解析几何"远远超出了笛卡儿的任何形而上学的推测，它使笛卡儿的名字不朽，它构成了人类在精确科学的进步上所曾迈出的最伟大的一步。"

解析几何的创立改变了数学的面貌。比如，它跨出了从常量数学到变量数学的第一步；它把以前被古希腊人为割裂的代数与几何、数与形都重新粘合在一起；也正是通过解析几何，古希腊几何学中不得不遵循的那些束缚被取消了。然而，更重要的是，它直接促使了微积分的诞生。对此，革命导师恩格斯评价说："数学中的转折点是笛卡儿的变数。有了变数，运动进入了数学，有了变数，辩证法进入了数学，有了变数，微积分也就立刻成为必要的了。"

半个世纪的酝酿

　　我们在上一章已介绍到，积分学的历史很早就开始了。其原因主要在于，人们不得不面对求曲边形的面积和立体体积的问题。这些问题的求解成为积分概念形成的重要源泉之一。

　　进入 17 世纪，数学家们开始需要求出更多曲线的长度、所围的面积，以及旋转所形成的几何体的体积等。虽然当时数学家们已经熟悉阿基米德的穷竭法，但出于需要的迫切，他们对古希腊的严格标准失去了耐心。于是，一种粗糙的，丝毫没有希腊方法优雅的，但却非常管用的方法被数学家们发展起来了。

积分学的发展

最早开始使用这种成功的富有启发性方法的是开普勒。

开普勒（1571—1630）是德国著名的天文学家、物理学家与数学家。

开普勒自幼体弱多病，但智力超群。1587年，他进入蒂宾根大学学习，他原想成为一名新教牧师，但命运发生了改变。奥地利一所学校需要填补一名数学教授之缺，开普勒受到推荐到那里担任了数学教师，并开始从事数学与天文学研究。1596年，开普勒的《宇宙的奥秘》出版，初显光芒。

1600年，开普勒人生轨迹又一次发生了重大改变，他接受天才观测家第谷的邀请成为其助手。虽然，在科学史上开普勒与第谷的名字总是联在一起的，不过，两人在一起相处的日子并不和谐。两人经历了许多次争吵，但因为彼此欣赏对方的才干，于是又有了同样多次的和解。在共事约18个月后，第谷去世了，开普勒接过了第谷一生所有的观测数据。

开普勒毕生是一个狂热的毕达哥拉斯主义者。他与毕达哥拉斯一样深信上帝是依照完美的数的原则创造世界的。出于对"宇宙真实结构一定优美而简洁"的信念，他很早就接受了哥白尼的日心说。在第谷留下的无价之宝基础之上，开普勒凭借其过人的数学才能与坚韧不拔的毅力，终于发展了哥白尼学说，提出了意义深远、影响巨大的开普勒三大定律，后因此被誉为"天空立法者"。

开普勒在探索行星运动的规律时，遇到如何确定一个椭圆扇形的面积和椭圆弧长的问题。逐渐地，他建立起一种应用无穷小的方法。

他这种方法的要点是，把几何图形分成无穷多个无穷小图形，然后再用某种特定的方法把这些图形加起来，从而求得原几何图形的面积或体积。比如，在求圆的面积时，他把圆看作无穷多个顶点在圆心、底在圆周上的等腰三角形，无穷多个无穷小的底边构成了圆周。三角形的面积是底边与高乘积的一半，把无穷多个三角形的面积加起来就得到圆的面积。而三角形的高是圆的半径，分割开的无穷多个三角形底边的和恰是圆的周长，于是得到圆的面积等于 $2\pi r \cdot \dfrac{1}{2} r = \pi r^2$。类似地，开普勒把球看作由无穷多个无穷小的棱锥所组成，它们的顶点都在球心，底面在球的表面上，高等于球的半径。这样把这些棱锥的体积加起来，由棱锥的体积公式就可立即得出球的体积是半径乘球面积的 1/3，即：

$$V = \frac{1}{3}rA = \frac{1}{3}r(4\pi r^2) = \frac{4}{3}\pi r^3$$

其中 $A = 4\pi r^2$。

1615 年，开普勒的数学著作《测量酒桶的新立体几何》出版。这个奇怪的书名是有来由的：有一天，开普勒到酒店去喝酒，发现奥地利的葡萄酒桶与他家乡的葡萄酒桶不一样。他想，奥地利葡萄酒桶为什么偏要做成这个样子呢？高一点或扁一点行不行？这里面有没有什么学问？经过研究，他发现，当圆柱形酒桶的截面对角线长度固定时，以底圆直径和高的比为 $\sqrt{2}$ 时体积最大，装酒最多。奥地利的葡萄酒桶恰好是按这个比例做成的。这一意外发现，使他非常高兴，决定给这本关于求体积的书起这个名。

在这本书中，开普勒向人们展现了如何应用自己的新方法来解决更为复杂的问题，他最终给出了包括各种各样旋成体在内的 92 种几何体体积的计算公式。

不难看出，开普勒随意使用的这种方法是粗糙的。比如在求圆面积时，他把圆看作无穷多个无穷小的三角形，这意味着在这种情况下，圆周上的极短弧变成了三角形的底。但事实上，无论这个弧多么小，它都是曲线，而不可能是直的。此外，他认为在这种情况下，三角形的高是圆的半径，但事实上，为了做到这一点，三角形就要缩成一条线，即半径才行。

但开普勒本人对此并不太在意。他确信如果有必要，他所得到的结果都能通得过严格的证明。他说："如果我们能够耐心地阅读阿基米德的这些艰深的著作，那么我们就会得到绝对的、各方面都完善的证明。"

尽管有这些缺点，开普勒的方法仍然开辟了一个广阔的新思路。不久后，另一位数学家卡瓦列里进一步发展了这一方法，并成功解决了开普勒提出但未能解决的某些较难的问题。

卡瓦列里（1598—1647）出生于意大利的米兰，早年是耶稣会修士。后来，他在伽利略一个学生的引导下开始研究几何学，并且很快就被欧几里得、阿基米德等人的经典著作所吸引，并表现出非凡的数学才能。1617年后，卡瓦列里结识伽利略，此后一直把自己看作伽利略的学生。1629年，他担任博洛尼亚大学教授，并在这个职位上工作直到去世。他不但对数学有研究，还写了许多关于光学、天文学和占星学的著作。他很早就认识到对数的价值，曾致力于把对数介绍到意大利。

卡瓦列里对数学的最大贡献是在开普勒方法与伽利略的影响下，发展了不可分量方法。对这一方法的阐述体现在他的《用新方法促进的连续不可分几何学》（1635）与《六道几何练习题》（1647）两本重要著作中。

在他看来，一条线由无穷多个点构成（正如珠子串成项链一样）；一个面由无穷多条线构成（正如线可以织成布一样）；一个立体由无穷多个面构成（正如一页页的纸可以装订成书一样）。卡瓦列里把这些元素分别叫作线、面和体的"不可分量"。从此观点出发，卡瓦列里建立了一条关于这些不可分量的普遍原理：设在两平行线（或平行面）之间有两个平面或立体图形A、B，任作一平行于两直线（或两平面）的直线（或平面），如果被A、B所截取的线段（或截面积）相等，则A、B的面积（或体积）相等。卡瓦列里在西方最早提出并用多种方法对这一原理进行了证明。因此，这一结论在西方被称为"卡瓦列里原理"。这一原理其实与我们前面已介绍的祖暅原理是相同的。

根据这一原理，为了求出某未知图形的面积或体积，人们可以先在两个几何图形的不可分量之间建立起一一对应的关系，如果这两个图形的对应不可分量具有某种（不变的）比例，那么就可以断定这两个图形的面积或体积也具有同样的比例。这样，当其中一个图形的面积或体积事先已知时，另一个图形的面积或体积也就知道了。依靠这一原理，卡瓦列里解决了许多问题。

卡瓦列里的方法与开普勒的方法有些差异。比如，开普勒认为几何图形是由同一维数的不可分量（无穷小的面积或体积）组成的；与此不同，卡瓦列里认为几何图形是

数学悖论与三次数学危机

由无穷多个较低维数的不可分量组成的。

除用卡瓦列里原理作为计算面积和体积的有用工具外，卡瓦列里还利用不可分量法通过另一种方式计算了一类问题的面积。最终，他成功推得区间 $[0,a]$ 上曲线 $y = x^n$（ n 为正整数）下的图形面积为 $\frac{1}{n+1}a^{n+1}$。如果使用后来的语言与记法，可以说卡瓦列里使用不可分量方法得到了定积分：$\int_0^a x^n \mathrm{d}x = \frac{1}{n+1}a^{n+1}$。与阿基米德相比，卡瓦列里在求面（体）积方法的统一性上迈出了决定性的一步，使早期积分学突破了体积计算的现实原型而向一般算法过渡。

因而，可以说卡瓦列里极大地推进了不可分量方法。然而不可分量究竟是什么？

卡瓦列里对此的解释是不清晰的、含糊的。比如，这种不可分量究竟有没有宽度或厚薄呢？另外，这些有或者没有厚薄的不可分量是怎样构成面积和体积的呢？事实上，我们看到，卡瓦列里不得不面对芝诺的质疑与德谟克利特的困惑。他并未能更好地解答这类质疑与困惑。事实上，他所关心的不是关于不可分量的精确性质或者是否存在的问题，而是实际运用不可分量以求得计算结果。在《六道几何练习题》一书中他写道："严格性与其说是数学家的事，还不如说是哲学家的事。"

这种不严格的思想与方法，理所当然地受到一些数学家的批评和攻击。但由于它的有效性，更多的数学家还是广泛使用了它。1635 年《几何学》一书正式出版后，立刻获得了广大的读者，除了阿基米德的著作外，它成为研究几何学中无穷小问题的数学家们引用最多的书籍。

在卡瓦列里之后，费马、帕斯卡等人从不同角度对他得到的上述定积分结论给出了稍微严格一些的证明。旧问题刚解决，新问题紧接着就出现了。上面研究的是幂指数为自然数时的情况，如果幂指数为分数又如何呢？这成为当时许多数学家思考并研究的问题。

费马和托里拆利（1608—1647，意大利数学家，伽利略晚年的学生，通过实验首先测出大气压的那位物理学家）最早给出了分数幂情况下的结论，但最早发表研究结果的是沃利斯。

沃利斯（1616—1703）是英国著名数学家、密码专家。作为密码专家，他曾于英国内战时期，利用数学帮助破解密码文件。1649年，沃利斯担任了牛津大学萨利文几何学教授职务，并很快成为欧洲一流的数学家。1656年，他发表代表作《无穷算术》。在这本书中，他引入了有理指数和负指数。这本书对于牛顿早期的数学工作有着决定性的影响。

沃利斯是他那个时代最有才能和最有独创精神的数学家之一，他推动英国数学界的发展长达半个多世纪，在这段时间中，他为了促使数学在英国享有与在欧洲大陆相同的显赫地位而做出了极大努力。他是后来英国皇家学会的发起人之一。

沃利斯一生精力旺盛，以善于公开辩论而著称，曾多次卷入狂热的争辩。

现在我们方便使用的无穷大"∞"符号也是他的发明。

在沃利斯的名著《无穷算术》中，他研究了分数幂的积分。用现在的符号表示他的研究结果就是，他给出了定积分：

$$\int_0^1 x^{\frac{p}{q}} \mathrm{d}x = \frac{1}{\frac{p}{q}+1} = \frac{q}{p+q}$$

这样，幂函数 $y = x^\alpha$ 下的面积计算问题基本解决了，但幂指数为 -1，即双曲线 $y = \frac{1}{x}$ 下的面积的计算却是一种不规则的情况。17世纪英国数学家格雷戈里与萨拉沙对这种特殊情况进行了研究，发现表示双曲线下的面积的函数"看起来很像是一个对数"。但在17世纪，人们没有找到两者之间的确切关系，直到18世纪的欧拉才完全弄清这个问题。

另一位对积分早期发展做出重要贡献的数学家是法国的帕斯卡。

帕斯卡（1623—1662）是中学物理教科书中帕斯卡定律的提出者。这位法国物理学家还是一位哲学家与数学家。

帕斯卡是著名的数学神童，很小就显示出非凡的数学才华。12 岁时，他通读并掌握了欧几里得的《几何原本》。16 岁时，帕斯卡获得了他的第一个巨大发现，现在称为"帕斯卡神秘六边形定理"，即一个内接于圆锥曲线的六边形，其相对各边的三个交点共线。

帕斯卡在世界上仅仅度过了 39 个春秋，而他从事数学与科学研究的时间更为短暂。但他的名字却与"帕斯卡三角"（即贾宪三角或杨辉三角）、概率论、世界第一台数字计算器的发明者以及微积分等联系在一起。

1654 年，帕斯卡开始研究几个方面的数学问题。他深入探讨了不可分原理，得出求不同曲线所围面积和重心的一般方法，并以积分学的原理解决了摆线问题。1658 年 6 月，他提出一项数学竞赛，向世界数学家提出挑战，要求解答几个关于摆线的问题。当时的大多数一流数学家对于这项竞赛都很感兴趣，有一些人还提出了解答。在经过审查确认没有得到完全满意的答案后，帕斯卡发表了他自己关于摆线的工作以及有关的问题。我们后面会介绍到，他研究中使用的"特征三角形"曾给微积分创建者之一的莱布尼茨以很大启发。

总之，在卡瓦列里之后，众多数学家们围绕积分学的问题做了大量工作，并取得越来越多的成就。这不仅表现在具体成果（解决了更多的面积、体积、图形重心、弧长问题），还表现在人们为此提出的许多具有启发性的方法上。特别是，随着众多问题的解决，人们逐步意识到所有可归结为求面积、体积这类问题之间的共性。

微分学的发展

现代微积分教材中通常先讲微分，后讲积分。这同历史上微分、积分出现的进程恰好相反。相对于积分思想早在阿基米德时代就已萌芽,微分思想直到17世纪才出现。这一时期,许许多多与微分思想相关的问题涌现出来。如运动问题、极值问题,特别是切线问题成为当时数学家们讨论最热烈的问题之一。构造切线的重要性,正如笛卡儿所充分认识到的:"这不仅是我所知道的,而且甚至是我一直想要知道的最有用的、最一般的几何问题。"17世纪30年代解析几何创建后,许多当时的著名数学家都参与到这类问题的研究中,从而促进了微分学的诞生。

1637年,笛卡儿在他的《几何学》中最早公开发表了一种求曲线切线的方法:圆法。这种利用圆及方程重根的关系求切线的思路,本质上是一种代数方法,而且比较麻烦。此后,其他数学家相继发现和提出一些不同的切线求法。

17世纪30年代和40年代,托里拆利,特别是法国数学家罗伯瓦尔(1602—1675)从运动学的角度来考虑曲线的切线,发展了利用瞬时运动的直观概念求切线的方法。他们的思想是把曲线看成动点的轨迹,把切线看成动点的瞬时运动的方向。于是,当一个点的运动是由两个比较简单的运动合成时,运动的瞬时速度就可以通过这两个较简单运动的瞬时速度用平行四边形法则确定出来。这种方法对某些特殊问题,如求抛物线上一点的切线比较有效,但没有通用性。

一种既具有一般性,又简捷的方式由我们已经多次提到的费马给出。

费马(1601—1665)出生在法国一个皮革商人家庭。他的一生过得极其平凡,没有任何传奇经历。然而这个度过平静一生的性情淡泊、为人谦逊、诚实正直的人,却谱写出了数学史上最美妙的乐章之一。

作为17世纪最卓越的数学家,费马的职业却是律师,并以图卢兹议会议员的身份终其一生。他年近30才开始认真研究数学,并且只是利用业余的时间从事这种研究。然而这并不妨碍他在数学上取得累累硕果。

对于大多数人来说,费马的名字是与"费马大定理"联系在一起的。1637年,费马在一本书的空白处写道:"……将一个高于二次的幂分为两个同次的幂,这是不可能的。关于此,我确信已发现一种美妙的证法,可惜这里空白的地方太小,写不下。"这寥寥数语吸引、难倒了数不尽的数学家。这一著名难题直到 1995 年才被怀尔斯攻克。

费马大定理属于数论范畴,费马为它的优美所吸引,并进行了深入研究,后来人们称他为"近代数论之父"。除数论方面的伟大贡献外,费马还在众多数学领域留下了自己的足迹:他早于笛卡儿得到了解析几何的要旨,因而与笛卡儿共享解析几何创建者的声誉;他与帕斯卡在一段有趣的通信中一起奠定了古典概率论的基础,因而与帕斯卡被公认为概率论的创始人;此外,他也是创建微积分的杰出先驱者。

然而,遗憾的是,费马生前很少公开发表自己的成果,他只是按照当时流行的风气,以书信的形式,向一些有学问的朋友报告自己的研究心得。因此,他的许多成果在他生前大多只以手稿的形式在欧洲传播。他的著作在他去世后的 1679 年才公开发表。

费马在积分与微分两方面都做出了重要贡献。我们这里主要介绍他在微分方面的贡献。在这方面,他给出一个统一的方法,用以解决微分学中的两个基本问题(极值和切线问题)。他的方法现在称为虚拟等式法。实际上,早在 1629 年费马就找到了这种方法,但世人到 1637 年才通过他的手稿《求最大值和最小值的方法》了解了他的这一工作。

我们先来看看他是如何解决极值问题的。他从一个简单问题开始研究:把长度为 b 的一个线段划分为两个线段 x 和 $b-x$,使得它们的乘积 $x(b-x)=bx-x^2$ 为最大。

费马的方法如下:首先,用 $x+e$ 来代替 x,然后把所得到的表达式同原来的表达式进行比较,并写出下列"虚拟等式":$b(x+e)-(x+e)^2=bx+be-x^2-2xe-e^2 \sim bx-x^2$。消去相等的项,得到余项 $be-2xe-e^2 \sim 0$。把所余各项除以 e,得到 $2x+e \sim b$,最后,把包含 e 的项舍弃,并把虚拟等式改为真正的等式,得到 $x=\dfrac{b}{2}$。这就是使得 $bx-x^2$ 为最大的 x 的值。

因为费马用"～"建立起来的等式称为虚拟等式，因此人们把他所使用的方法称为虚拟等式法。他用这种方式获得的结果是正确的，但容易看到这种方法的逻辑基础并不清楚。

费马利用同样的方法解决了许多切线问题。比如我们可以通过他的方法不太费劲地推出 $y = x^n$ 的切线斜率是 nx^{n-1}。如果引入后来的导数、微分概念与记法，则有 $(x^n)' = nx^{n-1}$ 或 $\dfrac{\mathrm{d}x^n}{\mathrm{d}x} = nx^{n-1}$。

但费马的方法面对有些问题时就不那么容易了。比如，求 $f(x,y) = x^3 + y^3 - 3xy = 0$ 的切线。这一问题是笛卡儿曾向费马提出的挑战题目，题目中的曲线现在就被称为笛卡儿叶形线。

作为对费马方法的改进，牛顿的老师巴罗给出一种更一般、更有利的做切线的方法，可以回复笛卡儿的挑战。

巴罗（1630—1677）是英国数学家、光学家。1663 年，他被选为第一任卢卡斯数学教授。1669 年 10 月 29 日，39 岁的巴罗主动将这一职位让给 26 岁的牛顿。他认为牛顿担任此职更加合适，而自己则转向神学研究，不久即任皇家牧师，"巴罗让贤"一时传为佳话。此后担任过这一教席的有狄拉克等大人物，如今占据这个位子的是《时间简史》的作者霍金。现剑桥大学三一学院教堂内有巴罗的全身雕像，位于牛顿雕像之北。

下面我们就来看看巴罗的新方法。

设有曲线 $f(x,y) = 0$，要作 $M(x,y)$ 点处的切线。现在考虑 M 附近一段任意小的弧 MN。写出两点的坐标为：$M(x,y)$、$N(x+e,y+a)$。因为两点都在曲线上，所以有：

$$f(x+e,y+a) = f(x,y) = 0$$

然后，他舍弃"一切包含 a 和 e 的幂或者二者之积的项"，原因是"这些项没有什么

数学悖论与三次数学危机

价值"（这正是巴罗的方法中最值得商榷之处）。最后，他把任意小的弧 *MN* 和直线段 *MN* 看作一样的（因为取的弧很小），这样就可利用三角形 *MNR* 与 *MTP* 相似，而解出过 *M* 点的切线的斜率了。让我们以笛卡儿向费马挑战的题目为例，来试一下巴罗的解法（如图 7-1 所示）。

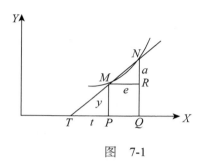

图　7-1

由 $(x+e)^3 + (y+a)^3 - 3(x+e)(y+a) = x^3 + y^3 - 3xy$ 得：

$$3x^2e + 3xe^2 + e^3 + 3y^2a + 3ya^2 + a^3 - 3xa - 3ye - 3ea = 0$$

舍弃 a 、e 的高次项得：

$$3x^2e + 3y^2a - 3xa - 3ye = 0$$

即 $x^2e - ye = xa - y^2a$ ，从而解出斜率，得：

$$\frac{a}{e} = \frac{x^2 - y}{x - y^2}$$

巴罗的方法中非常值得注意的方面在于他用到的三角形 *MNR* ，这一也曾被帕斯卡使用过的三角形在微积分中非常著名，被称为"特征三角形"或"微分三角形"，也有人因巴罗使用它而称它为"巴罗三角形"。

在经过半个世纪的酝酿与如此众多数学家的努力之后，微分、积分的大量知识积累起来了。但当时得到的知识大都是零散的，求切线、求极值及求面积、体积等基本问题，被大多数数学家作为不同的类型处理。虽然有人注意到了某些联系，如费马用同样的方法处理了极值与切线问题，但没有人能将这些联系作为一般规律明确提出。

可以说，微积分的基础已经具备，但还剩下一步有待迈出。如后来莱布尼茨确切表达的："在这样的科学成就之后，所缺少的只是引出问题的迷宫的一条线，即依照代数样式的解析计算法。"在创建微积分的过程中所需要的这最后一步，也是最关键的一步是：以一般形式建立新计算法的基本概念及其相互联系（最重要的是发现切线与面积，或者说是微分与积分两者间的联系），创立一套一般的符号体系，建立计算的正规程序或算法。然而，迈出这一步并非易事。正如美国数学史家克莱因精彩总结的："数学和科学中的巨大进展，几乎总是建立在几百年中做出的一点一滴贡献的许多工作之上的，需要一个人来走那最高最后的一步，这个人要能足够敏锐地从纷乱的猜测和说明中清理出前人有价值的想法，有足够想象力地把这些碎片重新组织起来，并且足够大胆地制定一个宏伟的计划。"

这一任务在微积分的先驱们铺平了道路后，由两位巨人各自独立完成了。

第8章
巨人登场：
微积分的发现

在经过 17 世纪半个多世纪的酝酿后，作为一门新学科的微积分已呼之欲出。然而，它的最终喷涌而出却需要有人能站在更高的角度，对以往分散的努力加以综合，完成微积分发明中最后的也是最关键的一步。

最早迈出这一步的是一位科学巨人：牛顿。

牛顿与流数术

1642 年 12 月 25 日，圣诞节的清晨（儒略历），牛顿出生于英国林肯郡伍尔索斯村的一个农村家庭。这一年恰逢伽利略逝世。许多人注意到这一点，并乐意把这作为一种象征。确实，在人们看来，伽利略与他的后继者牛顿共同构成了科学革命的核心。

牛顿是遗腹子，而且早产，出生时特别瘦小，身体又特别虚弱，能逃过夭折的命运是一桩奇迹。牛顿 3 岁时，母亲改嫁。留给外祖母抚养的牛顿度过了一个孤独寡欢的童年。

1655 年，牛顿进入格兰瑟姆中学。开始时，牛顿在班上的名次很低，甚至成为倒数第二。一天早上，在上学路上，班里倒数第三的男孩在他肚子上踢了一脚。于是，在放学后，他就约那个孩子打架。尽管牛顿没有他的对手那样劲大力猛，但他的意志与斗志却高出许多，直打得对手告饶才罢手。牛顿并不满足于身体上击败对手，他还坚持要在成绩上完全超过对方。在经过努力后，牛顿成了学校第一名。

牛顿 13 岁时得到了一本名叫《自然与艺术之谜》的书。这本书激发了牛顿对自然与设计的兴趣，他完全被这本书迷住了，他开始搞些奇怪的发明，花费时间做各种机械模型作为消遣。牛顿在课外花费时间太多，以至于常常耽误功课，落在别人的后面。每到这种时候，他就转向书本，很快又赶上前面的同学。

1659 年，17 岁的牛顿被母亲召回村子管理田庄。在她看来，让儿子继续接受教育没有多大必要，然而，这对牛顿来说完全是一场灾难：让他出去放羊，他就做水车模型放在小溪里，这时，羊就会乱窜到邻近的庄稼地里，他母亲只好赔偿损失；还有一次在牵着马时，马滑脱了鞍子回了家，牛顿则手拿马鞍走着，茫然不知马已走脱。

好运终于重新降临。在他舅舅与他中学校长的竭力劝说下，牛顿在离校 9 个月后终于重返学校。这位校长对牛顿的母亲说："在繁杂的农务中埋没这样一位天才，对世界来说将是多么巨大的损失！"这真是科学史上最幸运的预言。

1661 年 6 月，牛顿进入剑桥大学三一学院。在大学中，他和许多伟大科学家一样，对于作为一个好学生所必须通过的许多考试，往往会准备不足，因为他的努力仍大都花费在学习课程之外的知识上。他攻读了笛卡儿的《几何学》（以艰涩难懂著称）及开普勒、伽利略等人的数学和物理著作。他的才智开始显露，并被他的老师巴罗所赏识。

1665 年 1 月，牛顿获学士学位。同年 8 月，大学因瘟疫流行而关闭，牛顿离校返乡。在家乡度过的两年时间成为牛顿科学生涯中的黄金岁月。后来，当他追忆这段岁月时说："当年我正值发明创造能力最强的年华，比以后任何时期更专心致志于数学和哲学。"他一生三大成就（微积分、光的性质和万有引力）的蓝图都是在这一时期绘就的。

1667年牛顿回到剑桥，但对自己的重大发现却未作宣布。1669年10月，牛顿继巴罗之后任卢卡斯教授。牛顿有了更多的自由去探索自己感兴趣的问题，这种自由解放了一个历史上最伟大的天才。他除继续致力于改进、完善自己早年的微积分工作以及其他方面的数学研究外，同时还花费大量的精力广泛涉猎各种领域。

这位沉迷于研究的人的心不在焉是极其出名的，我们大都听说过他这方面的故事。确实，他忘记吃饭是常事，当他陷入思考时，就会把其他的事置之脑后。他研究问题时精神之专注简直令人难以置信，他的非凡天才正在于他能够长时间地连续思考一个纯智力问题，直到解决。"除了顽强的毅力和失眠的习惯，牛顿不承认自己与常人有什么区别。当有人问他是怎样做出自己的科学发现时，他的回答是：'老是想着它们。'另一次他宣称：如果他在科学上做了一点事情，那完全归功于他的勤奋与耐心思考，'心里总是装着研究的问题，等待那最初的一线希望渐渐变成普照一切的光明'。"

1672年，牛顿发表了第一篇关于光的研究的论文，既获得广泛好评，也受到来自许多方面的反对。在经受这次苦头后，他决定撤回自己的堡垒，继续自己伟大的思想历程，但不再与外界分享其智力成果。多年后，在哈雷（哈雷彗星以其命名）的敦促下他的《自然哲学的数学原理》（1687）成书并出版。这部划时代的巨著奠定了牛顿在科学史上的不朽地位。

1696年，牛顿放弃了学术生活，而任伦敦造币厂的总监，后任厂长。1703年他担任了皇家学会会长。1705年，牛顿被女王安娜封爵，达到了他一生荣誉之巅。1727年3月31日，牛顿去世，葬礼极为隆重。当时参加了牛顿葬礼的伏尔泰"看到英国的大人物们都争抬牛顿的灵柩"，感叹说："英国人悼念牛顿就像悼念一位造福于民的国王。"

作为伟大物理学家的牛顿是广为人知的，但作为伟大数学家的牛顿对一般读者而言还是比较陌生的。下面我们就来简略介绍一下他在数学方面非凡而众多的贡献。

在代数方面，他著有《广义算术》(1707)，其中讨论代数基础，包括了方程论的丰富结果。此书后来成为发行最多的牛顿数学著作。代数方程数值求解的迭代方法如今也以牛顿的名字命名。

作为一位几何学大师，牛顿是极坐标（包括双极坐标）的最早提出者。在古典几何方面，他代表性的著作是《古代立体轨迹问题求解》。他的工作预示着19世纪综合射影几何的复兴。在解析几何方面，他最重要的工作是对三次曲线进行了分类。

此外，牛顿的数学工作还涉及数值分析、概率论和初等数论等众多领域。当然，他最重要的数学成就仍然是最早创制了微积分。

除生前发表的少量数学著作外，牛顿还写下大量数学手稿，现在保存下来的就有5000余页。1967～1981年，这些手稿被整理后由剑桥大学出版社分8卷陆续出版，名为《艾萨克·牛顿数学论文集》。

对牛顿在数学方面的地位，许多人做出过评价。我们马上将介绍的莱布尼茨曾说："纵观有史以来的全部数学，牛顿做了一多半的工作。"而一般数学史家都相信，阿基米德、牛顿，还有高斯是世界历史上最伟大的三位数学家。

同其他方面一样，牛顿在数学上很大程度也是依靠自学。1663年，牛顿购得一本占星术的书。他发现自己看不懂里面的天象图，因为那需要具有三角学的知识。于是他去买了一本讲三角学的书来看，然而又看不懂三角运算，他便再去找来一本欧几里得的著作。但他的注意力很快被其他数学著作所吸引并陷入对数学的狂热中。他在短短的时间内，阅读了笛卡儿、韦达、费马、沃利斯等人的著作。在所有这些著作中，笛卡儿的《几何学》和沃利斯的《无穷算术》的影响是决定性的，它们将牛顿迅速引导到当时数学最前沿的领域——解析几何与微积分。

数学悖论与三次数学危机

在进入数学最前沿后，牛顿开始向未开垦的领域进军。在"1664年和1665年间的冬天，在研读沃利斯博士的《无穷算术》并试图进一步发展他的求圆面积"时，牛顿通过推广沃利斯的插值法获得他数学生涯中第一个创造性成果：有理数幂的二项式定理。迟至1676年，牛顿才在与莱布尼茨的两封著名的信件中对自己的发现做了描述。这一结论换成我们容易明白的一个等价形式可表示为：

$$(1+x)^{\alpha} = 1 + \binom{\alpha}{1}x + \binom{\alpha}{2}x^2 + \binom{\alpha}{3}x^3 + \cdots$$

其中"二项系数" $\binom{\alpha}{n} = \dfrac{\alpha(\alpha-1)\cdots(\alpha-n+1)}{n!}$ 。

当指数 α 是自然数时，牛顿的结果可化为中学课本中学习的二项式定理；当指数 α 不是自然数时，利用牛顿的二项式定理，可以得到无穷级数展开式。这为无穷级数研究开辟了广阔的前景。

微积分的发明、制定是牛顿最卓越的数学成就。

牛顿对微积分的研究始于1664年秋，当时他阅读笛卡儿的《几何学》，对笛卡儿求切线的"圆法"发生了兴趣并试图寻找更好的方法。1665年夏至1667年春牛顿在家乡期间，继续研究微积分并取得了突破性进展。1665年11月，牛顿发明流数术（微分法），次年5月又建立了反流数术（积分法）。对流数概念牛顿后来作了如下解释："我把时间看作连续流的流动或增长，而其他量则随着时间而连续增长。我从时间的流动性出发，把所有其他量的增长速度称为流数，又从时间的瞬息性出发，把任何其他量在瞬息时间内产生的部分称为瞬。"因此，他所创制的微积分称为流数论。

当时，年仅24岁的牛顿事实上已经成为世界上最出色的数学家，然而没有人知道，甚至没有多少人听说过这个名字。因为他并没有宣布自己重大的发现。1666年10月，牛顿着手整理此前的研究并写成一篇总结性论文《流数简论》，这是历史上第一篇系统的微积分文献。然而，遗憾的是牛顿仍只让它在朋友与同事中传阅，未正式发表。

在这篇论文中，牛顿以运动学为背景，以速度形式引进了流数（当时未使用"流数"这一名词）。他提出流数计算的基本问题如下：

(a) "设有两个或更多个物体 A, B, C, …在同一时刻内描画线段 $x, y, z, …$。已知表示这些线段关系的方程，求它们的速度 $p, q, r, …$ 的关系。"

(b) "已知表示线段 x 和运动速度 p、q 之比 $\dfrac{p}{q}$ 的关系方程式，求另一线段 y。"

在解决问题时，牛顿引入了时间 t 的无穷小瞬 o 的概念，并指出："正如速度为 p 的物体 A 在某一瞬描画的无穷小线段为 $p \times o$，速度为 q 的物体 B 在同一瞬内将描画出线段 $q \times o$……这样，若在某一瞬已描画的线段是 x 和 y，则至下一瞬它们将变成 $x + po$ 和 $y + qo$。"我们仍以笛卡儿提出的问题为例，看看牛顿解决第一类问题的方法。

把 $x^3 + y^3 - 3xy = 0$ 中的 x 和 y 分别以 $x + po$ 和 $y + qo$ 代换，得：

$$(x + po)^3 + (y + qo)^3 - 3(x + po)(y + qo) = 0$$

利用二项展开得到：

$$x^3 + 3x^2po + 3xp^2o^2 + p^3o^3 + y^3 + 3y^2qo + 3yq^2o^2 + q^3o^3 - 3xy - 3xqo - 3poy - 3poqo = 0$$

消去和为零的项（ $x^3 + y^3 - 3xy = 0$ ），剩下：

$$3x^2po + 3xp^2o^2 + p^3o^3 + 3y^2qo + 3yq^2o^2 + q^3o^3 - 3xqo - 3poy - 3poqo = 0$$

以 o 除之得：

$$3x^2p + 3xp^2o + p^3o^2 + 3y^2q + 3yq^2o + q^3o^2 - 3xq - 3py - 3pqo = 0$$

然后，牛顿指出"其中含 o 的那些项为无限小"，略之得：

$$x^2p + y^2q - xq - py = 0$$

这已经得到 p、q 的关系了。为了与巴罗的结果对照，我们可以把上面结果略做整理，得到 $\dfrac{q}{p} = \dfrac{x^2 - y}{x - y^2}$。

数学悖论与三次数学危机

更值得关注的是牛顿对问题 (b) 的解法。事实上，牛顿是把后者看作问题 (a) 的解的反运算。《流数简论》中有一个问题讨论了如何借助于这种反运算来求面积，从而发现并应用了所谓的"微积分基本定理"。

下面，我们就看一下牛顿是如何发现微分与积分的联系的。

如图 8-1 所示，因为牛顿把曲线 AFD 看作由 x 和 y 的运动产生的。由此推知曲线 AFD 下的面积 $AFDB$ 是由动坐标 BD 产生的。显而易见，面积的流数实际上是纵坐标与 BD 流数的乘积。如果设 z 代表曲线下的面积，则 $\dot{z} = y\dot{x}$ 或 $\dfrac{\dot{z}}{\dot{x}} = y$，字母上面带点，这是牛顿表示流数的记法，称为点表示。如果用现在通用的微分符号，则 $\dot{z} = \dfrac{\mathrm{d}z}{\mathrm{d}t}$，$\dot{x} = \dfrac{\mathrm{d}x}{\mathrm{d}t}$，所以上面的式子可表示为：$\dfrac{\mathrm{d}z}{\mathrm{d}x} = y$。这就是说，面积 z 在点 x 处的变化率是曲线在该处的 y 值。这就是微积分基本定理。

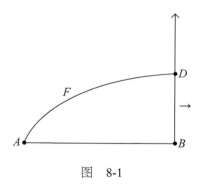

图　8-1

所谓微积分基本定理，实际上就是一座架设在微分（如切线问题）和积分（如面积问题）之间的桥梁，它将微分（如切线问题）与积分（如求面积）真正沟通起来，明确了两者的内在联系：微分和积分是互逆的两种运算。而这正是建立微积分学的关键之所在。

实际上，在牛顿之前，巴罗就叙述和证明过一个几何定理，这个定理清楚地表明了切线问题和求积问题之间的互逆关系。然而，巴罗并没有认识到这一问题的重要性，也没有进一步利用这一关系去解决问题。牛顿则不同，他敏锐地将这种互逆关系作为一般规律明确揭示出来。他清楚地指出，可以从确定面积的变化率入手通过反微分计算面积。

我们通过一个例子说明这一点：求曲线 x^n 下的面积 z。根据上面的结果，这就意味只需要找到 z，使其满足 $\dfrac{\mathrm{d}z}{\mathrm{d}x} = x^n$。利用微分知识，可以知道 $\dfrac{x^{n+1}}{n+1}$ 的切线斜率为 x^n。于是，所求面积 $z = \dfrac{x^{n+1}}{n+1}$。面积计算被看成是求切线的逆过程了。如果用现在微积分教材中的术语来说，就是求某曲线下的面积，只需找出这一曲线的原函数或不定积分。

牛顿对这一结论的重要性有着非常清楚的认识。他在《流数简论》中指出："一旦（反微分）问题可解，许多问题也都将迎刃而解。"这一论文的其余部分就用大量篇幅讨论了正、反微分运算的各种应用，处理了求曲线的切线、曲率、拐点、曲线求长、求积、求引力与引力中心等共 16 类问题，展示了牛顿的算法的普遍性与系统性。

于是，在牛顿这里，自古希腊以来求解无限小问题的各种特殊技巧被统一为两类普遍的算法：正流数术（即微分）与反流数术（即积分），并且进而通过找到二者的互逆关系而将这两类运算统一成一个整体。这是牛顿超越前人的功绩，也正是从这种意义上，我们说牛顿发明了微积分。

《流数简论》标志着系统的微积分算法的诞生。在日后的岁月中，牛顿继续改进、完善自己的微积分学说。1669 年 7 月，牛顿完成一篇题为《运用无限多项方程的分析》（简称《分析学》）的论文手稿。在这篇论文中，牛顿重申了"微积分基本定理"，并广泛利用无穷级数作工具，给出求曲线下面积的一般方法，与若干函数的无穷级数展开式。但牛顿做出一个重要改变：回避《流数简论》中的运动学背景，放弃时间 t 的无穷小瞬 o 的概念，而直接以无限小增量"瞬"为基本概念来解决问题。

我们举一个简单例子来看一下他这里使用的处理方式：计算曲线 $y = x^2$ 下的面积 z。牛顿指出答案是 $z = \dfrac{1}{3}x^3$。为了证明这一点，牛顿的处理方式如下：以 $x+o$ 代替 x，以 $z+oy$ 代替 z，则有 $z + oy = \dfrac{1}{3}(x+o)^3$，展开消去相等项，得到 $oy = x^2 o + xo^2 + \dfrac{1}{3}o^3$。

两边同除以 o，得 $y = x^2 + xo + \dfrac{1}{3}o^2$，略去带 o 的项，得 $y = x^2$。根据微积分基本定理，上面的答案得到验证。

我们看到，牛顿将无限小增量"瞬"作为基本概念时，这个"瞬"被看作了静止的无穷小量。当"略去带 o 的项"时，相当于直截了当地令其等于 0 了。自然，这种无穷小量的观点是含糊的，在逻辑上是不严密的。

两年后，牛顿又写成论述流数法的专著《流数法与无穷级数》（简称《流数法》）。在这一著作中，牛顿放弃了上述静止无穷小量观点，重新回到并发展了《流数简论》中的思想，对以物体运动速度为原型的流数概念作了进一步提炼，并以清楚的流数语言表述微积分的基本问题为："已知流量间的关系，求流数关系"，以及反过来"已知表示量的流数间的关系的方程，求流量间的关系"。流数语言的使用使牛顿的微积分算法在应用方面获得了更大的成功。这一著作标志着牛顿流数法的成熟。

但无论是《分析学》还是《流数法》，实际上都以无穷小量作为微积分算法的论证基础。其差别在于：在《流数法》中变量 x、y 的瞬 $p \times o$、$q \times o$ 随时间瞬 o 而连续变化，而在《分析学》中变量 x、y 的瞬则是某种不依赖于时间的固定的无穷小量。

大约在 17 世纪 80 年代，牛顿在观念上又发生了新的变革，这就是"首末比方法"的提出。他试图改变过去用无穷小观点处理问题的方法，力图将流数法建立在"首末比"的理论上。这一方法最先以几何形式在他的物理学巨著《自然哲学的数学原理》中公布，在其中他曾阐明自己引入新观点的原因："使用不可分量方法可以使证明精炼，但是因为不可分量的概念令人难以理解，而且这种方法不依赖于几何，因此我将把以下命题的证明简化到初始和、最终和、初始比和最终比。也就是，简化到这些和的极限和比的极限。因而，我将尽量简洁地给出这些极限的证明。"

关于首末比详尽的分析是在《曲线求积术》（1691）中给出的。《曲线求积术》可以看作是牛顿最成熟的微积分著述。在这里，牛顿回避了无穷小量并批评自己过去那种随意忽略无穷小瞬 o 的做法："在数学中，最微小的误差也不能忽略……在这里，我认为数学的量不是由非常小的部分组成的，而是用连续的运动来描述的。"在此基础上定义了流数概念之后，牛顿写道："流数之比非常接近于在相等但却很小的时间间隔内生成的流量的增量比。确切地说，它们构成初生增量的最初比，但可用任何与之成比例的线段来表示。"接着牛顿借助于几何解释把流数理解为增量消逝时获得的最终比。他举例说明自己的新方法如下：

为了求 x^n 的流数，牛顿假设在相同的时间内，x 通过流动变化为 $x+o$，同时 x^n 变化为 $(x+o)^n$，利用无穷级数的方法，展开后者，得到 $x^n + nox^{n-1} + \dfrac{n^2-n}{2}o^2x^{n-2} + \cdots$，其增量为 $nox^{n-1} + \dfrac{n^2-n}{2}o^2x^{n-2} + \cdots$，于是增量 o 与增量 $nox^{n-1} + \dfrac{n^2-n}{2}o^2x^{n-2} + \cdots$ 之比等于 1 和 $nx^{n-1} + \dfrac{n(n-1)}{2}x^{n-2}o + \cdots$ 之比。然后，"设增量 o 消逝，它们的最终比就是 $1:nx^{n-1}$"。这也是 x 的流数与 x^n 的流数之比。

这就是所谓的"首末比方法"。牛顿预见到首末比方法可能遭受的批评，并意识到争论的焦点将在于"最终比"概念。为了答复这类批评，他对于什么是"最终比"作了进一步说明："消逝量的最终比实际上并非最终量之比，而是无限减小的量的比所趋向的极限。它们无限接近这个极限，其差可小于任意给定的数，但却永远不会超过它，并且在这些量无限减小之前也不会达到它。"

从 1664 年起研究微积分，在 1666 年的《流数简论》中认识到微积分基本定理，创建流数理论；1669 年的《分析学》向几何不可分量观点摇摆；在 1671 年的《流数法》中发展出成熟的流数理论；从 17 世纪 80 年代开始提出"首末比"方法，在 17 世纪 90 年代前后对这一极限论的雏形做出改进，并贯穿在《原理》和《求积法》之中。这就是牛顿微积分思想发展的 4 个阶段。

莱布尼茨与微积分

在微积分创立中，与牛顿共享荣誉的是莱布尼茨（1646—1716）。

莱布尼茨出生于莱比锡一个书香门第，父亲是莱比锡大学的教授，母亲出身教授家庭。耳濡目染，莱布尼茨从小就十分好学。不幸的是，他的父亲在他 6 岁时去世，庆幸的是，年幼的莱布尼茨在父亲的教诲下，已产生了读书和学习的强烈愿望。而父亲丰富的藏书更为他的学习提供了良好的便利条件。在年轻时，莱布尼茨就已自学了拉丁文，并沉迷于各种哲学、神学等著作中。

1661 年，15 岁的莱布尼茨进入莱比锡大学学习法律。在学校，他又广泛地阅读了开普勒、伽利略等人的著作。1663 年 5 月他取得学士学位；1665 年，他提交了博士论文；1666 年，因太年轻（年仅 20 岁）而被拒绝授予法学博士学位。于是，他离开莱比锡转到纽伦堡的阿尔特多夫大学，并于 1667 年获得该大学授予的博士学位。

结束学业后不久，莱布尼茨担任了美因茨选帝候的外交官。1676 年后，汉诺威成了他的永久居住地，在那里他担任不伦瑞克公爵枢密顾问兼图书馆馆长。1679 年，不伦瑞克公爵去世，其弟继任爵位，莱布尼茨仍保留原职。新公爵夫人苏菲是他的哲学学说的崇拜者，"世界上没有两片完全相同的树叶"的名言就出自两人的谈话。

莱布尼茨的职业是法律和外交，许多时候他的工作极为忙碌，但他仍然能找到时间钻研各种问题。他善于用访问和通信的方式与人讨论问题、交流思想。他一生中曾与千余人有过书信交往，留下了 15 000 多封信件。在勤奋的一生中，莱布尼茨涉猎了极其广泛的领域，包括哲学、法学、数学、逻辑学、历史学、语言学、神学、物理学、光学、地质学、化学、生物学、气象学等，其博学在科学史上罕有所比，被誉为"百科全书式的人物"。更难得的是，他在涉及的这各个不同的学术领域，都留下了深深的印记，对后世产生了不同程度的影响。罗素因而称他为"一个千古绝伦的大智者"。

莱布尼茨还是一位科学活动家，他的一些创举使科学受益匪浅。从 1695 年起，他就一直为在柏林建立科学院而四处奔波。1700 年，莱布尼茨终于一手促成了柏林科学院的创建，并出任第一任院长。彼得堡科学院、维也纳科学院也是在他的倡议下成立的。莱布尼茨的科学远见和组织才能，有力地推动了欧洲科学的发展。据说他还曾写信给中国康熙皇帝建议成立北京科学院。

莱布尼茨与中国的渊源不限于此。他对中国的科学文化和哲学思想一直非常关注。对中国有极大兴趣的他，曾交给一位到中国的传教士一份提纲，其中开列了他希望了解的 30 个条目（包括天文、数学、地理、医学、历史、哲学、伦理以及火药、冶金、造纸、纺织、农学等各种技术）。1697 年他编辑出版了《中国新事萃编》，在该书的绪论中他写道："我们从前谁也不信这世界上还有比我们的伦理更美满，立身处世之道更进步的民族存在，现在从东方的中国，给我们以一大觉醒！东西双方比较起来，我觉得在工艺技术上，彼此难分高低；关于思想理论方面，我们虽优于东方一筹，而在实践哲学方面，实在不能不承认我们相形见绌。"他还强调，中国与欧洲位于世界大陆东西两端，都是人类伟大灿烂文明的集中地，应该在文化、科学方面互相学习，平等交流。

菜布尼茨一生没有结婚，晚年凄惨悲凉。1716 年 11 月 14 日，由于痛风和胆结石症引起腹绞痛卧床一周后，菜布尼茨离开了人世，终年 70 岁。弥留之际，陪伴他的只有他所信任的大夫和他的秘书。一位朋友在回忆录中写道，菜布尼茨的"丧事办得更像是埋葬强盗，而不是为这个国家的光辉人物送行"。1793 年左右，人们在汉诺威为他建立了纪念碑；1883 年，莱比锡的一个教堂附近竖起了他的一座立式个人雕像；1983 年，汉诺威照原样重修了被毁于第二次世界大战中的"菜布尼茨故居"，以供后人瞻仰。

除其他方面的成就外，在数学方面菜布尼茨也做出很多贡献。他对组合、线性方程组、行列式进行过研究，对消元法从理论上进行了探讨，在 1693 年提出行列式概念；他系统阐述了二进制计数法，并用他的这一发现理解中国古老的易图，发现易图结构可以用二进制数学予以解释；提出符号逻辑思想，指出发明"推理演算"和逻辑代数的重要性，并为此做了一些超越于时代的工作，从而引导了后来的数理逻辑；他还是制造计算机的先驱。1673 年，在对伦敦短暂访问期间，27 岁的菜布尼茨向人们展示了一台能够执行加减乘除 4 种基本运算的计算机模型。

菜布尼茨还是历史上最伟大的符号学者之一。他确信，选取恰当的符号并且定出它们的操作规则是极为重要的。他认识到，好的符号能大大节省思维劳动，运用符号的技巧是数学成功的关键之一。因此，他自觉和格外慎重地引入每一个数学符号，常常对各种符号进行长期的比较研究，然后再选择他认为最好的、富有启示性的符号。他所创设的符号，如除号"$\frac{a}{b}$"、相似符号"$\backsim$"、全等符号"$\cong$"、交符号"$\cap$"、并符号"$\cup$"等都被沿用至今。特别是在微积分中，菜布尼茨发明的一套适用的符号系统，远远优于牛顿的符号，这对微积分的发展有极大影响。现在我们使用的微积分通用符号大都是当时菜布尼茨精心选用的。

当然，菜布尼茨在数学上最突出的贡献是独立创立了微积分。

1672 年，莱布尼茨肩负外交使命出使巴黎，在那里度过了此后 4 年的大部分时间。在此之前，莱布尼茨对数学只进行了不多的研究，对当时的数学趋势和方向，他基本上一无所知。幸运的是，他遇到了杰出的学者惠更斯。惠更斯先是交给他一个问题：求三角数 (1,3,6,10,…) 倒数组成的级数之和，即求：

$$\frac{1}{1}+\frac{1}{3}+\frac{1}{6}+\frac{1}{10}+\cdots$$

莱布尼茨解决这一问题时利用了自己注意到的一个有趣事实：给定数列 $a_0, a_1, a_2, a_3, \cdots, a_n$，考虑相继两项之差的序列：$d_1, d_2, d_3, \cdots, d_n$，其中 $d_i = a_i - a_{i-1}$。

显然，$d_1 + d_2 + d_3 + \cdots + d_n = a_n - a_0$。用语言表述，就是"相邻项的差的和总等于序列中最前项与最末项的差，不论它们的数目有多大"。利用这一看似平凡的发现，莱布尼茨给出了惠更斯问题的答案：2。

这次成功激发了他进一步深入钻研数学的兴趣。在惠更斯的指点下，他开始认真研究数学。通过自学卡瓦列里、巴罗、帕斯卡、沃利斯等人的著作，他迅速走到数学的前沿。不久后，他就开始研究当时数学家们所普遍关注的求曲线的切线以及求平面曲线所围图形的面积、立体图形体积等问题。

1673 年，在研究帕斯卡的一篇论文时，他"突然看到一束光明"，他看出可以把帕斯卡的方法加以推广。在这篇引起莱布尼茨注意的论文中，帕斯卡引入了"特征三角形"，但他只将其应用于圆的研究。莱布尼茨意识到帕斯卡本人未察觉的一个事实：对任意给定的曲线都可以构造这种特征三角形（微分三角形）。他应用这种无限小三角形，去解决旋成体的表面面积、求长、求积等各类问题。如后来在一封信中所说："应用我所说的由坐标和曲线的元素构成的'特征三角形'，我很快就发现后来我在巴罗和格雷戈里的著作中见到的几乎所有定理。"

不久后，莱布尼茨根据惠更斯的劝告，又开始研究笛卡儿的理论。他最初那看似平凡的发现在他脑海中浮现，他"认识到这些差的重大效用"，并将之与他的最新研究

数学悖论与三次数学危机

联系起来。他看出"根据笛卡儿的微积分可以把曲线的纵坐标用数值表示出来"，于是他发现"求积或求纵坐标之和，同求一个纵坐标（割圆曲线的纵坐标），使其相应的差与给定的纵坐标成比例，二者是一回事。我还立即发现，求切线不过是求差，求积不过是求和，只要我们假设这些差是不可比拟得小的。"这段来自莱布尼茨本人的话，是后来他对自己最初迈出的几步所做的总结。我们就沿着他的总结，去看看他是如何从自己的早期工作基础上拓展出微积分思想的。

考虑定义在某区间上的一条曲线。把区间分为许多子区间，把每个分点 x_i 对应的纵坐标记为 y_i。构造这些纵坐标差的序列 $\{\Delta y_i\}$，那么它的和 $\sum \Delta y_i$ 等于最末和最开始的纵坐标的差 $y_n - y_0$。对这一规则进行外插来处理有无穷多纵坐标的情况，并引入一些新的记法：纵坐标的无穷小的差用 $\mathrm{d}y$ 表示，并且无穷多纵坐标的和用 $\int$ 表示。那么，这一条规则可表示为：$\int \mathrm{d}y = y$（假定初始纵坐标为 0）。从几何上看，这只不过是说一线段的微分（无穷小的差）的和等于线段。

同样的，构造序列 $\left\{\sum y_i\right\}$，即：

$$y_1,\ y_1 + y_2,\ y_1 + y_2 + y_3,\ \cdots,\ y_1 + y_2 + y_3 + \cdots + y_n,\ \cdots$$

那么它们差的序列 $\{\Delta \sum y_i\}$ 恰是纵坐标原来的序列。同样对这一规则进行外插来处理有无穷多纵坐标的情况，并把曲线看作边数为无穷的多边形，在每个交点上向轴作纵坐标 y。于是所有上述序列和的差为 y（还是假定初始纵坐标为 0），即有 $\mathrm{d}\int y = y$。但这一条规则没有明确的几何解释，因为无穷多个有限项的和完全可以是无穷。所以莱布尼茨将有限的坐标 y 换为无穷小的面积 $y\mathrm{d}x$，这样 $\int y\mathrm{d}x$ 就可以解释为曲线下的面积，而规则 $\mathrm{d}\int y\mathrm{d}x = y\mathrm{d}x$ 说的只是面积 $\int y\mathrm{d}x$ 序列的项的差是项 $y\mathrm{d}x$ 本身。

因而，莱布尼茨是把微分看作变量相邻两值无限小的差，而积分则是由变量分成无穷多个微分之和。事实上，莱布尼茨把最初的微积分就称为求差的方法与求和的方法。因为求差与求和的运算是互逆的，所以当莱布尼茨从这一思路去发展微积分时，自然有微分（d）与积分（∫）是互逆的。也就是说，微积分基本定理是显然的。

与他关于特征三角形的研究相结合，他认识到：求曲线的切线依赖于纵坐标的差值与横坐标的差值，当这些差值变成无限小时之比；而求曲线下的面积则依赖于无限小区间上的纵坐标之和（指我们刚提到的无穷小的面积 $y\mathrm{d}x$ 之和，从几何意义上而言就相当于高为 y，宽为 $\mathrm{d}x$ 的一些无穷小矩形之和）。

在这种认识下，莱布尼茨在 1677 年的一篇手稿中，用另一种方式得到了微积分基本定理："现在我们更上一层楼，为了得到一个图形的面积，可以通过求它的割圆曲线来进行。"

给定一个曲线，其纵坐标为 y，求这条曲线下的面积。假设可以求出一条曲线，其纵坐标为 z，使得 $\dfrac{\mathrm{d}z}{\mathrm{d}x}=y$，即 $y\mathrm{d}x=\mathrm{d}z$，于是原来曲线下的面积 $\int y\mathrm{d}x=\int \mathrm{d}z=z$。莱布尼茨通常假设曲线 z 通过原点。这样就将求积问题化成了反切线问题，即为了求纵坐标为 y 的曲线下的面积，只需求出一条纵坐标为 z 的曲线，使其切线的斜率 $\dfrac{\mathrm{d}z}{\mathrm{d}x}=y$。而如果是求区间 $[a, b]$ 上的面积，则由 $[0, b]$ 上的面积减去 $[0, a]$ 上的面积，便得到：

$$\int_a^b y\mathrm{d}x = z(b) - z(a)$$

举一个简单例子，比如为了求 $y=x^2$ 在区间 $[0, 1]$ 上的面积。我们现在先要寻找一个函数 z，使得 $\dfrac{\mathrm{d}z}{\mathrm{d}x}=x^2$。利用已知微分结果，知道可取 $z=\dfrac{1}{3}x^3$。于是，所求的面积容易得出是 $1/3$。

在 1693 年发表的另一篇文章中，莱布尼茨更清楚地阐述了微分与积分的互逆关系，表明他已纯熟掌握了微积分的原理。

如上所述，莱布尼茨是从 1672 年开始认真研究数学的，随后在巴黎的 4 年是他在数学方面"发明创造的黄金时代"（类似于牛顿 1664 ～ 1666 那两年）。正是在这期间，他构想出他所建立的微积分的主要特征。此后多年，莱布尼茨又一直改进并发展自己的微积分理论。在经过十多年的探讨后，1684 年 10 月，莱布尼茨在《教师学报》上发表了一篇题目很长的论文：《一种求极大值与极小值和求切线的新方法，它也适用于无理量，以及这种新方法的奇妙类型的计算》。这篇论文只有 6 页，但却具有划时代的意义。它概括、总结了莱布尼茨自 1673 年以来微分学研究方面取得的成果。其中明确陈述了他 1677 年已得到的函数和、差、积、商、乘幂与方根的微分公式，给出了复合函数的微分法则，并将乘积微分法则推广到高阶微分的情形。另外，这篇论文还包含了微分法在求极值、求拐点以及光学等方面的广泛应用。在最后他夸耀微分学方法的魔力时说："凡熟悉微分学的人都能像本文这样魔术般做到的事情，却曾使其他渊博的学者百思不解。"

1686 年，莱布尼茨在《教师学报》上又发表题为《深奥的几何与不可分量及无限的分析》的第一篇积分学论文。这篇文章总结了他在积分方面的多年研究成果，实际可看作《新方法》的续篇。

除独立创建微积分外，莱布尼茨还在多方面发展了这门新的数学分支。如研究了无穷级数，在微分方程方面于 1691 年提出常微分方程的分离变量法等。

巨人相搏

在前人工作的基础上，英国的牛顿和德国的莱布尼茨研究和完成了微积分的创建工作。通过上面的介绍，我们知道牛顿创建微积分早于莱布尼茨 10 年左右。但世界却是通过莱布尼茨，而不是通过牛顿得知微积分的。1684 年莱布尼茨发表的仅几页的论文在数学史上被公认为是最早发表的微积分文献，而牛顿微积分方法的第一次公开表述，出现在 1687 年《自然哲学的数学原理》一书中，比莱布尼茨晚三年。至于我们提到的他的许多论文，最早公开发表的是写作最晚的《曲线求积术》，其摘录发表于 1693 年，全文迟至 1704 年才作为《光学》一书的附录正式发表。

在这种背景下，一场遗憾的优先权之争在两位巨人之间展开了。

争端是由局外人挑起的。1699 年，一瑞士数学家在一本小册子中提出"牛顿是微积分的第一发明人"，而莱布尼茨作为"第二发明人""曾从牛顿那里有所借鉴"。隐含于其后的意思是，莱布尼茨剽窃了牛顿。莱布尼茨对此作了反驳，并在 1705 年为《教师学报》所写对牛顿《光学》的匿名评论中含蓄批评牛顿在《曲线求积术》中"用流数偷换莱布尼茨的微分"。随着争论的展开，皇家学会于 1712 年指定一个专门的委员会进行调查，并于不久后公布了偏袒牛顿的《通报》，宣布"确认牛顿为第一发明人"，并说"那些将第一发明人的荣誉归于莱布尼茨先生的人，他们对他与柯林斯和奥尔登堡先生之间的通信一无所知"。虽然，作为回答，莱布尼茨起草、散发了一份《快报》，气愤地指责牛顿"想独占全部功劳"，但在这场优先权的争夺战中牛顿已反败为胜，占据了主动。后来，牛顿的一位同事记录道：牛顿对"他的回击使莱布尼茨伤透了心"感到非常"开心"。很多年后，人们弄清了委员会的委员多数是牛顿的追随者，而这份《通报》则来自牛顿本人的手笔。

莱布尼茨涉嫌剽窃的证据来自两个方面。一是，莱布尼茨 1676 年 10 月访问伦敦期间，曾在皇家学会借阅了牛顿《分析学》手稿抄本并作了摘录。但从后来公布的莱布尼茨笔记本获知，莱布尼茨当时仅摘录到有关级数的部分。二是莱布尼茨与牛顿 1676 年著名的通信。但在信中，牛顿以字谜形式隐藏了流数法的基本问题。莱布尼茨不可能从中了解流数法的奥秘。事实上，根据我们上面的介绍（介绍中的资料来自保存至今的两人的手稿），我们可以清楚看到两人是通过不同的途径，各自独立完成微积分的发明的。

莱布尼茨 1716 年去世后，在一些中立学者的调解下，双方停止了交战。延续了 20 余年的优先权之争从此逐渐平息。但这场巨人之争造成的更大后果是欧洲大陆数学家和英国数学家的长期对立。英国的牛顿拥护者和欧洲大陆的莱布尼茨拥护者之间，发展成了意识和流派的阵营之争。欧洲大陆数学家采用莱布尼茨的 d 符号而成为"d 主义"者，并与英国数学家的"点主义"展开了长达一个多世纪的抗争。欧洲大陆的学者在接受莱布尼茨优越的符号以后，很快获得了丰硕的成果。而英国人一半出于对牛顿的盲目崇拜，一半囿于狭隘的民族偏见，拘泥于牛顿的流数术，固步自封，迟迟不肯接受大陆的成就。直到 19 世纪，英国一些青年数学家为改变这种状况成立了一个数学分析学会，为反对"点主义"拥护"d 主义"而奋斗，才最终采用了莱布尼茨的微分符号，但英国数学发展已因此整整落后了 100 年。历史证明，闭关锁国，抱残守缺，盲目排外的做法，只会使自己和世界先进水平的差距越拉越大。

最后，我们介绍一下微积分名称的由来。牛顿称微积分为流数法（fluxions），这个名称后来逐渐被淘汰了。莱布尼茨使用"差的计算"（calculus differentialis）与"求和运算"（calculus summatorius）的术语。"差的计算"后来变成专业术语"微分学"（differential calculus）。莱布尼茨的弟子、瑞士数学家约翰·伯努利主张把"求和运算"改为"求整运算"（calculus integralis），后成为专业术语"积分学"（integral calculus）的来源。这就是西方微分学、积分学名称的来源，两者合起来叫作微积分学，英文里简称"calculus"。

我国第一本微积分，同时也是第一本解析几何汉译本，是李善兰和伟烈亚力合译的《代微积拾级》（1859）。译名中的"代"指"解析几何"（当时叫"代数几何"），"微"指"微分"，"积"指"积分"。我国有"积微成著"的成语，意思是微小的事物积多了也会很显著。李善兰很可能是借用这里微积的字样，而把"calculus"译作"微积"，这是我国微积分名称的起源。

第**9**章
风波再起：
第二次数学危机的出现

微积分是人类智力的伟大结晶，正如革命导师恩格斯所说："在一切理论成就中，未必再有什么像 17 世纪下半叶微积分的发现那样被看作人类精神的最高胜利了。如果在某个地方我们看到人类精神的纯粹的和唯一的功绩，那就正是在这里。"它的发明开辟了数学上的一个新纪元，标志着数学由常量数学向变量数学的重要转变。它的诞生也是整个人类历史上的一件大事，它从生产和科学的需要中产生，回过头来又深刻地影响了生产技术和自然科学的发展。

不过，在微积分创立之初，无论是牛顿还是莱布尼茨的工作都还不完善，因而导致许多人的批评。如 1695 年，荷兰数学家纽汶蒂（1654—1718）在其著作《无限小分析》中指责牛顿的流数术叙述"模糊不清"、莱布尼茨的高阶微分"缺乏根据"等。法国数学家罗尔（1652—1719，罗尔中值定理以他的名字命名）也对微积分表示怀疑。

然而，抨击微积分基础言词最有力的是爱尔兰主教贝克莱。他对微积分强有力的批评，对数学界产生了最令人震撼的撞击。

贝克莱悖论与第二次数学危机

　　贝克莱（1685—1753）是 18 世纪英国哲学家，西方近代主观唯心主义哲学的主要代表。

1685 年 3 月 12 日，贝克莱生于爱尔兰；1700 年入都柏林三一学院读书，1707 年成为这一学院的研究员；此后 6 年，他发表了许多哲学著作，成为一位著名的哲学家；1713 ~ 1721 年，他在英国和欧洲大陆上居住和游历；1721 年回到三一学院，被授予神学博士，并就任高级研究员；1724 年被任命为德利教区的教长；1734 年被任命为爱尔兰克罗因教区的主教。

　　贝克莱从经验论出发，承认知识起源于感觉。但他认为知识的对象就是观念，而观念归于感觉。在这个意义上，观念就是感觉。在贝克莱看来，不是由物派生感觉观念，而是由感觉观念派生物，物是"一些观念的集合"。这就是贝克莱提出的基本观点。

　　贝克莱最著名的哲学命题是"存在即是被感知"。在这种观念下，哲学上的所谓物质实体，只不过是根本不存在的抽象概念。物质就是"虚无"。

　　作为宗教神学家，贝克莱企图调和科学和宗教的尖锐矛盾，给宗教神学建立新的理论基础，建立一种既能维护宗教神学，又能修正科学实质的思想体系。他把自然规律说成是上帝的意旨，是上帝把观念印入人心时所依据的最一般规则。因此，自然科学家的任务在于了解上帝所造的那些标记。

　　贝克莱的主要著作有《视觉新论》(1709)、《人类知识原理》(1710)等。他的哲学观点对后来西方的唯心主义流派产生了很大影响。

　　可以说，贝克莱对微积分的攻击既是维护其神学主张，又是其哲学观点的反映。这在 1710 年出版的《人类知识原理》一书中就已有所体现。在反对认为有限量可以无限分下去的看法时，贝克莱说："每一段单独的有限距离，它可以作为我们思考的对象，是一个只存在于我们头脑中的想法，因而它的每一部分应该是可以被认识的。那么，既然我不能认识一条线、一个表面或一个物体上的无限多的部分……我由此推论，这些无限多的部分是没有的。"

　　1734 年，在担任克罗因主教的同一年，作为神学家与哲学家的贝克莱发表了一本

数学悖论与三次数学危机

针对微积分基础的小册子，从而在数学界掀起了一场轩然大波。

这本小册子有一个很长的标题：《分析学家；或一篇致一位不信神数学家的论文，其中审查一下近代分析学的对象、原则及论断是不是比宗教的神秘、信仰的要点有更清晰的表达，或更明显的推理》（以下简称《分析学家》）。作者署名：渺小的哲学家。其副标题中"不信神的数学家"指的是资助牛顿出版《原理》的哈雷。哈雷是不信宗教的，他曾戏谑过基督教的神学。

《分析学家》一书只有 104 页，但却对微积分的基本概念、基本方法和全部内容提出全面的批评。

一方面，贝克莱批评了微积分中一系列重要的概念，如流数、瞬、初生量、消失量、最初比和最后比、无穷小增量、瞬时速度等的模糊性。在他看来，这些重要概念都是"隐晦的神秘物"，是"模糊和混乱"，是"无理和荒谬"，因而在他看来，"那些大人物虽然把那个科学（指微积分）抬高到惊人的程度，实则只是建立了一套空中楼阁"。

对于瞬时速度，贝克莱认为，速度概念既然离不开空间和时间区间，那么根本不可能想象一个时间为零的瞬时速度。

对"速度的速度，二阶、三阶、四阶、五阶速度等，如果我没说错的话，简直超越一切人的理解能力。对此捉摸不定的概念越是仔细推敲，就越感到空虚和茫然。的确，不管怎样，二阶或三阶流数看来是一种隐晦的神秘物"。

他宣称自己不能接受无穷小量，"要设想一部分这样的无穷小量仍会有比它更无穷小的量，而且通过无穷次地相乘的结果将永不会等于最微小的有限量，我猜想，这对任何人都是一个无限的困难"。

对于无穷大，他认为是一个"奇特的概念"，它"使数学研究倍觉困难而可厌"。

对于流数，他说："如果我们集中注意力于流数符号所代表的事物本身，就会发现很多空虚、模糊和混乱……简直是无理和荒谬。"

另一方面，贝克莱指出微积分方法中的缺陷。

作为批判的靶子，贝克莱分析了我们前面所介绍的牛顿求 x^n 的流数的方法。在这一方法中，为了求 x^n 的流数，牛顿假设在相同的时间内，x 通过流动变化为 $x+o$，同时 x^n 变化为 $(x+o)^n$ ……在得到增量 o 与增量 $nox^{n-1}+\dfrac{n^2-n}{2}o^2x^{n-2}+\cdots$ 之比等于 1 和 $nx^{n-1}+\dfrac{n(n-1)}{2}x^{n-2}o+\cdots$ 之比后，牛顿令增量等于 0，得到最后的比值等于 $1:nx^{n-1}$。

贝克莱指责说，这个推理是不公正和不明确的。因为在这个推理中，先取一个非零的增量并用它进行计算，然而在最终却又让 o "消失"，即令增量为零得出结果。贝克莱指出这里关于增量 o 的假设前后矛盾，是"分明的诡辩"。对于消失的量，他讥讽地问道："这些消失的增量究竟是什么呢？它们既不是有限量，也不是无限小，又不是零，难道我们不能称它们为消逝量的鬼魂吗？"这"像猜谜一样"，是"瞪着眼睛说瞎话"，"再也明白不过的是，从两个互相矛盾的假设，不可能得出任何合理的结论"。

《分析学家》的主要矛头是牛顿的流数法，但对莱布尼茨的微积分也捎带做出了非难，认为莱布尼茨依靠"忽略高级无穷小消除误差"的做法得出的正确结论，是从错误的原理出发通过"错误的抵消"而获得的。他还说微分之比应该决定割线而不是决定切线等。

在这本小册子的末尾是 67 个"疑问"。

从主观动机上而言，贝克莱对微积分学说的攻击是要维护宗教，目的是要证明流数原理并不比基督教义"构思更清楚""推理更明白"。他是借微积分的逻辑困难为宗教辩护。他问道："科学的女王——数学不也同样建立在不稳的基础上吗？但尽管这样，它并没有失掉实际的意义和结论的正确呀？！""有些人提出这些东西来加以信奉，他们对宗教教义却总是吹毛求疵地追问证据，其苛刻态度犹如税吏，他们假惺惺地说

（要眼见为实）。……一个能欣赏二阶、三阶流数和有限差的人，我想是不必对宗教教义吹毛求疵的。"

在贝克莱看来，数学家们相信微积分同自己相信神学一样，都是一种信仰。"那些对宗教教义持慎重态度的数学家们，对待他们自己的科学是不是也抱着那样严谨的态度？他们是不是不凭证据，只凭信仰来领会事物，相信不可思议的东西呢?"

虽说，贝克莱是想利用微积分的不完备为神学辩解，但不能否认，他对微积分基础的批评是一针见血，击中要害的。他揭示了早期微积分的逻辑漏洞，将微积分在概念、基础方面的缺陷来了一个大曝光。

当贝克莱以辛辣的嘲讽语言攻击微积分理论时，微积分理论由于在实践与数学中取得的成功，已使大部分数学家对它的可靠性表示信赖，相信建立在无穷小之上的微积分理论是正确的。因此贝克莱所阐述的问题被认为是悖论，并称为贝克莱悖论。而由于这一悖论的提出十分有效地揭示出微积分基础中包含着逻辑矛盾，因而在当时的数学界引起了一定的混乱，一场新的风波由此掀起，导致了史称的第二次数学危机。

弥补漏洞的尝试

笼统地说，贝克莱悖论可以表述为"无穷小量究竟是否为 0"的问题。在微积分的使用中，无穷小量有时当作 0，有时又看作不是 0。从形式逻辑上看，这无疑是一个矛盾。

事实上，根据前面的介绍，我们知道早在古希腊时代，人类就已不得不面对这个似乎难以逾越的障碍了。一方面，无穷小量的概念在数学中可以提供非常有效的问题解决途径。但另一方面，这一概念本身却存在着逻辑漏洞。因而，在讲究严谨的古希腊人那里，无穷小量被当作一种发现问题答案的方法，而严格证明答案的正确性却要通过烦琐的穷竭法去实现。到 17 世纪时，出于解决众多问题的迫切需要，人们随意地使用无穷小量的方法，同时却抛弃了严谨的穷竭法证明。当牛顿与莱布尼茨创建微积分时，同样的问题依然存在。

牛顿对此是有清楚认识的。因此，我们看到他曾多次试图改进自己的理论，并最终提出首末比方法，试图把流数法建立在极限概念基础上。在

《原理》一书中，他给极限下了一个定义："量以及量之比，若在一有限时间内连续趋于相等，并在该时间结束前相互接近且其差可小于任意给定量，则它们最终亦变为相等。"但牛顿的理论中仍有许多不清楚的地方，特别是他对首末比的阐述，仍然是模糊的，而且不得不诉诸几何直观或对运动的直觉。如在《原理》中他如此表述自己的看法："也许有人认为不存在消失量的比的极限值，因为在这些量消失前它们的比不是极限值；而在它们消失后又不存在这样的极限值。但是利用同样的推理方法，可以断定当一个物体到达某一点停下来时，它没有最终速度。这是因为在物体到达这一点之前，物体的速度不是最终速度，而到达以后不存在最后速度。但显然，最终速度指的既不是物体到达目的地之前的速度，也不是物体运动停止后的速度，而是物体到达瞬间的速度。也就是说，物体以这一速度到达终点并停止运动。与此相同，消失量的最终比不应该理解为在它们消失之前的比，也不应该理解为它们消失之后的比，而应该理解为消失瞬间的比……存在一个在运动结束时速度可以达到但不能超过的极限，这就是最终速度。对所有开始产生或结束的量和比也有类似的极限……"我们并不能认为这样的辩解是完全清晰的。况且把最终比存在性的依据建立在人们对瞬时速度的直觉上，并不是不可置疑的。比如，芝诺的飞矢不动就是对这种直觉的一大责难。

莱布尼茨同样要面对如何理解无穷小量的难题。对此，他做过许多阐述，但却没有一种见解真正令人满意。

有时他把无穷小视作有限量，有时视为零，并认为"无穷小不是简单的、绝对的零，而是相对的零。就是说，它是一个消失的量，但仍保持着它那正在消失的特征"。

有时，他提出用"充分大"和"充分小"去代替无穷大和无穷小："我们可以不用无穷大、无穷小，而用充分大和充分小的量，使得误差小于给定的误差限度，所以我们和阿基米德方式的不同之处仅仅在于表达方面，而我们的表达更为直接，是更适合于发明家的艺术。"

有时，他诉诸感性的直观，用现实事物中量的不同层次的相对性解释无穷大和无穷小。如他认为点同直线不能相比，所以点加到直线上或从直线上去掉等于不加也不减。于是，"当我们谈到有不同阶的无穷大与无穷小时，就象对恒星的距离而言，把太阳看成一个点；对地球半径而言，把普通的球看作一个点。这样，恒星的距离对于普通球的半径而言是无穷的无穷大，或无穷倍的无穷大"。

有时，他干脆把无穷小当作一种能缩短论证的东西来使用，在他看来，"我不十分相信除了把无限大、无限小看作理想的东西，看作有根据的假设，还有什么必要去考察它们"或者把其看作有用的虚构，"我不相信确有无限大量和无限小量存在，它们只是虚构，但是对于缩短论证和在一般叙述中是有用的虚构"。

可见，莱布尼茨主要是把微积分当作了求得正确结果的一种方法，只要按这个方法去做，就能得出正确的结果，而不必关心基本概念怎样。

除牛顿与莱布尼茨之外，个别数学家在微积分创建之始也曾努力去弥补被遗漏的基础。如英国数学家泰勒（1685—1731，泰勒级数以他的名字命名）就曾做出过尝试。在1715年出版的《正和反的增量法》中，他力图搞清微积分思想，虽然得到泰勒级数等结果，但他的尝试远未成功。在莱布尼茨的早期追随者那里，也未找到对无穷小量等概念的清楚理解。

贝克莱悖论的提出与第二次数学危机的出现，使微积分基础问题引起更大的重视。结果，在此后的7年中，出现了约30多种小册子和论文企图纠正这种情形。更多数学家在这一危机面前，投入到微积分基础严密化的尝试中，他们试图通过建立严格的微积分基础以消除悖论并回击贝克莱的批评。

在英国，数学家麦克劳林对贝克莱悖论做出最重要的回应。

麦克劳林（1698—1746）自幼聪慧勤奋。11岁即进入格拉斯哥大学学习；17岁为他的关于地球引力的论文做了著名的公开答辩并获硕士学位；19岁被聘为大学数学教授；21岁被选为英国皇家学会会员；1720年，发表了第一部重要著作《构造几何》。

麦克劳林注意到泰勒级数的特殊情形，即函数在零点的展开，并用待定系数法给予证明。后来，人们把它作为一条独立的结论归于麦克劳林，称为麦克劳林级数。

1742 年，为维护牛顿流数论，麦克劳林完成《流数论》。这一巨著是第一部并且在很长时间内也是唯一严格而又完整地概述牛顿流数理论的著作。为了建立严格的微积分基础，麦克劳林采取了拒斥无穷和无穷小量概念的做法，并企图"通过最严格的形式的演绎从几个无懈可击的原理追随古人的方式推出流数理论的那些元素"，以便与古代人的严格性相匹配。为了确保逻辑的严密，他完全按照古人的方式，使用穷竭法和伴随的双归谬法进行证明，通过非常冗长的几何推导得出每一个新的思想。

虽然麦克劳林巨大的努力回答了贝克莱的质疑，但 18 世纪的大多数数学家对他这种用几何方法严格论证微积分的工作并不欣赏。人们不会为了严格而退回到古希腊人烦琐的方法上去。因为新微积分学的优越之处正在于它能够迅速而有效地解决旧的问题，并且能轻松地做出新的发现，而延续古人的方法是不可能获得这些结果的。因此，数学家需要寻找其他途径加固微积分基础。

18 世纪更多消除贝克莱悖论的工作是由欧洲大陆数学家完成的。

18 世纪最伟大的数学家欧拉（下一章将对他做详细介绍）认为"没有像通常所认为的那么多的神秘隐藏在这个概念中"，无穷小量在他看来，实际上就是等于零的量，因为后者是唯一的比任意给定的量都小的量。于是，在他看来，包含在导数的计算中的比值实际上简单地就是 $0:0$ 的形式。只是他指出，两个零的比值，依赖于正在变为零的起源，一定要在每个特定的情况下计算，$0:0$ 完全可以等于任意的有限的比值。因此，"无穷小的计算……只不过是不同的无穷小量的几何比值的研究罢了"。既然无穷小量同有限量相比较变为零，那么考虑有限量时就可以将其舍弃，这样，在欧拉看来，"无穷小的分析忽略数学的严格性的反对意见消失了……因为没有舍弃别的什么只是根本就没有什么"。

达朗贝尔在试图为微积分做出严格的论证时，提出把极限理论作为分析的基础。

达朗贝尔（1717—1783）是法国数学家、物理学家。在数学、力学、天文学等许多领域做出了贡献。

达朗贝尔原是某贵妇的私生子，出生后被抛弃在巴黎一教堂旁，被一对穷苦的玻璃匠夫妇收养并接受教育，后成为巴黎科学院院士和终身秘书。达朗贝尔同养父母的感情很好，47 岁以前一直住在一起。

达朗贝尔少年时就对数学特别有兴趣，但他没有受过正规的大学教育，靠自学掌握了牛顿等人的著作。达朗贝尔是青年科学家的良师益友，著名数学家拉格朗日和拉普拉斯在青年时代，都得到过他的鼓励和支持。

达朗贝尔是法国启蒙运动的领袖之一。自 1750 年开始，达朗贝尔加入"百科全书派"，与哲学家狄德罗共同主编卷帙浩繁的《科学、艺术和工艺百科全书》（1751～1772，简称《百科全书》）。达朗贝尔还为此撰写了不少数学和其他知识条目。

在《百科全书》的"微分"条目中达朗贝尔写道："微分学是作为最初比和最终比的方法，即求出这些比的极限的一种方法。"文中他还把导数看成极限，并接受欧拉的看法即 0/0 可等于任何量。他几乎是当时唯一把微分看成函数极限的数学家。对极限他也给出了一个较好的定义："一个量是另一个量的极限，假如第二个量能比任意给定的值更为接近第一个量，无论这个给定的量是多么小，不过作逼近的量任何时候都不能超过被接近的量。这样，这个量与它的极限的差绝对指不出来。"但达朗贝尔没有逃脱传统的几何方法影响，他的思想是几何的，也不可能把极限用严格形式阐述。此外，达朗贝尔的观念并没有被 18 世纪的其他数学家所遵循。

法国著名数学家拉格朗日则试图通过另一途径建立严格的微积分基础。

拉格朗日（1736—1813）直到青年时代，在一位数学家指导下学习几何后，才萌发了对数学的兴趣。17 岁时他开始专攻当时迅速发展的数学分析。1755 年 8 月 12 日，

19 岁的拉格朗日在写给欧拉的信中，给出了用纯分析方法求变分极值的提要；欧拉在 9 月 6 日回信中称此工作很有价值。此成果使他在都灵出了名。9 月 28 日，年仅 19 岁的拉格朗日被任命为都灵皇家炮兵学校教授。

1765 年秋，达朗贝尔向普鲁士国王腓特烈二世推荐拉格朗日。腓特烈二世在其邀请信中写道："欧洲最伟大的皇帝邀请欧洲最伟大的数学家到他的宫殿为伴。"但拉格朗日不愿与欧拉争职位。直到欧拉离开柏林后，他才正式接受了邀请，并长期于此工作。后来，他又接受法国国王之邀到巴黎定居。法国大革命期间，革命政府驱走了所有的外籍院士，却破例让他留下来并负责法国的度量衡改革。

拉格朗日在数学、力学和天文学三个学科中都有重大成果问世。

拉格朗日对微积分基础方面的研究体现在 1797 年出版的重要著作《解析函数论：包含微积分学的主要定理，不用无穷小，或正在消失的量，或极限和流数等概念，而归结为有限量的代数分析艺术》中。如书标题所说，拉格朗日试图通过摆脱使用无穷小量、流数、零，甚至极限来处理微积分基础问题，给微积分提供全部的严密性。

为此，他利用了当时人们普遍接受的一个思想：任何函数都可表示成幂级数。把这作为自己工作的出发点，拉格朗日从函数幂级数展开式中的系数定义出各阶导数。在这一过程中，拉格朗日第一次得到拉格朗日中值定理并给出泰勒级数的余项表达式（即著名的拉格朗日余项）。通过这种方式，他根据有限量代数的概念顺利做出了分析的概念。

但在拉格朗日的这种处理方案中存在着几方面问题：在他的一些证明中，他其实运用了极限的观念；他所建立的算法比欧拉的算法要复杂得多，所以他的方法在实际应用上是不方便的；更大的问题是，他的处理方式假定了函数都能展开成幂级数，而后来，人们发现这其实只适用于一部分函数。

达朗贝尔设法利用极限的方法给出微积分的理论根据，拉格朗日设法完全放弃无穷小量的概念，另一位数学家卡诺则使用了第三种途径，即用事实证明和说明无穷小量的现有算法。

卡诺（1753—1823）出生于法国一个地方公证人的家庭，曾受过军事工程师的专门教育。他积极参加 1789 年的法国大革命，1793 年受托组织革命军。他所组建的强大军队给欧洲国家以沉重的打击，他因而被法国人民叫作"革命的将军""胜利的组织者"。保卫革命成果的艰难重任没有使他放弃对数学的研究，无论在怎样的情况下，他都没有忘记数学。

1797 年，卡诺完成著作《关于无穷小算法的形而上学思想》。书中体现了他对历史上形成的各种无穷小量的方法（消去方法、极限方法、流数术方法、莱布尼茨的方法）的研究成果。他得出结论，所有这些方法在实际运用中都有自己的地位。他总结说，可以有两种观点来理解无限小分析，一种是把无限小当作"有限量"，另一种是当作"绝对的零"。在第一种情况中，卡诺认为微分学可以用误差补偿作为基础来解释："不完美方程"通过消除一些称为误差的量这一简便的手段，就变成"完美精确"的了；在第二种情况中，卡诺认为微分学是相互比较消失量的一种"艺术"，从这些比较中寻找出那些给出量之间的关系。对于消失量既是零又不是零这种反对意见，卡诺回答说："所谓无限小量并不是任意的零，而是为决定关系的那个连续性定律所给出的零。"

卡诺寻找微积分可靠基础的努力奠基于哲学设想如"误差补偿原理"上。在他看来，"无限小分析的真正的哲学原理……仍然是……误差补偿原理"。显然，这样的说明在数学上不能说是严密的。因而，虽然他的著作受到了普遍欢迎，并译成多种文字，但他解决困难的著名尝试在数学上并不是成功的。

为了"对数学中称为无穷的概念建立严格和明确的理论"，柏林科学院还曾于 1784 年做出悬赏征求。声明中特别提到数学中使用的无限概念有许多矛盾之处，"因此，本学院期待有人可以解答为什么众多的正确理论，居然是由一种含有矛盾的假设推导出来的"。在竞逐该项奖金的 23 篇论文中，大多以讨论微积分和无限小为主。在仔细研讨过这些论文后，柏林科学院认为没有一篇论文足以得奖，同时也没有一篇论文内容可称得上清晰、简明、具有说服力。

于是，我们看到：整个 18 世纪，人们都试图为微积分找出合乎逻辑的理论基础，几乎每一个数学家也都对此做了一些努力，虽然一两个路子对头，但所有的努力都没有获得圆满的结果。微积分的逻辑基础在 18 世纪结束的时候仍然是一个悬而未决的问题。消除贝克莱悖论，彻底解决第二次数学危机的任务留给了 19 世纪的数学家们。

第 10 章
英雄时代：
微积分的发展

微积分创建伊始，概念比较粗糙，可靠性受到怀疑，贝克莱悖论更是导致了第二次数学危机的产生。为了消除贝克莱悖论，18 世纪的数学家做出了许多不成功的努力。但在微积分可靠基础建立起来之前，数学家们并没有静等基础建立牢固后再去展开新的工作。事实上，虽然微积分基础存在着可质疑之处，让人困惑重重，但微积分在科学、数学的应用中却显示出无比的威力和顽强的生命力。在这个强有力的工具面前，数学与物理学上的无数难题被——解开。而且似乎微积分的基础是否合乎逻辑无碍导出正确的结论，这使人们对它越来越有信心。

而当时，无论是自然科学中，还是数学中都有大片的新领域有待开发。因而，数学家们更多情况下暂时搁下逻辑基础于不顾，醉心于拓展新的领域。正如 1743 年达朗贝尔所说："直到现在，表现出更多关心的是去扩大建筑，而不是在入口处张灯结彩；是把房子盖得更高些，而不是给基础补充适当的强度。"因为 18 世纪的数学家们在没有可靠逻辑支撑的情况下，仍勇敢地冲杀向前，所以这段时期称为数学的"英雄年代"。

让我们先对"英雄时代"的数学英雄们做一简要介绍吧。

数学英雄

我们在前面提到，由于牛顿、莱布尼茨的巨人之争，欧洲数学分裂为两派。英国坚持牛顿的流数法，进展缓慢。在整个 18 世纪，英国只有泰勒、麦克劳林做了一些值得称道的工作。与英国不同，欧洲大陆在采用莱布尼茨创立的符号与方法后进展很快，在整个 18 世纪涌现出众多数学家。

上一章已介绍了其中许多位数学家，下面我们再选择英国数学家泰勒、欧洲大陆数学家伯努利兄弟以及 18 世纪最伟大的数学家欧拉做一简要介绍。

泰勒

泰勒（1685—1731）出生于英格兰一个富有的家庭。父亲喜欢音乐和艺术，经常在家里招待艺术家，这对泰勒一生的工作造成了极大的影响，后来他热衷于研究的两个主要课题是：弦振动问题及透视画法。

1712 年，泰勒被选为英国皇家学会会员，同年进入仲裁牛顿和莱布尼茨发明微积分优先权争论的委员会。

泰勒以微积分学中将函数展开成无穷级数的定理著称于世。这一定理，首次出现在 1715 年版的《正和反的增量法》一书中。这一定理及其中的无穷级数都以泰勒命名，学习过微积分的读者对这条定理的重要性都会有非常清楚的了解，它出现在几乎任何一本微积分教科书中，并在许多数学分支中有着广泛的应用。不过，在起初的半个世纪里，数学家们并没有认识到泰勒定理的重大价值。这一重大价值是通过我们前面已介绍的拉格朗日的工作而被完整认识的。

在牛顿、莱布尼茨微积分发明权的争论后，英国数学家支持牛顿，欧洲大陆数学家支持莱布尼茨。为了证明自己一方拥有微积分的真经，双方分别在《哲学会报》和《教师学报》上提出一系列挑战问题，让对方解答。这种挑战曾达到赌 50 个畿尼（旧英国金币的名称）的激烈程度。泰勒是少数几个能在挑战中挺得住的英国数学家之一。但有一次，他提出一个形式很复杂的流数积分问题，向所有"非英国"数学家挑战。这一问题在英国只有极少几个几何学家通晓，从而泰勒认为是自己一派的优势。然而，他没有料到的是，约翰·伯努利熟知这一积分并指出这一问题早已由莱布尼茨在《教师学报》上解决了。这次挑战泰勒大败而归。

伯努利家族

伯努利家族之于数学正如巴赫家族之于音乐。在两个多世纪的时间内，他们统治着欧洲的数学舞台，对当时所知的几乎每一个数学领域都做出了贡献。从尼古拉·伯努利（1623—1708）开始，这个家族中至少有 12 名成员在数学领域取得了成就。我们介绍其中的两位：雅各布·伯努利（1654—1705）与约翰·伯努利（1667—1748）。

雅各布与约翰是兄弟。有趣的是，两人都是出于对数学的爱好才转向数学研究的。雅各布毕业于巴塞尔大学，1671 年获艺术硕士学位。遵照父亲的愿望，他于 1676 年取得神学硕士学位。同时他对数学有着浓厚的兴趣，但是在数学上的兴趣遭到父亲的反对，他违背父亲的意愿，自学数学和天文学，并与许多数学家建立了通信联系。他先是熟悉了笛卡儿、沃利斯及巴罗的著作，后来又逐渐熟悉了莱布尼茨的工作。

约翰幼年时被要求去学经商，但他认为自己不适宜从事商业，拒绝了父亲的劝告。1683 年约翰进入巴塞尔大学学习，1685 年获得艺术硕士学位，接着他攻读医学，1690 年获医学硕士学位，1694 年又获博士学位。在巴塞尔大学学习期间，怀着对数学的热情，他跟着哥哥雅各布秘密学习数学。

雅各布与约翰在数学研究中，都对刚诞生不久的无穷小理论产生了浓厚的兴趣。他们经常在一起研究莱布尼茨的文章，迅速接受了莱布尼茨微积分的学说，并对其理论做了普及，使之能够较易被人接受。同时，兄弟二人又对微积分做了大量的新发展，成为 17 世纪继牛顿和莱布尼茨之后，最先发展微积分的人。莱布尼茨承认，伯努利兄弟在微积分方面的工作和他一样多。

1687 年雅各布成为巴塞尔大学的数学教授，直到 1705 年去世。他的名字与"伯努利数""伯努利大数定律"等联系在一起。他还研究了对数螺线，发现它经过很多变换后仍然是对数螺线。在惊叹欣赏这曲线的神奇巧妙之余，效仿阿基米德，他在遗嘱

数学悖论与三次数学危机

里要求后人将对数螺线刻在他的墓碑上作永久纪念，并附以颂词"虽然改变了，我还是和原来一样"，用以象征某种不朽之物，如死后永生之类。

1695 年，约翰获得荷兰格罗宁根大学数学教授的职务。1705 年，哥哥雅各布去世后，他去巴塞尔大学继任数学教授的职务，致力于数学教学，直到 1748 年去世。

雅各布、约翰兄弟两人写出了数学史中最重要的兄弟成功的故事，但两人的关系并不和谐。恰恰相反，在数学中，他们每一个人都是另一个人强劲的竞争对手，两人为了胜出对方一筹而斗力，甚至到了可笑的地步。两人经常在相同的领域里工作，并经常相互争论。这些争论促进了数学的发展，但由于双方过分敏感自尊、性格暴躁，相互批评指责又过于尖刻，使兄弟之间时常产生不快。

约翰一生除做出许多数学贡献外，还致力于教学和培养人才的工作，并培养出几位出色的数学家。1691 年秋天，约翰在巴黎遇见了洛必达侯爵（1661—1704）。洛必达是一个法国贵族和数学爱好者，他非常希望学习新的革命性的微积分理论。因此，他聘用约翰来为他提供各种有关微积分及任何数学新发现的论文。洛必达后来成为法国最有才能的数学家之一。1696 年，洛必达汇编了约翰的论著，其第一部论微积分的书《无穷小分析》出版。这部书中的内容基本上都来自约翰，其中著名的洛必达法则就是由约翰最早发现的。约翰对微积分的另一贡献是对积分法的发展，把有理函数 $\frac{p(x)}{q(x)}$ 化为部分分式积分的方法就是由他最早提出的。约翰更著名的学生则是欧拉。

欧拉

欧拉（1707—1783），18 世纪数学界的中心人物。在整个数学史上，他也是屈指可数的顶尖数学家之一。人们一般把他与阿基米德、牛顿、高斯并列为数学史上最伟大的 4 位数学家。数学家纽曼 1956 年称他是"数学家之英雄"。

1707 年，欧拉出生在瑞士的巴塞尔。他的父亲曾希望他学习神学，因此欧拉 13 岁时考入巴塞尔大学神学院。但欧拉兴趣广泛，哲学、天文学、诗歌等都有所涉猎，在数学方面更是很早就表现出过人的天赋。后来在朋友约翰·伯努利及其孩子的建议下，欧拉的父亲决定让欧拉放弃教士的职务而选择数学。由此，年轻的欧拉开始师从约翰·伯努利，在名师的指点下，欧拉非凡的数学才华很早得以展现。19 岁时，欧拉便开始发表高质量的数学论文并荣获了法国科学院颁发的奖金。

1727 年，通过约翰·伯努利的儿子丹尼尔·伯努利（1700—1782，被认为是伯努利家族最著名的数学家）的影响，欧拉成为俄国圣彼得堡科学院的成员。1733 年，丹尼尔辞职，欧拉接替了他的职位。1741 年，欧拉离开了圣彼得堡科学院，应腓特烈大帝的邀请，成为柏林科学院院士。俄国叶卡捷琳娜二世在位期间欧拉应邀重新返回圣彼得堡，后来一直住在俄国。1783 年 9 月 18 日欧拉与朋友们吃饭，那天天王星刚发现不久，欧拉写出计算天王星轨道的要领，还和自己的孙子逗笑，喝完茶后突然疾病发作，烟斗从他手中落下，他口里喃喃自语"我死了……"，就这样停止了呼吸，"终止了计算和生命"，终年 76 岁。

除过人的天赋外，欧拉有着坚强的意志力。18 世纪 30 年代中期，欧拉的右眼开始失明。1771 年，欧拉的另一只眼睛也失明了。当数学界认为欧拉将要悲惨地结束自己的数学研究生涯时，他却仍然不屈不挠地进行着自己的研究，向助手口授他奇妙的方程和公式，在助手的帮助下继续从事数学著述。正如失聪没有阻碍贝多芬的音乐创作一样，失明也同样没有阻碍欧拉的数学探索。

欧拉还有着超人的记忆力。事实上，欧拉的整个数学生涯，部分得益于他惊人的记忆力。譬如，他能够记住前 100 个素数的平方、立方，甚至四次方、五次方和六次方。他可以进行复杂的心算。如法国物理学家阿拉戈说的："欧拉计算时似乎毫不费力，就像人在呼吸，或鹰在翱翔一样轻松。"在完全失明后，欧拉的记忆力对他后期的研究起到了重要作用。

欧拉过人的精力也令人叹为观止。他曾广泛涉猎声学、工程学、机械学、天文学等众多领域。在漫长的数学研究中，欧拉的遗产是无与伦比的。他的著作数量极多，

数学悖论与三次数学危机

产出速度极快，甚至在他完全失明以后也是如此。他博大精深和空前丰富的著述令人叹为观止。

这位迄今为止最多产的数学大师从 19 岁起发表论文，一生发表论文共计 856 篇，专著 31 部。这众多著作中，既有难度很高的专著，也有写给初学者的读物。欧拉所有著作的论述都非常清楚易懂，并且他所选用的数学符号，都是为了将他的意思表达得更加清晰明了。因而许多由欧拉所引入的数学符号成为数学中的通用符号，一直使用至今。例如：π（1736）、虚数单位 i（1777）、表示自然对数底的 e（1748）、$\sin$ 和 $\cos$（1748）、tg（1753）、Δx（1755）、表示求和的符号 Σ（1755）、以及用 $f(x)$ 表示函数（1734）等。

在他的众多数学研究中，首推的是分析。他被同时代的人誉为"分析的化身"。约翰·伯努利在给欧拉的一封信中说过："我介绍高等分析的时候，它还是个孩子，而你正在把它带大成人。"欧拉在分析学领域的许多新发现，系统概括在《无穷分析引论》《微分学原理》和《积分学原理》组成的分析学三部曲中。这三部书是分析学发展的里程碑式著作。而他最著名的《无穷分析引论》（1748）更是数学分析方面流传最广、影响最大的巨著，被比作"分析学的拱顶石"。

分析时代

18 世纪时，绝大多数数学家被微积分这新兴的、有无限发展前途的学科所吸引。他们大胆前进，大大扩展了微积分的应用范围，不断拓展出新的数学领地。一系列新数学分支如微分方程、复变函数、微分几何、解析数论、变分法、无穷级数等都在 18 世纪成长起来。这些新分支合在一起，形成了称为"数学分析"（简称"分析"）的广大领域，与代数、几何并列为数学的三大学科。并且在这个世纪中，其繁荣程度远远超过了代数和几何。事实上，18 世纪从数学家的角度称为"英雄时代"，而从数学成果的角度则称为"分析时代"。

在这里，我们解释一下称微积分为"分析"的来由。"分析"一词有多种意义。在数学中，容易想到有一种与综合法相对的证明方法叫分析法。这种方法是先假定结论是真的，倒推回去，推出一已知为真的命题。"代数学之父"韦达认为代数就是一种分析（倒推）法，要解一个问题，先根据结论列出方程，再倒推回去，得出方程的根。作为代数学家的韦达把自己的代数著作就叫作《分析方法入门》。后来，分析与代数在 17 世纪成为同义语。不久，出现了微积分，牛顿、莱布尼茨都认为它是代数的扩展，不过和代数毕竟有所不同。微积分以"无穷"作为研究对象，而无穷小是其中最重要的概念，因此微积分常称为无穷小分析。1748 年，欧拉的《无穷分析引论》出版后，"分析"的名称更加通行。

由于微积分是以函数作为主要研究对象，因而我们下面先对函数概念的发展做一说明，然后在数学分析的众多分支中取出两个有趣的做简单介绍。

函数概念的发展历程

函数是现代数学中一个基本又重要的概念。这个概念的要素是变量和依赖关系，因而它是变量数学的产物。在 17 世纪上半叶，各种因素孕育出了函数思想，函数概念破土而出。随着微积分的发展，函数概念又不断获得新含义、新扩展，并不断得以精确化和概括化。

在伽利略、笛卡儿等数学家那里已经开始具有了初步的函数思想萌芽。最早引入"函数"这一数学术语的是莱布尼茨。起初他用函数一词表示 x 的幂（即 x, x^2, $\cdots$），后来他又用函数表示任何随着曲线上的点变动而变动的几何量，如纵坐标、切线长等。随着数学的发展，函数的定义不断地改进和明确。1718 年，约翰·伯努利首次使用"变量"定义函数，他把函数定义为："变量和常量以任何方式构成的一种量。"

在 18 世纪，数学家对函数的理解分成两种观点，一种观点倾向于把函数理解为一个解析表达式，另一种观点则倾向于把函数定义为能描画出的一条曲线，即用图像法表示函数关系。如欧拉 1748 年在《无穷分析引论》中定义："一个变量的函数是由该变量和一些数或常量以任何一种方式构成的解析表达式。"在另一时间，欧拉又定义函数为："在 xy 平面上徒手画出来的曲线所表示的 y 与 x 间的关系。"

此外，18 世纪的数学家们还就函数表达式是否必须单一的问题展开争论。数学家达朗贝尔提出用单独的解析式给出的曲线是函数的观点。而欧拉则认为函数既包括由单个解析式表达出的连续函数，也包括由若干个解析式表示的不连续函数。后来，数学家逐渐意识到，仅从表达式是否"单一"或函数是否连续来区分是不是函数并不合理。

这些争论加深了人们对函数概念的认识。如欧拉在 1755 年把函数定义为："如果某些量以如下方式依赖于另一些量，即当后者变化时，前者本身也发生变化，则称前一些量是后一些量的函数。"在这一涵盖面更广的定义中，欧拉不再要求一个函数是一个"解析表达式"。这一变化应是他与达朗贝尔争论后认识加深的结果。

函数在 19 世纪又有新的发展。19 世纪下半叶集合论出现后，函数概念进一步精确化。人们使用集合论语言，给出了现代高中课本中学习的函数概念。

在数学发展史上，数学家们最初是以曲线作为微积分的主要研究对象，欧拉通过他的三本微积分巨著改变了这一状况，标志着微积分历史上的一个转折：第一次把函数放到了中心的地位。特别是在《无穷分析引论》中，欧拉清晰论述了微积分是研究函数的学科。在这一本巨著中，欧拉还对函数进行了严格分类，并以我们现在所熟知的方式处理了指数、对数和三角函数。他在历史上第一个利用指数来定义对数，从而明确了指数函数与对数函数的互逆关系；他明确引入了现在的三角函数定义，即用比值定义各三角函数；他还得出极为著名的欧拉公式，建立起三角函数与指数函数的关系等。

在现在的高中代数中，我们要花许多时间学习几种初等函数（幂函数、指数函数、对数函数、三角函数、反三角函数）。事实上，这种学习正是在为以后学习微积分打下基础。因为如我们所提到的，微积分研究的主要对象就是函数。

变分法

18 世纪出现的数学新分支中，变分法的诞生最富戏剧性。它起源于"最速降线"

和其他一些类似的问题。

1696 年 6 月，约翰·伯努利在《教师学报》上提出"最速降线问题"向同时代的所有数学家挑战。这一问题可表述为：一个质点在重力作用下，从一个给定点到不在它垂直下方的另一点，如果不计摩擦力，问沿着什么曲线滑下所需时间最短。

问题提出后半年未有回音，约翰就于 1697 年发表著名的元旦《公告》，再次向"全世界最有才能的数学家"挑战，其中写道："几乎没有任何事物能够比提出困难的同时又有用的问题更能极大地激发那些高贵的和敏锐的心灵进行增进知识的工作……通过解决这些问题，他们在获得荣誉的同时也给后人树立起永恒的丰碑……在这些问题上他们可以检验自己的方法，可以施展自己的才华，并且倘若他们揭示了些什么，可以与我们联系以使每个人能够公开地从我们这里获得他们应得的奖赏。当然，这奖赏既不是黄金也不是白银……美德是她自身最需求的奖赏。名声是一种强有力的激励，因此我们提供的奖赏是由荣誉与赞美纺织的桂冠，奖给品格高尚能解此问题的人士。"其中另一句话说："能够解决这一非凡问题的人寥寥无几，即使是那些对自己的方法自视甚高的人也不例外。"这段话被认为在影射牛顿。

当时，牛顿已到造币局任职，基本上停止了创造性的数学研究活动。1697 年 1 月 29 日下午约 4 点，牛顿从造币局忙完，精疲力竭地回到家，却发现"挑战书"——带有伯努利问题的来信——摆在面前。在数学问题上，不喜欢被外国人戏弄的牛顿当即投入到攻克这一难题的过程中。"直到解出这道难题，他才上床休息。这时，正是凌晨 4 点钟。"

挑战期限截止时，约翰一共收到 5 份答案。其中 4 份是他自己的与莱布尼茨、雅各布、洛必达的，第五份来自英国。约翰打开来信，发现答案是匿名的，但却完全正确。据说，约翰看后，敬畏地放下这份答案，说："从利爪中我认出了雄狮。"

像"最速降线"这类问题，变量的值依赖于未知函数而不是未知实数，区别于普通极值问题，可说是"函数的函数"。同时期还出现了等周问题（求具有给定弧长的曲线，使其所围面积最大，属带附加条件的变分问题）、测地线问题（求曲面的两点之间的最短路径）等。正是对此类问题的研究，导致变分法这一数学分支的产生。

无穷级数

无穷级数这个课题早在中世纪就曾使当时的哲学家和数学家着迷，引起他们对于"无限"的兴趣。其实对于我们每个人来说，无穷级数或无穷乘积都是趣味无穷的题材。我们可以举几个带有圆周率 π 的著名结果鉴赏一番。

$$\frac{2}{\pi} = \frac{\sqrt{2}}{2} \cdot \frac{\sqrt{2+\sqrt{2}}}{2} \cdot \frac{\sqrt{2+\sqrt{2+\sqrt{2}}}}{2} \cdots$$

这一不寻常的无穷乘积公式是 1593 年韦达给出的，也是 π 的最早分析表达式。甚至在今天，这个公式的优美也会令我们赞叹不已。它表明仅仅借助数字 2，通过一系列的加、乘、除和开平方就可算出 π 值。

$$\frac{\pi}{4} = 1 - \frac{1}{3} + \frac{1}{5} - \frac{1}{7} + \cdots$$

这一式子最早由英年早逝的杰出苏格兰数学家格雷戈里（1638—1675）于 1671 年发现。1673 年，莱布尼茨又独立发现了这一美妙的结果，数学上往往称为莱布尼茨等式。20 世纪一位有名的数论大师曾经说，他喜欢数学的一个动机就是因为这个公式："这个公式实在美极了：单数 1、3、5……这样的组合可以给出 π。对于一个数学家来说，此公式正如一幅美丽图画或风景。"

$$\frac{\pi^2}{6} = 1 + \frac{1}{2^2} + \frac{1}{3^2} + \frac{1}{4^2} + \frac{1}{5^2} + \cdots$$

这一美妙又出人意料的等式得自于欧拉。在我们前面提到的"数学定理选美"中，这一公式位居第四。

$$\frac{\pi}{2} = \frac{2 \cdot 2 \cdot 4 \cdot 4 \cdot 6 \cdot 6 \cdots}{1 \cdot 3 \cdot 3 \cdot 5 \cdot 5 \cdot 7 \cdots}$$

这一著名的无穷乘积是沃利斯在他的《无穷算术》中给出的，是在几个未加证明的假设的基础上推导出来的，体现出他的创造性。

无穷级数在数学中的作用可不止为了让人欣赏，它还有着多方面的用处，它是微积分中非常有效的工具，无穷级数展开在微积分的发展和应用中起到了核心的作用。

一方面，由于展开式的项数越多，它的值就越接近于所要求的值。所以无穷级数可以作为近似的手段，借助来求近似值。在得到了一个关于圆周率的无穷级数后，牛顿就曾试着利用这个级数计算圆周率的值，结果他不太费劲地得到了有 16 位小数的圆周率近似值。以前，人们是通过几何方法求，效率极低。而一旦有了无穷级数，事情变得简单了，级数方法宣告了几何方法的过时。再举一个小例子。我们给出正弦的无穷级数：$\sin x = x - \dfrac{x^3}{3!} + \dfrac{x^5}{5!} - \dfrac{x^7}{7!} + \cdots$，你自己可以随便取个角度（用弧度），代入上面的式子算算其近似值，看看效果如何。事实上，我们现在所使用的对数表、三角函数表等都是通过无穷级数法获得的。

另一方面，无穷级数成了它们所表示函数的另一种形式。这样，有些处理起来相当困难的函数，人们就可以借助于其无穷级数展开对它进行非常富有成效的研究。

从 17 ～ 18 世纪开始，无穷级数就成了微积分不可缺少的工具。寻找一些熟知函数的无穷级数表示，曾是牛顿同时代数学家们的热门课题。那么如何得到无穷级数呢？

一个有效的方法是借助于二项式定理。事实上，牛顿在得到他的这个非凡结论后，马上意识到如果幂指数是分数或负数，则其展开式将是一个无穷级数。因此，用它可以提供一系列新的、有用的无穷级数。牛顿本人，用自己发现的这一有力工具，在 1666 年得到了反正弦级数、反正切级数、指数级数、正弦级数以及余弦级数等一系列函数的无穷级数。牛顿为能发现这么多函数级数而自豪。在学习了导数（微分）后，我们还可以利用泰勒定理更容易地得到一些重要的无穷级数。

在所有函数中，多项式函数是最可以亲近的一种，它们非常容易把握。像三角、指数、对数等就困难了许多。因而，人们就通常把那些难掌握的函数通过无穷级数展开的方法，展成多项式函数或称幂级数。这正是幂级数成了几乎每个分析分支中一个必不可少工具的原因。

具体而言，幂级数是指具有下面形式的级数，相当于具有无穷多项的多项式的和：

$$\sum_{n=0}^{\infty} a_n x^n = a_0 + a_1 x + a_2 x^2 + a_3 x^3 + \cdots + a_n x^n + \cdots$$

看得出，幂级数包含了一大类级数。考虑特殊情况，我们可以从中得到一些有趣的级数。如上面所有系数都取 1，则得到非常有用且最常见的几何级数：

$$1 + x + x^2 + x^3 + \cdots + x^n + \cdots$$

在 17 世纪，另一位叫格雷戈里（1584—1667）的数学家就利用这个级数求和，解决了芝诺悖论中阿基里斯追龟问题。

为了说明方便，我们假设乌龟在阿基里斯之前先行 100 米，并设阿基里斯的速度是每分钟 10 米，乌龟的速度是每分钟 1 米。于是，阿基里斯用 10 分钟到达乌龟的出发点 A，此时乌龟到达了离 A 点 10 米处的 B。从 A 到 B，阿基里斯将花 1 分钟，而此时乌龟到达离 B 点 1 米处的 C。同理，从 B 到 C，阿基里斯将花 0.1 分钟⋯⋯依次类推，阿基里斯追上乌龟所用的时间将是：10 + 1 + 0.1 + 0.01 + 0.001 + 0.0001 +⋯，我们需要求的是无穷个数之和。芝诺论证中认为阿基里斯永远追不上乌龟，也就是说这个时间是无穷大。但事实上，这个无穷几何级数具有一个有限和。我们可以用简单方式证明这一点：因为 $0.11111\ldots = \dfrac{1}{9}$，所以易知上面式子的结果是：$11\dfrac{1}{9}$ 分钟。这样，我们就从数学角度对芝诺悖论给出了一种清晰而圆满的解释。

一般地，对几何级数我们有 $1 + x + x^2 + x^3 + \cdots + x^n + \cdots = \dfrac{1}{1-x}$。

不过，这个式子是否可以随意使用呢？取 $x = 2$ 看看会得到什么结果：

数学悖论与三次数学危机

$$1 + 2 + 2^2 + 2^3 + 2^4 + \cdots = \frac{1}{1-2} = -1$$

显然，这是一个无比荒谬的结果。问题出在哪里呢？学过微积分后，我们会明白上面的几何级数求和公式是有要求的，只适用于 $-1 < x < 1$。用更确切的说法表述就是，几何级数只有公比绝对值小于 1 时才收敛，在其他情况下，这个级数都是发散的。于是，我们接触到了无穷级数中极为关键的概念：收敛与发散。

数学中最重要的收敛级数就是满足收敛条件的几何级数。而最著名的发散级数则是调和级数。它可以在幂级数的一种特殊情况 $x + \frac{x^2}{2} + \frac{x^3}{3} + \cdots \frac{x^n}{n} + \cdots$ 中令 $x = 1$ 而得到，即：

$$1 + \frac{1}{2} + \frac{1}{3} + \cdots \frac{1}{n} + \cdots$$

容易看到，其每项倒数自然数列恰是一个等差数列。根据我们第一部分所介绍到的，可以明白调和级数的名称之由来。

调和级数之所以著名，主要在于，随着每一项的减小，它初看上去似乎能等于一个有限和。但中世纪的奥雷姆就已经证明了这个级数的和为无穷，因而发散。后来，约翰·伯努利又独立地给出另一种证明。这个级数的真正精彩之处在于它的发散速度极慢。比如，要达到 10，就必须加到 12367 项。而要加到 100，得加 1.5×10^{43} 项。要加到 1000，一共得加 1.1×10^{434} 项。然而，不管它增长得多么缓慢，证明了它发散，就意味着它的和可增大并且可以超过任何有限值。调和级数的这一特性使一代又一代的数学家困惑并为之着迷。雅各布·伯努利就为此而着迷。在自己的书中记录了弟弟的发现后，他挥笔写下一首数学短诗：

正如有限中包含着无穷级数，

而无限中呈现极限一样；

无限之灵魂居于细微之处，

而最紧密地趋近极限却并无止境。

区分无穷大之中的细节令人喜悦！

小中见大，多么伟大的神力！

我们再举一个非常有名的级数：$1-1+1-1+\cdots$

这个无穷级数的和 S 等于什么呢？

一方面，$S = 1-(1-1+1-1+\cdots) = 1-S$，因此 $S = 1/2$。

一位意大利数学教授格兰迪（1671—1742）在 $\dfrac{1}{1+x} = 1-x+x^2-x^3+x^4-\cdots$ 中令 $x=1$，同样得出 $S = 1/2$ 的结果。

但这个无穷级数还有另外的考虑途径：$S = (1-1)+(1-1)+\cdots = 0$，另外我们还有：$S = 1+(-1+1)+(-1+1)\cdots = 1$。

$S = 0$、1、$1/2$？一切看来都乱了套。被此现象迷惘的格兰迪由此看到了上帝从无到有创造世界的象征。他还对这个结果做出"奇妙"的解释：父亲留给两个儿子一块宝石，由兄弟二人轮流保存，每人保存一年。于是，交给对方保存的时候，可以说所有权是 0，自己保存的时候，可以说所有权是 1，而平均而言，每人的所有权为 $1/2$。

不仅如此，格兰迪还发现更有趣的结论。通过得到无穷级数：

$$\frac{1}{1+x+x^2} = 1-x+x^3-x^4+x^6-x^7+\cdots$$

$$\frac{1}{1+x+x^2+x^3} = 1-x+x^4-x^5+x^8-x^9+\cdots$$

$\cdots$

令上面式子中的 $x=1$，于是得到级数 $1-1+1-1+1-1+\cdots$ 的和可以等于 $1/3$, $1/4$, $\cdots$，小大由之，无定值，其和游移于 $0 \sim 1$ 之间的任何单位分数之间，真是"妙不可言"。

不要认为，这种错误只发生在一般数学家身上。著名数学家格雷戈里在考虑这个

数学悖论与三次数学危机

级数时，认为其和为 1/2。而莱布尼茨主张，它的和可能是 0 或者 1，而且概率相等，所以其"真"值应该是它们的平均值，即 1/2。

而伟大的欧拉做得更绝。

他在 $1 + x + x^2 + x^3 + \cdots + x^n + \cdots = \dfrac{1}{1-x}$ 中令 $x = -1$，得出 $S = 1/2$ 的结果。

令 $x = 2$ 得到的 $1 + 2 + 2^2 + 2^3 + 2^4 + \cdots = \dfrac{1}{1-2} = -1$ 这个荒谬结果，欧拉也接受了。不仅如此，欧拉还从 $\dfrac{1}{(1+x)^2} = 1 - 2x + 3x^2 - 4x^3 + \cdots$ 出发，令 $x = -1$，得到 $\infty = 1 + 2 + 3 + \cdots$。

然后欧拉与上面的式子进行对比，得出：$-1 = 1 + 2 + 2^2 + 2^3 + 2^4 + \cdots > 1 + 2 + 3 + \cdots = \infty$。

由此欧拉认为"-1 比无穷大更大"，并得出断言：∞ 必须是介于正数和负数之间的一种极限，与 0 相似!

在 18 世纪，数学家们经常使用这种肆无忌惮的、粗心大意的推理，而得到的这种看上去奇怪的特性成为微积分发明后很长一段时间中的众多争议之源。

混乱的根源何在呢？现在，我们已经非常清楚，原因在于，在 18 世纪中无穷级数的形式讨论占主导地位，数学家们把无穷级数以一种纯粹的操作方式加以研究，没有考虑其收敛问题。事实上，正确结论很简单：上面的无穷级数是发散的，其和根本不存在。

对无穷级数求和，当时人们还思考并困惑于另一问题。初等算术告诉我们：在任何有限和中都可以重新排列项的顺序，而不会影响和的值。如 1 − 2 + 3 与 − 2 + 1 + 3 或 3 − 2 + 1 的结果是一样的。这是有穷项相加具有的性质。那么，在无穷和中是否也可以这样做呢？

看一个例子：取熟悉的 $\ln 2$ 的级数，把它用因子 1/2 乘的结果写在它的下面，

$$1 - \frac{1}{2} + \frac{1}{3} - \frac{1}{4} + \frac{1}{5} - \frac{1}{6} + \frac{1}{7} - \frac{1}{8} + \cdots = \ln 2$$

$$\frac{1}{2} - \frac{1}{4} + \frac{1}{6} - \frac{1}{8} + \cdots = \frac{1}{2} \ln 2$$

并且把它们加起来，按纵列结合项，于是我们得到：

$$1 + \frac{1}{3} - \frac{1}{2} + \frac{1}{5} + \frac{1}{7} - \frac{1}{4} + \frac{1}{9} + \frac{1}{11} - \frac{1}{6} + \cdots = \frac{3}{2} \ln 2$$

后面这一级数明显能够由原来的级数经过重排而得到，但是级数的和的值已经被乘上了因子 3／2。很多人认为重新组合这些项并没有什么不合法的地方。然而，组合后却得出了不可思议的结果。"不难想象，这个表面上看起来似是而非的发现，对于习惯于用无穷级数进行运算，而不考虑它们收敛性的 18 世纪数学家们产生了怎样的影响。"无怪乎一位法国数学家告诫说：微积分是巧妙的谬论的汇集。

　　在整个 18 世纪，对级数收敛、发散认真考虑的数学家非常少，达朗贝尔是其中之一。他在《百科全书》中的"级数"条写道："当级数的项数增加而级数值愈来愈趋向某有限量，则称此级数为收敛级数。"接着他提出了一个判别无穷级数绝对收敛的办法，即现在仍在应用的达朗贝尔判别法。在 1768 年出版的《数学手册》第 5 卷中达朗贝尔又提到："所有基于不收敛级数的推理，在我看来都是十分可疑的。"不过，达朗贝尔的看法在当时并未引起重视。而且，达朗贝尔本人相信可疑的这些方法还是有价值的，他说："微积分，在初见之下，也许觉得不合逻辑，解决它的那一天终会来临。"

　　摆脱这种混乱，克服微积分中的逻辑矛盾，为微积分注入严密性的工作都留给了19 世纪。正是在 19 世纪里，达朗贝尔的预言完全得到了证实。

第11章
胜利凯旋：微积分的完善

微积分在 17 世纪建立以后飞速向前发展，18 世纪达到了空前灿烂的程度。其内容之丰富、应用之广泛，令人目不暇接。它的推进是如此迅速，使人来不及检查和巩固这一方面的理论基础，因而遭受各种非难，并因贝克莱悖论导致了第二次数学危机。此后，数学家们一方面在弥补微积分逻辑漏洞上做尝试，一方面坚信"坚持，你就会有信心"，于是他们往往不顾基础问题的薄弱而大胆前进，忙于把大厦建得更高。对新方法的追求，对新领域的拓展，使他们共同谱写了一曲数学史上的"英雄交响曲"！

到 19 世纪初，许多迫切问题已基本上得到解决，一种追求严密性的风尚开始在数学界蔓延开来。

分析注入严密性

首先，一些数学家对当时分析的状况开始表示不满。高斯批评达朗贝尔关于代数基本定理的证明不够严格，还说数学家们"未能正确处置无穷级数"。

19 世纪分析严格化的一位重要倡导者与推动者是挪威数学家阿贝尔。

阿贝尔是 19 世纪初在数学天空一闪而过却留下炫目光辉的天才数学家。

1802 年 8 月 5 日，阿贝尔出生在挪威一个贫穷家庭。大约 15 岁的时候，他遇到一位良师，在老师的热心指点与教导下，阿贝尔发现了自己的数学才能。16岁时，他开始私下阅读，在老师的帮助下很快掌握了经典著作中最难懂的部分。从那以后，真正的数学就不仅是他的严肃工作，而且成为他着迷的爱好。若干年后，有人问起他是怎样设法迅速地赶到前面去的，他回答："靠学习大师们，而不是学习他们的学生。"

阿贝尔18岁的时候，父亲去世，家庭重担落到了他一人身上。在艰难困苦中，他坚持不断地工作。中学最后一年，阿贝尔开始了他第一个抱负非凡的冒险：解决一般五次方程的求解问题。这是一个已经困扰了数学界200多年的难题。1824年，阿贝尔证明了一般五次方程及高于五次的方程不存在根式解。1825年，他将自己的论文寄给伟大的高斯，但高傲的高斯以为又是一位哗众取宠的年轻人的闹剧，于是在看都没看一眼的情况下就把阿贝尔的伟大成果抛到了一边。在这一不幸的事件中，受到损失的不单是阿贝尔而且还有整个数学界。

1825年，在朋友们的帮助下，阿贝尔得到政府的资助得以到国外去拜访欧洲其他国家的著名数学家。然而，在这些已成名的数学家那里，阿贝尔没有得到多少有益的帮助。1827年，阿贝尔返回祖国。此后的生活变得更为悲惨，他"穷得就像教堂里的老鼠"。贫困的生活伤害了他的身体，1829年4月6日，阿贝尔病逝，年仅26岁零8个月，留给世界的是他多方面的非凡贡献。为了纪念自己国家这位伟大的天才数学家，挪威在2002年——阿贝尔诞辰200周年之际——设立了继往开来的国际数学大奖：阿贝尔奖。

对无穷级数中的混乱，阿贝尔在1828年写道："发散级数出自魔鬼之手，无论把何种证明建立在它们的基础之上，都是一种耻辱。人们可以使用这些级数推导出所喜欢的任何结论，而且这就是这些级数已经产生了那么多谬误和那么多悖论的原因……"

对当时整个微积分的不严密现状，他在1826年给友人的信中表露出自己的忧虑："人们在今天的分析中无可争辩地发现了多得惊人的含混之处……最糟糕的是它还没有得到严格处理。高等分析中只有少数命题得到完全严格的证明。人们到处发现从特殊到一般的令人遗憾的推理方式。"

阿贝尔的话如实地反映了当时分析学发展的情况，正如他所清醒认识到的，当时分析的基础仍很薄弱：一些基本概念缺乏恰当的、统一的定义；由于没有公认的级数收敛概念，导致了许多所谓的"悖论"；分析基本原理的严格证明，依赖于物理或几何等。

不过，就在阿贝尔表示自己的忧虑时，一场在严格化基础上重建微积分的努力已提到日程上来，许多数学家开始转向这方面的工作，并取得了辉煌的成功。

这方面的先声来自捷克学者波尔查诺。

波尔查诺

波尔查诺（1781—1848）是捷克数学家，也就是在第一部分中我们提到的那位通过阅读欧多克索斯比例论来治疗病痛的人。他在家乡布拉格的大学学习过数学、哲学和物理，1805 年他被任命担任布拉格大学的宗教哲学方面的一个重要职位。由于他在宗教方面的开明观点，1819 年他被解除了这个职位并因异教徒嫌疑被置于警察的监管之下。与此同时，他的哲学训练把他吸引到关于分析的基础问题上，通过对直观的极限和连续观念给出新的定义和证明，他得以满意地解决了这些问题。

波尔查诺当时想证明微积分中的一个重要结论：介值定理。这个定理是说："一个连续函数 $f(x)$，它的两个端点值异号，则在其间必定至少有方程 $f(x) = 0$ 的一个实根存在。""连续"从直观上讲就是所画的函数图像不断开。于是，这一定理意味着，当你在坐标系内不抬笔，联结起大于零与小于零的两个函数值时，画出的线必定会与 x 轴至少相交一次。这看起来是一个明显成立的结论，然而给出这一定理的严格证明并不容易。关键在于如何理解"连续函数"的概念。我们说"连续"就是函数图像不断开，这是一种直观说明，只是为了易于理解问题，远不严格。因此，作为严格证明介值定理计划的一部分，首先要对"连续函数"做出严格的定义。

连续，在直觉上似乎我们都明白，但为它下一个严格的定义却在 2000 多年的时间中一直未能成功。最初，毕达哥拉斯学派以有理数去代替几何量时，所遇到的就是连续性的困难；牛顿所用的办法是借助连续运动的直观来避免这个困难；而莱布尼茨则引入一个连续性公设来绕过这个问题；在欧拉那里，"连续"是指光滑（即可微）函数；18 世纪，后期数学家们则把"连续性"理解为函数具有一致的解析表达式。

这些努力都未摆脱直观。波尔查诺力求避免涉及空间直观，给出一个合适的连续性的定义，结果给出一个他称为正确的定义："对 x 的所有在某个界限以内或以外的所有值，函数 $f(x)$ 按连续性法则变化是指……如果 x 是某个这种值，差 $f(x+\omega) - f(x)$ 在 ω 被取作任意小时可以小于任何预先给定的量。"在这一定义基础上，他证明了介值定理。

波尔查诺在 1816 年还清楚地提出了级数收敛的概念，他对极限也有较深理解，并给出导数等概念的合适定义。1843 年，他还在数学史上首次给出处处不可微的连续函数的例子。

波尔查诺还对无穷进行了探究，完成了这方面的重要著作《无穷的悖论》，但此书直到他去世后 3 年（1851）才发表。

虽然波尔查诺做出了许多重要发现，但遗憾的是其著作发表在欧洲的偏远角落，他的工作长期湮没无闻，他的观点对当时的微积分并未产生即时影响。19 世纪在分析严格化方面真正有影响的是法国数学家柯西。

柯西与分析基础

柯西（1789—1857）是法国数学家，出生于巴黎。

柯西从小就喜爱数学，当一个念头闪过脑海时，他常会中断其他事情，在本子上计算和画图。这引起他父亲的朋友——著名数学家拉格朗日的注意。据说在 1801 年的一天，拉格朗日当着许多人的面说："瞧这孩子！我们这些可怜的几何学家都会被他取而代之。"

柯西最初决心成为一名工程师。1807 年 10 月他以第一名的成绩为道路桥梁工程学校录取，并在 1809 年该校会考中获大奖。1810 年初，柯西任监督拿破仑港工程的工程师助理。在行囊中，他装上了拉格朗日的《解析函数论》和拉普拉斯的《天体力学》。他把绝大部分业余时间用于钻研数学。1812 年底，他确定了自己的生活道路：终生献给"真理的探索"，即从事科学研究。

柯西是多产的数学家，1826 年起，他独自负责编辑出版定期刊物《数学演习》，专门发表自己的论著。当《巴黎科学院通报》1836 年创办后，柯西几乎每周在《通报》上发表一篇论文或注记。不到 20 年，他在《通报》上发表了 589 篇文章。他的多产使科学院不得不限制其他人送交论文的篇幅不得超过 4 页。可是柯西还不满足，1839 年 9 月起又以《分析与数学物理演习》为题继续出版他的《演习》。透过柯西卷帙浩大的论著和多方面丰硕的成果，人们不难想象他一生怎样孜孜不倦地勤奋工作。

但他对后起之秀却不甚热心，有时甚至冷漠无情。阿贝尔写道，对于柯西，"没法同他打交道，尽管他是当今最懂得应当如何搞数学的数学家""我已完成了一篇关于一类超越函数的大文章……我把它给了柯西，但他几乎没有瞧一眼"。结果，这篇在椭圆函数论中具有划时代意义的论文延迟到阿贝尔不幸早逝后才得以发表。

柯西兴趣广泛，他的数学专著、讲义和论文据统计超过 700 种，有 26 卷之多，在数量上仅次于欧拉，在内容上几乎涉及当时所有数学分支。数学中有大批概念和定理以他的名字命名。

从 19 世纪 20 年代开始，柯西致力于分析的严格化，成为这项伟大工程的开拓者与集大成者。这方面的工作体现在他具有划时代价值的著作《分析教程》（1821）和《无限小计算教程概论》（1823）中。

在关于微积分基础的混沌一片的争议中，柯西看出核心问题是极限。因此，他从极限定义出发，确立了以极限论为基础的现代数学分析体系。我们就先来看看他对极限与无穷小、无穷大的处理。

柯西对极限下的定义是："当一个变量相继取的值无限接近于一个固定值，最终与此固定值之差要多小就有多小时，该值就称为所有其他值的极限。"在这个定义中，他放弃了过去定义中常有的"一个变量决不会超过它的极限"这类不必要的提法，也不提过去定义中常涉及的一个变量是否"达到"它的极限，而把重点放在变量具有极限时的性态上。

为了能"利用无穷小来达到严格化"，柯西重新定义了无穷小量："当同一变量逐次所取的绝对值无限减小，以至比任何给定的数还要小，这个变量就成为人们所称的无穷小或无穷小量。这类变量以零为其极限。"柯西的无限小不再是一个无限小的固定数，而是作为极限为 0 的变量，被归入函数的范畴。于是，2000 多年中一直桀骜不驯的无穷小量就这样被驯服了。在这一看似简单的定义中，我们可以体会到数学的累积性。也就是说，如果没有 18 世纪对函数概念的发展，也就不会出现清晰的无穷小量概念。

事实上，柯西本人对函数概念也做了发展。他给函数下的新定义是："当一些变量以这样的方式相联系，即当其中之一给定时，能推知所有其他变量的值，则通常就认为这些变量由前一变量表示，此变量取名为自变量，而其余由自变量表示的变量，就是通常所说的该自变量的一些函数。"这个定义，强调函数表达了变量间的"关系"，而不关注是否用式子来表示，或用一个式子还是由多个式子来表示的问题。这种定义方式澄清并消除了以前函数概念与曲线、连续、解析式等纠缠不清的关系，已经接近于现代的定义方式。他以类似方式定义多元函数，并区别了显函数和隐函数。

"当同一变量相继取的数值越来越增加以至升到高于每个给定的数，如果它是正变量，则称它以正无穷为其极限，记作∞；如果是负变量，则称它以负无穷为其极限，记作−∞。"

此外，柯西还对高阶无穷小、高阶无穷大做出与现在基本相同的定义。

在此基础上，柯西又定义了连续、导数、微分、积分等概念，使微积分中的这些基本概念建立在较坚实的基础上。

柯西对函数连续性的定义与波尔查诺的定义基本相同，简言之即："变量的无穷小增量总导致函数本身的无穷小增量。"

对导数的处理方式，柯西用差商的极限来定义，用现代符号表示即：

$$差商 \frac{\Delta y}{\Delta x} = \frac{f(x+h) - f(x)}{h}, \quad \Delta x = h$$

当 h 无限地趋向于零的极限，并说"当这个极限存在时……用加撇符号 y' 或 $f'(x)$ 表示"。有了导数定义，就可以给出瞬时速度的清晰解释，也就从数学上解决了芝诺的飞矢不动悖论。举一个例子，自由落体运动物体下落的距离与时间的关系是 $S = \frac{1}{2}gt^2$，在任一时刻 t 的瞬时速度可以如此考虑，先求 t 到 $t+h$ 这段时间内的平均速度：

$$\frac{\Delta S}{h} = \frac{\frac{1}{2}g(t+h)^2 - \frac{1}{2}gt^2}{h} = \frac{1}{2}g\left(\frac{2th + h^2}{h}\right) = \frac{1}{2}g(2t+h)$$

运算中可约去 h 是因为它不为 0。于是，当 h 无限地趋向于 0 时上面最后结果会与 gt 要多接近有多接近，因此，我们求得的平均速度具有极限 gt，而这个极限值就是所要定义的瞬时速度。结果是我们熟悉的，而论证过程也不再有任何逻辑上的矛盾。而既然物体在下落过程的每一时刻都具有瞬时速度，那么它不是静止的，这就驳倒了芝诺的飞矢不动悖论。

在导数基础上，柯西定义了微分，即把函数的微分定义为 $dy = f'(x)dx$。柯西的这一做法与我们现在的处理方式一致，却彻底颠覆了在他以前的做法。在柯西之前，人们通常以微分为微积分的基本概念，把微分作为第一性概念，而导数定义为微分的商。

对积分的概念，柯西也做出了成功的扭转。在 18 世纪，由于微积分基本定理的发现，绝大多数数学家放弃了关于积分是无穷小量的无穷和的观点，而只是把积分看作微分之逆。而柯西则对积分做了如下处理。

他首先指出，在研究积分或原函数的各种性质以前，应先证明它们是存在的，也就是说需要首先对一大类函数给出积分的一般定义。

他假定函数 $f(x)$ 在区间 $[x_0, X]$ 上连续，用分点把该区间划分为 n 个子区间，作和：

$$S = (x_1 - x_0)f(x_0) + (x_2 - x_1)f(x_1) + \cdots + (X - x_{n-1})f(x_{n-1})$$

并证明"当各部分长度变得非常小而数 n 非常大时，即区间长趋向于 0 时，分法对 S 的值只产生微乎其微的影响"，因而当各部分长度无限减小时 S 具有极限，而这个极限"只依赖于 $f(x)$ 的形式和变量 x 的端值"。最后他把这个极限就定义为 $f(x)$ 在区间 $[x_0, X]$ 上的积分，记作 $\int_{x_0}^{X} f(x)\mathrm{d}x$。这样，他既给出了连续函数定积分的定义，又证明了它的存在性。他坚持先证明存在性是从依赖直觉到严格分析的转折点。

柯西的定义成为从仅把积分看作微分逆运算走向现代积分理论的转折点。这个定义后来被黎曼直接推广，即将每个区间端点用区间内任一点来代替，这就得到现在我们学习并熟知的黎曼积分。

柯西还以极限概念为基础，比较严格地建立了无穷级数的完整理论。

他先引入无穷级数的部分和序列，然后考虑部分和序列是否有极限。如果这个部分和序列收敛于一个值，就说无穷级数收敛于此值；否则，则称无穷级数发散。

在这一处理下，我们看看上一章中的无穷级数 $1 - 1 + 1 - 1 + 1 - 1 + \cdots$，计算其部分和会发现这个和与所取项的奇偶有关，即项为奇数时，部分和为 1，项为偶数时，部分和为 0。因而，部分和极限不存在。所以这一无穷级数发散。

柯西还给出著名的"柯西准则"。对于正项级数，他严格证明了比率判别法并给出

数学悖论与三次数学危机

根式判别法；对于一般项级数，他引进了绝对收敛概念。在有了绝对收敛与条件收敛（收敛但不绝对收敛）概念后，我们也可以说明上一章中提到的无穷级数项的排列问题了。结论是：在绝对收敛级数里项的重新排列不影响其收敛性，并且级数和的值不改变。但在条件收敛级数里，级数的适当重新排列就能任意改变级数和的值，并且，如果需要甚至能够使级数发散。因而，这两者具有不同的性质。这也正是我们现在学习中必须区分发散与收敛、条件收敛与绝对收敛的原因。18 世纪的数学家由于不做这种区分，因此引出了一些荒谬的结果。

在对微积分的基本概念给出明确定义后，柯西进而重建和拓展了微积分的重要事实与定理，如简洁而严格地证明了微积分基本定理、中值定理等一系列重要定理，从而为数学分析建立了一个基本严谨的完整体系。

柯西的研究结果一开始就引起了数学界很大的轰动。阿贝尔在 1826 年说，柯西的书应当为"每一位在数学研究中热爱严谨性的分析学家研读"。而德高望重的拉普拉斯在听了柯西在巴黎科学院宣读的第一篇关于级数收敛性的论文后，急忙赶回家去检查自己那五大卷《天体力学》里的级数，结果发现他所用到的级数幸好都是收敛的。

因而我们看到，在柯西手中微积分构成了由定义、定理及其证明和有关的各种应用组成的逻辑上紧密联系的体系。他的《分析教程》成为严格分析诞生的起点。他的工作向分析的全面严格化迈出了关键一步。容易发现，他的许多定义和论述已经相当接近微积分的现代形式。

柯西的工作在一定程度上澄清了微积分基础问题上长期存在的混乱，但他的理论后来也被发现存在着某些漏洞。比如，他经常依赖"充分接近""要多小就有多小"这类比较模糊的直觉描述语言；未能区别逐点收敛与一致收敛（但晚年时已有所觉察）、逐点连续与一致连续，因而出现了一些错误的断言及"证明"；在证明一些定理时，实际上用了实数系的完备性，例如有界单调数列必收敛，但他认为这些都是不言自明的，未能意识到建立实数理论的必要性。

柯西在分析的严格化方面的某些缺陷，由数学家魏尔斯特拉斯等弥补了。

魏尔斯特拉斯

魏尔斯特拉斯（1815—1897）是德国数学家，出生在一个海关官员家庭。中学时，他成绩优异，在拉丁文、希腊文、德文和数学四科中表现尤其出色。受过高等教育，但对子女相当专横的父亲为了让魏尔斯特拉斯长大后进入普鲁士高等文官阶层，于1834 年 8 月把魏尔斯特拉斯送往波恩大学攻读财务与管理，为谋得政府高级职位创造条件。

但魏尔斯特拉斯对这些专业毫无兴趣，于是他将相当多的时间用在击剑等方面。出于对数学的爱好，他也把相当一部分时间花在自学数学上，在校期间研读过拉普拉斯等人的著作，特别是阿贝尔成为他最大的鼓舞源泉。约在 1837 年底，他立志终生研究数学。1838 年秋，他在没有取得学位的情况下离开波恩大学，让他父亲极度不满。无奈之下，魏尔斯特拉斯去参加中学教师任职资格国家考试。在准备考试时，他在该院遇见了使他终身铭记的古德曼。1839 ~ 1840 学年上学期，听古德曼第一堂课的有13 人，可从第二堂起只剩下魏尔斯特拉斯一人，师生促膝谈心，相处融洽。

1840 年 2 月 29 日，魏尔斯特拉斯在笔试中完成了一篇高质量的论文。但他仍然没有其他选择。1842 年秋，魏尔斯特拉斯成为一位正式的中学教师，在几所不同的中学一教就是十多年。在这期间，他除了数学、物理，还教德文、历史、地理、书法、植物，甚至包括体育！教学任务繁重，科研条件极差，但魏尔斯特拉斯仍坚韧不拔、孜孜不倦地钻研数学，经常达到废寝忘食的程度。有一则逸事广为流传：一天早上，他该去上课的教室中起了骚动，校长走去一看，原来是教师未到。校长赶快去魏尔斯特拉斯的寝室，发现他还在烛光下苦苦思索，根本不知道天色早已大明。实际上，在当中学教师时期，他是以牺牲健康为代价从事数学研究的。

魏尔斯特拉斯曾在学校刊物上发表过甚至是划时代的论文，可惜没有也不太可能引起世人注意。1854 年，他在著名数学刊物《克雷尔杂志》上发表"阿贝尔函数论"。这篇"科学中划时代的工作之一"出自一个名不见经传的中学教师之手，这让整个数学界瞩目。1856 年 11 月 19 日，他当选为柏林科学院院士，并于 1864 年成为柏林大学教授。

在柏林大学他仍承担巨大的教学任务，1861 年底他完全病倒。但只要有可能，他就坚持上课，常常只能坐着讲授，让优秀学生书写黑板。

魏尔斯特拉斯是古往今来最出色的大学数学教师之一。在他讲课时，新的思想朴实无华自然而然地涌现，使他讲授新理论的名声传遍全欧，听课人数激增，不少人只得席地而坐。几年后他就名闻遐迩，成为德国以至全欧洲知名度最高的数学教授。在培育善于思考、富于创造力的人才方面，他获得了无与伦比的成功。他善于用一种不可言传只能意会的精神激发学生的兴趣和创造欲；他讲课时不夸大其词、哗众取宠；他关心学生，循循善诱，慷慨地指导学生论文课题，在讨论班上不断提出富有成果的想法，使之成为学生研究的主题。他的学生（包括参加讨论班的人）中，后来有近 100 位成为大学正教授，要知道在当时成为大学正教授是极其困难的。他的学生中有一大批后来成为知名数学家，如闵可夫斯基、克莱因等。

魏尔斯特拉斯于 1873 年出任柏林大学校长。他的 70 华诞庆典规模颇大，遍布全欧各地的学生赶来向他致敬。10 年后的 80 大寿庆典更加隆重，在某种程度上他简直被看作德意志的民族英雄。

魏尔斯特拉斯在数学分析领域中的最大贡献是在柯西、阿贝尔等开创的数学分析严格化潮流中，以 $\varepsilon - \delta$ 语言系统建立了分析的严谨基础。

上面已提到柯西的极限概念。这一概念是基于算术考虑的，但定义中"一个变量无限趋于一个极限"的说法，魏尔斯特拉斯认为会使人们想起时间和运动。为了消除这种描述性语言带来的不确定性，魏尔斯特拉斯给出著名的"$\varepsilon - N$（$\varepsilon - \delta$）"定义。

我们现代分析课本中关于极限的定义就是魏尔斯特拉斯当时论述的一种形式上的改写。这一定义第一次使极限和连续性摆脱了对几何和运动的依赖，给出了只建立在数与函数概念上的清晰定义，从而使一个模糊不清的动态描述，变成一个严密叙述的静态观念，这是变量数学史上的一次重大创新。

我们可以举两个小例子来体会一下柯西与魏尔斯特拉斯关于极限定义的不同处理方法。

例一：考察数列 $\left\{\dfrac{1}{n}\right\}$ 在 $n \to \infty$ 时的极限，容易看到其极限是 0。对此，用柯西式的语言可表述为：当 n 无限增大时，$\dfrac{1}{n}$ 与固定值 0 之差要多小就有多小；而用魏尔斯特拉斯式的 $\varepsilon - N$ 定义则可表示为：任取正数 ε，总存在某一个自然数 N，使得 $n > N$ 时，都有 $\left|\dfrac{1}{n} - 0\right| < \varepsilon$。

例二：考察函数 x^2 在 $x \to 2$ 时的极限，容易知道其极限是 4。对此，用柯西式语言可如下描述：当 x 无限接近 2 时，x^2 的函数值与固定值 4 之差可以要多小有多小；而用魏尔斯特拉斯的 $\varepsilon - \delta$ 定义则可表示为：任取正数 ε，总存在某一正数 δ，使得当 $0 < |x - 2| < \delta$ 时，都有 $\left|x^2 - 4\right| < \varepsilon$。

现在"$\varepsilon - N$（$\varepsilon - \delta$）"语言的精髓已经深入现代分析的方方面面。

对于函数项级数，魏尔斯特拉斯于 1842 年引进了极其重要的一致收敛概念，并给出广泛使用的判别一致收敛的 M 判别法，完善了级数理论。1872 年，魏尔斯特拉斯得到数学史上著名的分析反例，构造了一个处处连续但处处不可微的函数，给当时数学界以很大震动。也许这一例子没有早出现反倒是微积分发展史上的幸事，正如有人所说："如果牛顿和莱布尼茨知道了连续函数不一定可导，微分学将无以产生。"的确，我们已不止一次看到，严谨的思想有时也会阻碍创造。

魏尔斯特拉斯还严格证明了微积分中的许多重要定理，如：带余项的泰勒公式；闭区间上连续函数的介值性质和有界性质；有界无穷点集必有聚点；有界闭集内的连

数学悖论与三次数学危机

续函数必有最大值和最小值等。

随着他的讲授和他学生的工作，魏尔斯特拉斯的观点和方法传遍欧洲，他的讲稿成为数学严格化的典范。克莱因在 1895 年魏尔斯特拉斯 80 大寿庆典上谈到那些年分析的进展时说"我想把所有这些进展概括为一个词：数学的算术化"，而在这方面"魏尔斯特拉斯做出了高于一切的贡献"。希尔伯特（第三部分中我们将介绍的著名数学家）认为："魏尔斯特拉斯以其酷爱批判的精神和深邃的洞察力，为数学分析建立了坚实的基础。通过澄清极小、函数、导数等概念，他排除了微积分中仍在涌现的各种异议，扫清了关于无穷大和无穷小的各种混乱观念，决定性地克服了起源于无穷大和无穷小概念的困难。……今天……分析达到这样和谐、可靠和完美的程度，……本质上应归功于魏尔斯特拉斯的科学活动。"

分析的算术化

分析的严密化并不意味着分析基础研究的终结，因为严密化所依赖的实数系尚未严格定义。事实上，正是分析的严密化促进了一个认识：对于数系缺乏清晰的理解这件事本身非补救不可。不久后，这一补救工作就由戴德金等几位数学家独立完成了。

戴德金与实数理论

戴德金（1831—1916）是德国数学家。他与高斯一样出生于不伦瑞克镇，现今在不伦瑞克市政厅里仍挂着他和高斯等人的肖像，他们都是这个小城的骄傲。

戴德金的父亲是一位法学教授，母亲是一位教授的女儿。戴德金是4个孩子中最小的，7岁起在家乡上中学。开始他对化学和物理学很有兴趣，而只把数学看作辅助性学科。但是，他很快就感觉到物理学缺少条理和严格的逻辑结构，于是就专心学习数学。他曾就读于哥廷根大学，1852年在高斯的指导下获得博士学位。在哥廷根大学学习期间，他还结识了黎曼、狄利克雷，在与这些当时德国最优秀数学家的交流与学习中，他受益匪浅。

1858 年戴德金被任命为瑞士苏黎世综合工业学院教授，在讲授微积分的课程中他深感分析基础的薄弱，从此开始实数理论基础的研究。4 年后，他被家乡的高等工业学院聘请为教授，于是返回故乡。期间，尽管有多次去其他大学就职的机会，但他还是选择了不伦瑞克，在这里他感觉自己有从事数学研究的充分时间与足够的自由。戴德金于 1916 年 2 月 12 日去世。说到他的去世，有一则趣闻。托博纳的《数学家传记》中记载着：1897 年 9 月 4 日戴德金去世。戴德金看到这个记载后，觉得很有意思。出于纠正这个错误的想法，戴德金给传记的编辑写了一封去信："根据我本人的备忘录，我在这一天非常健康，而且与我的午餐客人，尊敬的朋友康托尔谈论着一些趣事，过得非常愉快。"

戴德金在数学多个领域都有建树，下面提到了他在无理数方面的贡献。

戴德金从 1858 年开始教授初等微积分时，就打算为微积分奠定一个稳固的基础。1872 年他的小册子《连续性与无理数》出版。在这一著名的小册子中，戴德金提出了关于无理数的一种令人满意的理论。

该书首先研究直线的连续性，特别是区别开稠密性与连续性，然后把直线与实数对应起来，最后定义戴德金分割。他的思想清楚地表达在下面的引文中：

上面把有理数域比作直线，结果认识到前者充满了间隙，它是不完备的、不连续的，而我们则把直线看成是没有间隙的、完备的和连续的。直线的连续性是什么意思？……我们必须要有连续性的一个精确定义，使它可以成为逻辑推理的基础。长期以来，我对这些事情进行了深入思考，但始终没有取得成果，一直到最近我才发现我所要寻求的答案。不同的人对于我的发现将会有不同的判断，但我相信大多数人都会觉得平凡无奇。在上一段我曾经指出，直线上每一点都将直线分成两部分，使其中一部分的点都在另一部分的点的左方。我确信，连续性的实质就在于它的反面，也就是下面的原理：如果直线上所有的点都属于两类，使第一类中每一点都在另一类中每一点的左方，那么就存在唯一的点，它产生了把直线分成两部分的分划。

让我们沿着戴德金引文的思路对其分割理论作进一步阐述。

戴德金先是指出，有理数具有稠密性（即任意两个有理数之间总存在另外的有理数），但有理数却不连续。而从直观上，我们可以感觉到直线是连续的、没有缝隙的。那么"连续"是什么意思呢？直线的"连续性"又意味着什么呢？

让我们取一把最最锋利的"思想之刀"，在天衣无缝的直线上砍一刀，把它斩成两截，会发生什么现象呢？

因为直线是天衣无缝的，这一刀一定砍在某个点上。假定从点 A 的位置把直线砍断，则点 A 不在左边，就在右边！不会两边都有，也不会两边都没有。因为点不可分割，也不会消失掉！由此可以明白所谓直线的连续性，就是这么一回事：不管把直线从什么地方砍成两段，总有一段是带有端点的，也只有一段是带有端点的。这样一来，直线的连续性可以依赖于一个简单而又直观的事实：无论从何处斩断直线总有一个"断点"。

考虑数轴上的点与实数的对应，我们可以用与刚才完全相似的方法来检验数的连续性。把需要检验的数集分成甲、乙两个数集合，要求每个集合都不是空的，而且甲集里的任一个数比乙集里任一个数都小（这相当于把直线分成两截后，甲集对应于直线的左一截，乙集对应于直线的右一截），那么，要么甲集里有个最大数，要么乙集里有个最小数，二者必居其一，且仅居其一（这相当于说必有一点且只有一个点落入某一截中）。

用这个标准检查有理数系，会发现有理数系是不连续的。比如，把所有负有理数和平方不超过 2 的正有理数放在一起组成甲集，把所有平方超过 2 的正有理数放在一起组成乙集，这时甲集里没有最大的数，乙集里也没有最小的数。或者说，如果直线上只有有理数表示的点，那么一刀从甲、乙两集之间砍下去，就会砍个空，这说明这个地方有个缝隙！

事实上，由于有理数不足以填满这条数轴直线，而在数轴上留下很多空洞，因此它是不连续的。但当用无理数填充这些空洞，得到整个实数系时，由于每个实数都对应了数轴上的唯一点，全体实数恰好能够覆盖整个数轴直线，因而实数系是连续的。

直线的连绵不断似乎可以找到直观的感觉作为依据，然而实数的连续性却没有那么直观。但是当我们借助于直线的连续性给出实数连续性的定义后，实数连续性的含义就清楚了。

那么，又如何由有理数扩展到整个实数呢？

回到上面的讨论。刚才我们把有理数分成 A、B 两个集合，并且让 A 中每个有理数都比 B 中每个有理数小。现在我们就把 A、B 这一对集合叫作有理数的一个分割，其中 A 叫作分割的下集，B 叫作分割的上集。这个分割确定了上、下两集之间的位置。通过前面的分析，我们知道这个位置可能正好有一个有理点填充上，不留下缝隙。这种情况下我们说，分割确定了一个有理数，即 A 的最大数或 B 的最小数。然而，还可能这个位置上有缝隙，没有任何有理数能够填充上，即出现了 A 中没有最大数，B 中也没有最小数的情况。这时就需要有不同于有理数的新数，即无理数来填充了。如我们举的例子中，可以引入我们的老朋友 $\sqrt{2}$ 填在那里。也就是说，当出现缝隙时，填补这个空隙只有请无理数来帮忙。

从逻辑上讲，有理数的分割要么不会产生空隙，要么会产生空隙，再没有其他情况。如果分割不产生空隙（即 A 中有最大数或 B 中有最小数），那么它就是一个有理数；如果产生空隙（即 A 中没有最大数，B 中也没有最小数），那么它就是一个无理数，实数正好包括有理数和无理数，结论于是就很清楚了：有理数的每个分割产生一个实数。说得更严格一些：有理数的一个分割就叫作一个实数，带缝隙的分割叫无理数，不带缝隙的分割叫有理数。

就这样，戴德金通过他的"戴德金分割"从有理数扩展到实数，建立了无理数理论，其无理数理论的核心正是他的分割概念。他由分割定义了实数，直线上每个点可以表示一个实数，所以他的分割概念也给出了实数连续性的依据。正如他所说："如此平凡之见，道破了连续性的奥秘。"然而，这一胜利却来之不易，人类为了研究实数的连续性，可以说从古希腊时代毕达哥拉斯学派发现无理数时就开始了，经历了2000多年。

十分有趣的是，在同一年，魏尔斯特拉斯通过有界单调序列理论、康托尔通过有理数序列理论，完成了同一目标：他们都从有理数出发定义出无理数，从而建筑起了实数理论。

实数的这三大派理论，从不同方面深刻揭示了无理数的本质。具体方法尽管不同，但殊途同归，建立起来的实数系统本质上是一回事儿。

实数域的构造成功，使得2000多年来存在于算术与几何之间的鸿沟得以完全填平，无理数不再是"无理的数"了。直到此时，我们才可以说由毕达哥拉斯悖论引发的第一次数学危机圆满而彻底地解决了！

皮亚诺与自然数理论

无理数理论的建立，又推动了对有理数理论的研究。不久后，魏尔斯特拉斯等人就成功地以整数为基础建立起了有理数理论。建立了有理数理论，数系的基础问题转化为整数的基础问题。于是，下一步目标是给出整数的定义，这一步也很快由戴德金等数学家完成了。在整数的基础建立后，整个数系的基础就归结到自然数上，研究自然数的定义与性质成为实数理论的最后关键，包括戴德金等数学家在内，许多人做出了尝试。最终，人们普遍接受了数学家皮亚诺的做法。

数学悖论与三次数学危机

皮亚诺（1858—1932）是意大利数学家、逻辑学家，出生于一个以耕作为生的农村家庭。当时农村文盲充斥，但皮亚诺的父母有见识且很开明，让子女都接受了教育。

皮亚诺从小勤学好问，成绩优异。1876 年高中毕业获得奖学金，并进入都灵大学读书。他先读工程学，在修完两年物理与数学之后，决定专攻纯数学。1895 年他成为都灵大学正式教授，并一直在此教书，直到去世。

皮亚诺对教育有浓厚的兴趣，并做出一些贡献。他坚决反对向学生施加过重的压力，曾在 1912 年针对小学发表过"反对考试"的短文，他说："用考试来折磨可怜的学生，要他们掌握一般受过教育的成人都不知道的东西，真是对人性的犯罪……同样的原则也适用于中学和大学。"他很关心教学内容的严谨性，并认为定义一定要准确清晰，证明必须正确无误，可以省去那些困难的内容。

有趣的是，皮亚诺后期花费很大精力对世界语的研究和推广做出了贡献。1908 年，他被选为世界语协会的主席，直到去世，后被誉为国际语的创立者。

在数学上，他在分析方面做出一些研究，但更以符号逻辑的先驱和公理化方法的推行人而著名。

1889 年皮亚诺的名著《算术原理新方法》出版，这本小册子中给出了举世闻名的自然数公理，成为经典之作。书中，皮亚诺从不加定义的基本概念"1""数""后继"与如下 5 个自然数的性质公理出发，建立起自然数的皮亚诺公理系统。

（1）1 是一个数；

（2）任何数的后继者也是一个数；

（3）没有两个数具有相同的后继；

（4）1 不是任何数的后继；

（5）任何性质，如果 1 具有而且任何数的后继也有的话，则所有数都具有此性质。

这样，应用数学符号和公理方法，在自然数公理的基础上就简明扼要、干净利落地建立起了自然数系。

数学分析的基础依赖实数，实数依赖有理数，而有理数最终又依赖自然数。一旦对于自然数的逻辑处理完成之后，建立实数的基础问题就宣告完备了。在经过从上而下既有趣又耐人寻味的基础重建工程后，数学分析完全建立在自然数算术基础上了。于是，随着分析的算术化，建立在实数理论基础之上的微积分理论有了严格的基础。微积分学无论在基本概念，还是在逻辑严密性、形式严谨性上，都有如欧几里得几何学一般令人赞叹！

在 1900 年第二次国际数学大会上，著名数学家庞加莱不无自豪地赞叹道："今天在分析中，如果我们不厌其烦得严格，就会发现只有三段论或归结于纯数的直觉是不可能欺骗我们的。今天我们可以宣称绝对的严密已经实现了。"由贝克莱悖论引发的第二次数学危机宣告彻底解决了。在微积分创建 200 余年后，数学家们赢来了胜利凯旋之日。

然而，良日总是苦短。不久后，数学家们就只能以向往的心情回顾这段短暂的数学天堂岁月了。新的转折来自在分析严密化过程中产生的一个新的数学领域——集合论，这正是本书第三部分要介绍的内容。

第三部分

罗素悖论与
第三次数学危机

第12章
走向无穷

初中毕业升入高一级学校后，人们会发现自己所学的第一个数学概念都是：集合。研究集合的数学理论在现代数学中称为集合论。它是数学的一个分支，但在数学中却占有极其独特的地位，其基本概念已渗透到数学的几乎所有领域。如果把现代数学比作一座无比辉煌的大厦，那么可以说集合论正是构筑这座大厦的基石。集合论的统治地位已成为现代数学的一大特点，由此可见它在数学中的重要性。其创始人康托尔也以其集合论的成就，被誉为对 20 世纪数学发展影响最深的数学家之一。

康托尔与集合论

康托尔于 1845 年 3 月 3 日生于圣彼得堡，但一生中大部分时间是在德国度过的。15 岁以前他非凡的数学才能就已得到显现，由于对数学研究有一种着迷的兴趣，他决心成为数学家。但他讲求实际的父亲却非常希望他学工程学，因为工程师是更有前途谋生的职业。1860 年，在寄给康托尔的信中他写道："盼望你的正是成为一位特奥多尔·金费尔，然后，如果上帝愿意，也许成为工程学天空的一颗闪光的星星。"可怜天下父母心！他们总以自己的意愿为孩子设计未来，却往往不去考虑自己的孩子适合干什么。什么时候父母们才会了解让天生的赛马去拉车的专横愚蠢呢？

值得庆幸的是，康托尔的父亲后来看到自己强加于儿子的意愿所造成的危害，他让步了。17 岁的康托尔以优异的成绩完成中学学业时得到父亲的允许，上大学学习数学。激动的康托尔给父亲回信："你自己也能体会到你的信使我多么高兴。这封信确定了我的未来……现在我很幸福，因为我看到如果我按照自己的感情选择，不会使你不高兴。我希望你能活到在我身上找到乐趣，亲爱的父亲；从此以后我的灵魂，我整个人，都为我的天职活着；一个人渴望做什么，凡是他的内心强制他去做的，他就会成功！"后来事情的发展表明，数学应当感激这位父亲的明智做法。

1862 年，康托尔进入苏黎世大学，1863 年转入柏林大学。在此，他曾师从魏尔斯特拉斯与克罗内克。很遗憾，后来克罗内克与康托尔因数学观点的差异而反目成仇。

1867 年，康托尔获得博士学位，并开始步入数学研究行列。当时的数学界正进行着重建微积分基础的运动，康托尔也很快将自己的研究转向这一方向。在工作中，他探讨了前人从未碰过的实数点集，这是集合论研究的开端。

1872 年，康托尔在瑞士旅游中偶遇数学家戴德金。两人后来成为亲密的朋友，彼此通过信件交流，互相支持。

1874 年，29 岁的康托尔发表了关于集合论的第一篇革命性论文。这篇论文标志着数学天空中升起了一颗有着非凡独创力的数学新星。

随后的十几年是他最富创造力的一段时间，他独自一人把集合论推向深入。在他最伟大、最有创见的创造时期，他本来完全可以获得期待已久的德国最高荣誉——取得柏林大学教授职位，然而他的这一抱负却一直没有实现。他活跃的专业生涯是在哈雷大学度过的，这是一所独特的、二流的、薪金微薄的学院。原因在于，他一系列的伟大成果不但未能赢得赞赏，反而招致了猛烈的攻击与反对。他的主要论敌正是柏林大学的克罗内克——他以前的老师。克罗内克把康托尔的工作看作一类危险的数学疯狂。他认为数学在康托尔的领导下正在走向疯人院，便热烈地致力于他所认为的数学真理，用他能够抓到的一切武器，猛烈地、恶毒地攻击"正确的无穷理论"和它的过于敏感的作者。如果说克罗内克在科学论战上是一个最有能力的斗士，那么康托尔就是一个最无能的战士。于是悲剧的结局不是集合论进了疯人院，而是康托尔进了疯人院。1884 年春，40 岁的康托尔经历了他的第一次精神崩溃，在他长寿一生的随后岁月中，这种崩溃以不同的强度反复发生，把他从社会上赶进精神病院这个避难所。1904 年，在两个女儿的陪同下，他出席了第三次国际数学家大会。会上，他在精神受到强烈的刺激，立即被送进医院。在他生命的最后十年，他大都处于严重抑郁状态中，并在哈雷大学的精神病诊所度过了漫长的岁月。他最后一次住进精神病院是 1917 年 5 月，直到 1918 年 1 月去世。

在讲述了主人公悲惨的故事后，下面我们转向他的伟大作品——集合论。

在学习集合的内容时，我们通常是按照从集合概念开始，随后引入属于、包含的定义，以及集合的并、交等运算这样的顺序进行的。但康托尔创建集合论的历程却与此完全不同。

康托尔是在研究"函数的三角级数表达式的唯一性问题"的过程中，先是涉及无穷点集，随后一步步地发展出一般集合概念，并把集合论发展成一门独立学科的。这一段历史再次告诉我们，抽象的数学概念往往来自于对具体数学问题的研究。

在上面，我们提到康托尔的理论在当时受到了猛烈攻击，一般读者会对此感到不解。因为我们所学习的有关集合的知识显得非常简单与自然。事实上，那只是集合论中最基本的知识。而"康托尔的不朽功绩在于他向无穷的冒险迈进"，因而只有当我们了解了康托尔在无穷集合的研究中究竟做了些什么后才会真正明白他工作的价值所在，也会明了众多反对之声的由来。

伽利略悖论

数学与无穷有着不解之缘，但研究无穷的道路上却布满了陷阱。在被誉为"无穷交响乐"的微积分的产生、发展历史中，我们已经对此有所领略。下面，我们将跟随康托尔踏上另一条同样充满着令人不解的悖论与困惑的无穷之路。

我们从一个问题开始：全体自然数与全体正偶数，谁包含的数更多？

一方面，我们任取一个自然数，只要让这个数乘以 2，就一定有一个与之对应的正偶数，反之也成立。两者之间存在一一对应的关系。这样看来，似乎两者的元素个数应是相同的。另一方面，常识告诉我们：全体大于部分。既然所有的正偶数是在所有的自然数里去掉那些正奇数以后才得到的，理所当然的，作为全体的自然数要多于作为部分的正偶数。那么，究竟两者一样多呢，还是自然数多？

在历史上，人们曾多次被这类问题所困扰。公元 5 世纪，拜占庭的普罗克拉斯是欧几里得《几何原本》的著名评述者。他在研究直径分圆问题时注意到，一根直径分圆成两部分，两根直径分圆成 4 部分，n 根直径分圆成 $2n$ 部分。因此，由直径数目组成的无限集合与所分成的圆部分的数目组成的无限集合在元素上存在着一一对应的关系。但另一方面，从常识看，两者的数目看起来并不一样。普罗克拉斯的困境正是我们上面所提到的自然数全体与正偶数全体谁多的问题。

中世纪，又有人注意到，把两个同心圆上的点用公共半径联接起来，就构成两个圆上的点之间的一一对应关系。因为对于大圆上的任意一点，通过公共半径，总可找到小圆上的一点与它对应；反之，对于小圆上的任何一点，通过公共半径，总可找到大圆上的一点与它对应。这样分析，大小圆上的点应一样多。然而，常识会让人认为大小两圆上的点不可能是一样多的。

更为人所熟知的是伽利略提到的类似事实。在 1636 年完成的著名著作《两门新科学的对话》一书中，伽利略注意到：所有自然数与自然数的平方可以建立一个一一对应关系。这似乎意味着：平方数与自然数一样多。然而，常识却告诉我们：自然数比平方数要多许多。这一矛盾通常称为"伽利略悖论"。

为了避免这类悖论的出现，人们采取了回避的态度。如伽利略在无法解释自己的发现后得出的结论是：因此我们不能说自然数构成一个集合。也就是说，他的解决方案是：否认"自然数全体"这类说法，即否认实无限的存在。因为承认会导致不合常识的悖论。确实，通过前面的许多介绍，我们对人类在解决问题中经常会使用的这种方法不再陌生。当人们面对无法解决的问题时，一种类似条件反射的解决方案就是：回避它。只有在完全无法回避的时候，才有人能够突破旧的观念，提出解决问题的新方案。

在伽利略提出他的悖论两个多世纪以后，康托尔重新考虑了这个似乎陷入逻辑死胡同的二难推理问题。事实上，问题的焦点集中在：整体一定大于部分。对实无限的肯定被这一观念的巨石挡住了。怎么办？难道我们不能反其道而行之吗？只要我们接受"部分能够等于整体"的观点，不就解决问题了吗？如果接受了这一新观念，那么实无限的观念也就扫清了障碍。看上去，似乎解决问题之道也并不难。真的不难吗？只要想想历史上人类为了迈出这一步，花费了多长时间就会明白，要更新一个旧观念是何等困难的事情。

"可以通过一一对应的方法来比较两个集合的元素多少；实无限是一个确实的概念。"

康托尔依据这两个基本前提，以一种貌似天真的方法，颠覆了前人传统的观念，创立了最令人兴奋和意义十分深远的理论。这一理论引领我们进入了一个难以捉摸的奇特世界。

无限王国

为了比较两个集合数目的大小，康托尔下了一个定义："如果能够根据某一法则，使集合 **M** 与集合 **N** 中的元素建立——对应的关系……那么，集合 **M** 与集合 **N** 等势或者说具有相同的基数。"基数，是对有限集合元素个数概念的一个推广。康托尔这个定义的重要性表现在它并未限定集合是有限集还是无限集。

按照这一定义，显然自然数集与正偶数集的数目一样，具有相等的基数。对具有这一基数的无穷集合，康托尔称为可数集。于是，正偶数集、整数集、自然数的平方的集合因为能与自然数建立起——对应关系，所以也都是可数集。并且可以证实，没有比可数集更小的无穷集合。或者说，在无穷集合的等级上，可数集是最小的。既然没有比它更小的，那么有没有比它更大的无穷集合呢？试图把握无限的康托尔由此踏上了一条不归路。

下一步的研究，会让我们非常自然地想到所熟悉的分数（或说是有理数集）。

自然数放在数轴上是稀稀落落的，而有理数则显得密密麻麻。凭直觉，我们会觉得有理数集似乎是可数集之上的一个新的等级，但康托尔给出的答案是：否！事实上，我们不难给出两者之间的一个——对应关系。

比如我们可以把正分数按下述规则排列起来：写下分子与分母之和为 2 的分数，这样的分数只有一个，即 1/1；然后写下两者之和为 3 的分数，即 2/1 与 1/2；再往下是两者之和是 4 的，即 3/1, 2/2, 1/3, …出现重复的则去掉，就这样一直做下去。于是便把所有的正有理数排成了一队。至于把 0 与负有理数加进去也是一件很容易的事：在队列中先排上 0，然后上面队列中每个正分数后跟上其相反数，这样所有的有理数就都排进去了。

可见，有理数与自然数竟然是一样多的！因此，有理数集也是可数集。看似多得多的有理数实际上并不比自然数多。

是不是所有的无穷大都是相同的呢？如果是这样，倒显得无穷王国太冷清了些。好在，事情并非如此。

1873 年 11 月 29 日，康托尔在给戴德金的一封信中提出了一个问题：自然数集与实数集之间能否一一对应起来，即自然数与实数个数是否相等？实际上，他已经把这个问题考虑了很久，特别是考虑连续性的本质时，他总要碰到这个根本的问题。他在信中说："取所有自然数的集合，记为 **N**，然后考虑所有实数的集合，记为 **R**。简单说来，问题就是两者是否能够对应起来，使得一个集合中的每一个体只对应另一个集合中一个唯一的个体？乍一看，我们可以说答案是否定的，这种对应不可能，因为前者由离散的部分组成，而后者则构成一个连续统，但是从这种说法里我们什么也得不到。虽然我非常倾向于认为两者不能有这样的一一对应关系，但却找不出理由，我对这事极为关注，也许这理由非常简单。"

1873 年 12 月 7 日，康托尔再次写信给戴德金，说他已经成功证明了自己想法的正确性，即实数集不能同自然数集里的元素一一对应。这一天可以看作集合论的诞生日。

康托尔曾给出两种证明，他在第二种证明中使用了极其有名的对角线证法。这一证法并不复杂，让我们来领略一下吧。

在这种证明中，康托尔考虑的是区间 $(0,1]$ 上的点与自然数集不能一一对应。当然，如果能证明这一点，那么实数集全体就更不可能与自然数集一一对应了。

用反证法：假定 $(0,1]$ 是可数集，那么就可以把它里面的实数全部列出来，排成一个序列 a_1, a_2, a_3, $\cdots$, a_n, $\cdots$。现在将每个这样的实数写成十进小数形式（约定将有理数也写成无穷小数，如 $\frac{1}{2} = 0.4999\ldots$ ）。于是实数集 $(0,1]$ 中的所有数可排成下面的序列：

$$a_1 = 0.a_{11}a_{12}a_{13}a_{14}\cdots$$

$$a_2 = 0.a_{21}a_{22}a_{23}a_{24}\cdots$$

$$a_3 = 0.a_{31}a_{32}a_{33}a_{34}\cdots$$

$\cdots$

$$a_n = 0.a_{n1}a_{n2}a_{n3}a_{n4}\cdots$$

$\cdots$

现在构造一个数 $b = 0.b_1b_2b_3\cdots b_n\cdots$，使它的第 n 位数字 $b_n \neq a_{nn}$，做到这一点很容易。比如，只需在 $a_{nn} = 5$ 时，令 $b_n = 6$；$a_{nn} \neq 5$ 时，令 $b_n = 5$ 即可。

如此构造出来的数 $b = 0.b_1b_2b_3\cdots b_n\cdots$ 一定与上面序列中的任一数都不相同。因为至少它们第 n 位数字不同，也就是对角线上的数字至少不同（因此这种证法称为对角线法）。

这意味着，当假设两者之间能一一对应时，我们指出这一对应遗漏了某个实数没有配上对，所以假设是错误的。我们不可能把区间 (0,1] 中的所有数与自然数集对应起来。

这一证法简单、漂亮，从逻辑角度不可辩驳地证明了区间 (0,1] 内的点不再是可数集，它是比可数集更高的等级。康托尔称之为不可数集（记作 **C**）。另外容易证明，任何长度线段中的点，甚至整个数轴上的点都是相同的，都是不可数集。于是，上面提到的同心圆中大小圆上点谁多谁少的问题也有了答案：两者一样多。而且两者都是不可数集。

康托尔的这一成果在认识有理数与无理数集的内在区别方面也有着重要意义。不论是有理数，还是无理数，在实数轴上都是处处稠密的，即：在任意两个有理数之间，分布着无穷多个无理数；反之亦然。这样，我们直觉上会认为：实数轴上一定均匀地分布着两个基本相等的、巨大的有理数族与无理数族。然而康托尔的结论表明了两者间的区别绝不仅仅是前者可以写成有限小数或无限循环小数，而后者不能的问题。更大的区别在于：前者是可数的，而后者是不可数的。或者说，这意味着无理数（它是不可数集）在数量上大大超过有理数（它是可数集）。数不胜数的有理数当初是如此丰富，现在在实数集中却突然变得似乎无足轻重了。

在康托尔的研究之前，人们只辨认出有限集与无穷集这两种类型的集合，无人试图对无穷集再作什么区分，正是康托尔引起普遍的惊奇。他对无限集合进行深入研究，得到自然数集合是可数集，而实数集是不可数集，因而发现无穷集合具有不同的等级。

在得到上述的结论后，康托尔没有就此止步，他进一步思考有没有不可数集之上的等级。他首先考虑到：二维空间中的点应该多于一维直线上的点，因而空间上的点组成的集合应是比不可数集更大的等级。

1874 年 1 月，在写给戴德金的信中他问道：区间和正方形这两个点的集合是否能够构成一一对应的关系？他近于肯定地认为，在二维正方形与一维线段之间是不可能存在这种对应关系的，因为前者似乎显然具有更多的点。虽然做出证明可能十分困难，但康托尔却认为证明也许是"多余"的。

然而，有趣的是，这一几乎多余的证明却从未能够做出。康托尔尽管尽了力，但始终未能证明在两者之间不存在一一对应关系。后来，1877 年，他发现原来的直觉是完全错误的，这种一一对应的关系竟然存在！

我们下面就在区间 (0, 1) 与单位正方形两者间建立一种一一对应关系。如上面所介绍的，区间 (0, 1) 内的点都可表示成无穷小数。任取一点，比如 0.751 468 97...。我们可以把这个数的奇数位、偶数位分别取出来，得到两个新的数：0.7169... 与 0.5487...。以这两个数作为横、纵坐标得到的点将落在单位正方形中，于是任一单位区间内的点可以用这种办法对应单位正方形内的一个点。反过来，如果任给了单位正方形内的一个点，只需要把这个点的横、纵坐标掺在一块，就得到单位区间上相应的点。

比如，(0.248 63...，0.367 89...) 可对应 0.234 687 683 9...。因而，单位区间与单位正方形内点数是相同的。

与两条不同长度线段上的点相同类似，很容易证明正方形内点数的多少与它的大小也无关。所以，单位区间（或整条直线）上的点与整个平面上的点是一样多的。它们都是不可数集，具有相同的势。

证明简单易懂。但这个结果太出人意料了。这是康托尔提出的最令人惊奇，甚至在当时数学家中引起混乱的定理。从古希腊人以来，一直有这样的信念，即在一维、二维、三维几何对象（曲线、曲面和空间区域）之间有着深刻的区别，而康托尔的结论像是消除了这种差别！甚至康托尔本人也对这一出乎自己意料的结论感到震惊。在 1877 年写给戴德金的信中报告这一发现时，他惊呼："我发现了它，但简直不敢相信！"

在证明了二维空间的点也是不可数集后，下一步就变得简单了：一般的 n 维空间也可以和直线建立一一对应关系！因而，任意 n 维空间上的点都是不可数集。

还能找到比不可数集更大的基数吗？看起来，这次在寻找无穷等级的道路上我们可以停步了。真是这样吗？康托尔还有另外的惊奇展现给我们。

大胆向无限集合迈进的康托尔开始另辟新径，而且是一下子开辟了两条通向新的无穷的道路。

我们先介绍康托尔 1891 年成功找到的一种证明更高基数存在的方法，他的这一研究结果，现在通常称为康托尔定理。让我们来领略领略他的想法吧。

给定一个集合 **A**，假设它由两个元素组成，即 **A** = $\{a, b\}$，容易知道这一集合的所有子集数有 4 个：ϕ、$\{a\}$、$\{b\}$、$\{a, b\}$。而这 4 个集合放在一起，又能组成一个集合，这个集合康托尔称为幂集。那么显然的，有两个元素的集合的幂集共有 4 个元素。

同样，一个具有三个元素的集合其幂集有 8 个元素。一般地，一个包含 n 个元素的集合其幂集元素个数为 2^n。显然，有限集合幂集的元素数目要大于原集合。

当推广到无穷集合时，情况是否如此呢？或许凭直觉我们会认为这理所当然。但研究无限时直觉的局限与不可靠，我们在上面已经多次领教过了。不过，幸好这次我们的直觉与事实统一起来了。康托尔证明了：对任意一个集合来说，它的幂集基数总是大于原集基数。对这一定理的证明细节，我们不再多做介绍。

我们所了解的是，在有了这一结论后，就可以寻找到更大的基数了。

康托尔把可数集的基数称为阿列夫零，记作 $\aleph_0$（$\aleph$ 是希伯来字母表的第一个字母）。于是，它的幂集基数可记为 $2^{\aleph_0}$，并且 $\aleph_0 < 2^{\aleph_0}$，而根据康托尔的上述定理，我们还可以考虑 $2^{\aleph_0}$ 的幂集等。

这是一个没有结尾的故事。魔盒一经打开就无法再合上，盒中所释放出的也不再限于可数集、不可数集这样个别的无穷数的怪物。妖怪一旦逃出魔瓶，就再没有什么能阻止康托尔了。通过反复应用康托尔定理，可以给出一个生成更大超限基数的永无尽头的不等式链。也就是说，这一不等式链可以无限写下去：

$$\aleph_0 < 2^{\aleph_0} < 2^{2^{\aleph_0}} < \cdots$$

因而，无穷集之间存在着差别，有着不同的数量级，可分为不同的层次，而且是无穷多个层次！无限王国比我们最初预想的可热闹多了。

根据无穷性有无穷种的理论，康托尔对各种无穷大建立了一个完整的序列，并把这些基数称为超限基数。与之相对应，一般的计数数即自然数被称为有限基数。康托尔进一步创立了超限基数的算法。这种算法相对于"常识"，即有限数的一般算法而言，显得非常不可思议。在超限算法中，我们可发现很多奇怪的规则，例如 $1 + \aleph_0 = \aleph_0$、$\aleph_0 + \aleph_0 = \aleph_0 \cdots\cdots$

康托尔在开辟上面通向无穷王国的道路之前，还有过另一种奇思妙想。

上述研究建立在基数理论上。基数考虑的是集合中元素的多少，没有考虑这些元素间可能出现的次序。这种比较数集多少的方法虽然有效，但与我们的习惯有点不同。我们通常在比较数目多少时使用计数的方式，即把不同的数按由小到大的次序排起来进行比较，这是利用了序数思想。康托尔早些时候思考的问题是：能否建立无穷的序数理论呢？

康托尔是在 19 世纪 80 年代开始思考这一问题的，并将自己的研究成果发表在 1879 年到 1884 年的《数学年鉴》杂志上，后来又被收入题为《关于无穷线性点集（5）》的论文中。

康托尔的起点很简单，他指出：自然数序列 1, 2, 3, …是从 1 开始，并通过相继加 1 而产生的。他把这种通过相继加 1 定义有穷序数的过程概括为"第一生成原则"（也称延伸原则）。康托尔将由此得到的全体有穷序数集称为第一数类。

按一般想法，显然其中没有最大的数。但康托尔却引入了一种新的设想，即"第二生成原则"（也称穷竭原则）：给定任一有特定顺序，但其中无最大元素的集合，通过穷竭可得出一个新数，它大于原集合中任何一个给定数。依照这一原则，从 1, 2, 3, …出发，通过穷竭可以引出一个新数，康托尔记它为 ω。在康托尔看来，这不再是潜无限观念中的 ∞，而是一个确实存在的数，是第一个超限序数。

通过以上两个原则的反复应用，我们就可以得出无穷多个越来越大的序数，如果采用序数算术的记法，那么将所有序数，从 0 开始由小到大排起来，就形成如下的无穷序列：

$0, 1, 2,$（这是延伸）$\cdots, \omega$（这是穷竭）$, \omega+1, \omega+2,$（又是延伸）$\cdots, \omega+\omega$

$= \omega \cdot 2$（这又是穷竭）$, \omega \cdot 2+1, \cdots, \omega \cdot 3, \cdots, \omega \cdot \omega$

$$= \omega^2, \omega^2 + 1, \cdots, \omega^3, \omega^3 + 1, \cdots, \omega^\omega, \omega^\omega + 1, \cdots$$

它们的全体构成第二数类。

对第一数类，即 1, 2, …而言，其中每个序数 n 的基数为 n。所有第一数类组成的集合是可数集，基数为 $\aleph_0$。

对第二数类，即 $\omega, \omega + 1, \omega + 2, \cdots, \omega^\omega, \omega^\omega + 1, \cdots$ 而言，其中每个序数的基数都是可数的。所有第二数类组成的集合的基数记为 $\aleph_1$。

如果无限制地使用第一和第二生成原则，第二数类似乎不存在最大元素。为此，康托尔引入第三生成原则（也称限制原则），目的在于保证每一个新数类的基数大于前一个数类的基数，而且是第一个这样大的。

因而，从自然数开始，反复应用三个原则不断攀升，就能得到"第一数类""第二数类""第三数类"……一系列的数类，它们的基数分别为 $\aleph_0$、$\aleph_1$、$\aleph_2$、……

这样，康托尔不但给出了序数的一种系统的表示法，而且从另一角度创造了一种无限集的无穷谱系！

超限基数与超限序数一起刻画了无限，描绘出一幅无限王国的完整图景，它充分体现了康托尔那惊人的想象力。

康托尔的难题

康托尔的成就并不总在于解决问题,他对数学的独特贡献还在于提出问题的特殊方式。他认为在数学中提问的艺术比起解法来更为重要,因而思考并提出了许多富有价值的集合论问题。这些问题,一部分他以自己非凡的勇气与才智解决了,而另一部分则交给了后继者。后来的数学发展表明,他所留下的问题将开创大量新的研究领域,对 20 世纪数学的发展产生极为深远的影响。其中最著名的问题是所谓的连续统假设。

我们前面介绍过,康托尔给出了两种构造越来越大的基数的方法,并由此得到了两种超限基数序列:

$$\aleph_0 < 2^{\aleph_0} < 2^{2^{\aleph_0}} < \cdots$$

$$\aleph_0, \aleph_1, \aleph_2, \cdots$$

根据超限数的介绍,我们知道 $\aleph_1$ 是紧跟在可数集 $\aleph_0$ 之后的下一个超限基数。然而对 $2^{\aleph_0}$ 而言,我们只知道它比可数集 $\aleph_0$ 大,但不知道它是否是第一个比可数集大的超限基数。康托尔的连续统假设就是认为：$2^{\aleph_0} = \aleph_1$，即在 $\aleph_0$ 与 $2^{\aleph_0}$ 之间不再存在其他超限基数。亦即，$2^{\aleph_0}$ 确实就是第一个比可数集大的超限基数。

由于康托尔在 1847 年证明了 $2^{\aleph_0} = C$（即不可数集），也就是说，自然数的所有子集所具有的元素数正好等于实数集的元素数，两者都是不可数集。因此，上面的说法可以换为：在可数集 $\aleph_0$ 与不可数集 C 之间不存在其他超限基数。

由于通常称实数集为连续统，因而这一猜想称为连续统假设，而连续统假设的英文为 continuum hypothesis，因此连续统假设常简记为 CH。

连续统假设是考虑 $2^{\aleph_0} = \aleph_1$，进而可以考虑对任意序数 α，有 $2^{\aleph_\alpha} = \aleph_{\alpha+1}$。这就是所谓的广义连续统假设，简记为 GCH。

1878 年，康托尔在自己的论文中首次提到连续统假设。1883 年他再次讲到连续统的基数，并说"我希望，不久就能够有一个严格的证明来解答"，然而直到去世，康托尔也未能解决这个问题。

康托尔思考但没有解决的另一重要问题是良序化问题。

我们知道任意两个实数都可以比较大小，那么任意两个无穷集合的基数能否比较大小呢？康托尔思考了集合论的这个根本问题。他觉得任意两个无穷基数应该在大于、小于、等于三种关系中恰有一种成立。后来，他发现证明这个看似简单的问题并不容易。

作为回答这一问题的途径，康托尔建立了良序集的概念。一个良序集就是指每一子集都有第一个元素的有序集，如自然次序下的自然数就是良序的。康托尔相信，每个集合都可以被良序化。这就是良序假设。

由于一切良序集都是可比较的。因此如果能够证明良序假设，那么一切集合就都是可比较的了，任意两个无穷集合基数比较大小的问题也就解决了。然而，康托尔并没有能给出良序假设的证明。

于是，连续统假设与良序假设成了康托尔留给后人有待解决的两个重要课题。我们后面会看到，对此的深入研究推动了 20 世纪数学的发展。

第13章
数学伊甸园

康托尔把无穷集合这一词汇引入数学，放弃"整体大于部分"的传统观念，提出并发展了超限数理论，从而发现了一个广大而又未被人知的无穷王国。他对无穷大的新见解，出人意料地打开了许多新的大门，开创了一片全新的领域，提出又回答了前人不曾想到的问题。

应该如何评价康托尔的一系列成果呢？他关于无穷集合的新观念，是打开了一条通往天堂的路呢，还是敲开了地狱之门？

反对之声

康托尔对无穷集的研究，在发表之初受到了激烈地批驳。在一段时间内，戴德金也许是当时认真而同情地了解康托尔颠覆性学说的唯一的第一流数学家。因而可以说，康托尔差不多是在单枪匹马孤军作战。

实际上不难想见，康托尔那些至今还让我们感到有些异想天开的结论，在当时会如何震动数学家们的心灵。特别是，他所提出的一系列无穷基数，更令许多同代人对其"奇谈怪论"摇头叹息。因而有人嘲讽他的超限数是"雾中之雾"。即便一些善意的数学家对他所思考并得出的结论也深感困惑，惊异地摇摇头，或干脆表示怀疑。极其著名的法国数学家庞加莱（1854—1912）就不愿接受康托尔的无穷集合论。一则在数学家之间流传很广的故事提到庞加莱的一种说法：总有一天，康托尔的集合论"会被看作一种被征服了的疾病"。

因而，毫不夸张地讲，康托尔关于无穷的深奥理论，在当时引起了反对派不绝于耳的喧嚣。他的数学，在他的祖国德国和其他一些地方，都有许多保守分子大叫大喊地反对。在这些人看来，接受实无限、比较无穷的大小，简直就像是这位有点儿神秘兮兮的年青学者搞的一场浪漫而荒唐的恶作剧。

对康托尔最激烈的反对与攻击来自他的老师克罗内克。

克罗内克（1823—1891）出生于一个富裕的犹太家庭，父亲是一名商人。著名数学家库默尔曾做过克罗内克的老师，对他后来的数学生涯产生了重要影响。几十年后，克罗内克说库默尔提供了他"理性生活"的"最本质的部分"。

1841年春克罗内克进入大师荟萃的柏林大学，1845年获柏林大学博士学位。但此后多年，他致力于管理家族商业，成为一个非常成功的商人，这倒是保证了他余生可以无经济之忧地从事数学创造活动。在商业活动之余，克罗内克一直与库默尔频繁通信，使自己保持了数学思维的活跃。1853年，他从商业事务中脱身出来，开始以很快的速度发表了一系列论文。1861年，经库默尔和魏尔斯特拉斯等人推荐，克罗内克被选送到柏林研究院。

克罗内克对数学哲学有强烈信念，体现他数学观的一句名言是："上帝创造了整数，其他一切都是人为的。"他的一位学生转述过他的数学哲学观："他（克罗内克）相信人们在这些数学分支中能够也必须以这种方式限定一个定义，即人们可用有限步验证它是否适用于任意已知量。同样，一个量的存在性证明只有当它包含一种方法，通过它可以实际地发现要证明存在的量时，才可被认为是完全严格的。"

克罗内克特别主张对存在的数学证明应当是构造性的。也就是说，要想让他接受一个对满足某种条件的、实际存在着的数学对象的证明，就必须要提供一种方法来明确地呈现出这个对象。他在代数数论等方面做出的大部分工作体现了他的这一构造性数学观。我们后面会看到，克罗内克的主张正是直觉主义学派所坚持的信念。因此，克罗内克被认为是直觉主义学派的先驱。

克罗内克基于自己的哲学观，反对魏尔斯特拉斯的数学风格。因为后者既使用实无限，又接受非构造性的存在定理。他把魏尔斯特拉斯等所做的一些努力斥为毫无价值。两人曾是极好的朋友，但数学观点的差别使两人的关系变得很糟。后来，魏尔斯特拉斯宣称与克罗内克完全断交。

在克罗内克看来，康托尔的超限数理论更是无法接受的，它与自己的信条完全对立。克罗内克完全否认并攻击康托尔的工作，称康托尔"走进了超限数的地狱"，康托尔的"思想是近十年来最具兽性的见解"。克罗内克一直试图阻止康托尔的影响，也正是在他的竭力阻挠下，康托尔无法实现到柏林大学任教的念想。

不过，许多对康托尔的反对意见并非都是盲目的反动。事实上，许多数学家包括克罗内克对康托尔观点的批驳，都来自双方深刻的数学观念方面的分歧。

其中一方面分歧涉及数学证明的方法问题。

存在性证明

在数学中常用的证明方法有两种：构造性证明与存在性证明。

所谓构造性方法是指：要证明存在一个元素满足某性质，那么或者具体给出满足这一性质的元素，或能找到一个机械的程序，按照它进行有限步骤后，能确定出满足这一性质的元素。构造性方法在历史上曾广泛使用，特别是中国传统数学多采用这一方法。

关于存在性证明，我们可以看康托尔给出的一个典型例证。

实数可以分为有理数与无理数，这是为人所熟知的。不过，实数还有另一种重要的划分方式，即分为代数数与超越数。这里，我们需要先简单说明一下什么是代数数。

所谓代数数，是指满足代数方程 $x^n + a_1 x^{n-1} + \cdots + a_{n-1} x + a_n = 0$（方程中的系数是有理数）的实数根。根据这一定义，容易看到除有理数外，极其众多的无理数如 $\sqrt{2}$、$\sqrt[3]{2}$ 等也都是代数数。实数中除了代数数，其他的称为超越数。

看上去，代数数包容的面太宽了，似乎真的想不出什么数能够逃脱代数数的巨大罗网。事实上，直到欧拉提出超越数概念（1748 年）近一个世纪后，法国数学家刘维尔才于 1844 年通过具体的构造性方法找出一类超越数，从而证明了超越数的存在。继刘维尔之后，1873 年法国数学家埃尔米特证明了数学中的常数 e（自然对数的底）是超越数，证明很不简单。又过了近十年，1882 年德国数学家林德曼证明了 π 是超越数。为此，林德曼被人们称为 "π 的战胜者"。顺便指出，林德曼的这一结果对化圆为方问题给出了一个圆满的，但却是否定的解决。结论是：用尺规化圆为方是不可能的！

然而，就在埃尔米特之后一年，林德曼关于 π 的超越性证明出台多年之前，29 岁的康托尔在其第一篇有关集合论的革命性论文《论所有实代数集合的一个性质》中，证明了一个令人震惊的结论：超越数比代数数多得多！

他的推论建立在如下两个命题基础上：实数集是不可数的；所有代数数的全体所构成的集是可数的。于是，超越数集是不可数的！

本来人们曾自然地认为，超越数只是实数中的一种例外，而不是一种常规，而康托尔又一次将例外转化为常规。他证明了超越数不但存在，而且显然庞大的代数数与其相比只是沧海一粟。有人用充满诗意的语言描述了这种情况："点缀在平面上的代数数犹如夜空中的繁星；而沉沉的夜空则由超越数构成。"

这是一个真正引起争论的定理，因为人们毕竟只知道极少的几个非代数数的存在。而康托尔却十分自信地说，绝大多数实数是超越数。而在证明这一点时，他没有展示出任何一个具体的超越数实例。相反，他只是"数"区间中的点，并由此认为，区间中的代数数只占很小一部分。

康托尔给出了超越数的存在性证明，但没有构造出一个具体的超越数，这就是典型的存在性证明。当时，人们更认同的是构造性证明，对"心目中虚无缥缈的对象就断言它的实际存在"的方法，总觉得似乎不可思议。而在坚信只有构造性证明才合情合理的克罗内克看来，断言有大量的超越数存在，却又举不出一个实例，只能是十足的愚蠢或疯狂。

我们会在下面的章节中看到，进入 20 世纪，关于这两种证明方法的争论仍在延续。

实无限观

更多的反对之声则涉及实无限观问题。

"无穷既是人类最伟大的朋友，也是人类心灵宁静的最大敌人。"从数学产生之日起，无穷就如影随形。实际上，作为数学发端的自然数 1, 2, 3, …本身，就以它们质朴的面貌展示了向这一堡垒攀登的最初尝试。写在 1, 2, 3 后面的省略号，就是我们迈向无穷的第一步。

然而，自古以来人们对无穷就有两种认识，这就是亚里士多德所区分的潜无穷与实无穷。我们已经提到，亚里士多德认为只存在潜无限，而不存在实无限。对他来说，无限多个事物或要素不能构成一个固定的整体。如他明确声称："无穷大是一个潜在的存在……实无穷将不存在。"亚里士多德搭起了一个研究无穷的舞台，但舞台上的演员只有潜无穷，没有具体的、可达到的无穷。其后的数学家大多时候就在这个奇怪的"潜在的"概念舞台上摆弄无穷。

在微积分创立之初，曾以实无限小为基础，无穷小量被看作一个实体、一个对象。但这种以实无限思想为据的微积分理论的基础并不牢固，只是由于应用上的巨大成功才在其产生后———即使导致了贝克莱悖论———仍然被数学家所使用。然而，在高斯时代，实无限已开始被抛弃了。这位数学王子曾明确表示自己对实无限的恐惧："……我反对将无穷量作为一个实体，这在数学中是从来不允许的。所谓无穷，只是一种说话的方式……"随着重建微积分基础工作的完成，无穷小量被拒之数学大厦之外，无穷小被看作实体的观念在数学分析中亦被驱除了，而代之以"无穷是一个逼近的目标，可逐步逼近却永远达不到"的潜无限观念。这种思想突出表现在关于极限的严格定义中，并由此建立起了具有相当牢固基础的微积分理论。因此，随着微积分理论的成熟与严密化，潜无限思想在康托尔时代已变得深入人心，占据了决定性的地位。

然而，康托尔却背离当时数学界关于无穷的观念，逆势而行。在创立无穷集合论时，他做的第一步重要工作就是把实无限引入了数学，我们上一章所介绍的他的工作也都是奠基于实无限观念之上的。事实上，无限集合是集合论研究的主要对象，也是集合论建立的关键和难点。集合论的全部历史都是围绕它展开的。

正如康托尔本人在《集合论基础》中所做的说明："我的集合论研究的描述已经达到了这样的地步，它的继续已经依赖于把实的正整数扩展到现在的范围之外，这个扩展所采取的方向，据我所知，至今还没有人注意过。我对于数的概念的这一扩展依赖到这样的程度，没有它我简直不能自如地朝着集合论前进的方向迈进哪怕是一小步。我希望在这样的情形下，把一些看起来是奇怪的思想引进到我的论证中是可以理解的，或者，如有必要的话，是可以谅解的……虽然这可能显得大胆，我却不仅希望而且坚信，到了适当时机，这个扩展将会被承认是十分简单、适宜而又自然的一步。"

康托尔还坦承，实无限观念"是和我所珍视的传统相违背的，和我自己的愿望更相违背，我是被迫接受这种观点的"。然而，他又表明"可是多年的思考和尝试，指明这种结论是逻辑上的必然，由于这个原故，我自信，没有什么持之有据的反对意见是我所无法对付的"。

然而，康托尔把自己置于与广为流传的数学无穷观正好对立的位置上的做法，在当时不亚于一种反叛行为，所以他的思想在当时遭到一些数学家的批评与攻击也就不足为怪了。

　　康托尔后来针对他的观点所受到的强烈批评又多次做出强有力的辩护。

　　一方面，他指出人们不能接受实无限只是囿于"整体大于部分"这样的旧观念、囿于"期望无穷数具有有穷数的所有特性，或者甚至把有穷数的性质强加到无穷数上"之类的主观臆想和偏见。因此，对合理的实无限不应不加鉴别地拒绝。

　　另一方面，康托尔以强有力的证据指明，数学理论必须肯定实无穷。他指出：在数学中要完全排斥实无穷的概念是不可能的。因为很多最基本的数学概念，如一切正整数，圆周上的一切点等，事实上都是实无穷性的概念；关于极限理论，康托尔指出：它是建立在实数理论之上的，而实数理论的建立（无理数的引进）又必须以这样或那样的实无穷的概念为基础。康托尔还进而指出，极限理论本身事实上也是建立在实无穷的概念之上的。因为变量如能取无穷多个值，就必须有一个预先给定的、不能再变的取值"域"，而这个域就是一个实无穷。康托尔又指出，数学证明中应用实无穷（无穷集合）由来已久，并且也是不可避免的。以前的许多数学家在证明中都使用过。确实，在康托尔时代，许多数学家其实都偷偷运用了实无限，如他们毫无顾忌地说到直线上或平面上的任意点等。一句话，数学是离不开实无限的。

　　然而，降到他身上的风暴从其猛烈程度上而言仍是空前的，而且最终使康托尔的晚年充满灾难。但康托尔面对重重困境，并未对自己工作的价值丧失信心。

　　1888 年，康托尔对自己大胆闯入超限王国做出了评价，他说："我的理论坚如磐石，射向它的每一枝箭都会迅速反弹。我何以得知呢？因为我用了许多年时间，研究了它的各个方面；我还研究了针对无穷数的所有反对意见；最重要的是，因为我曾穷究它的根源，可以说，我探索了一切造物的第一推动力。""我毫不怀疑超限数的正确性，因为我得到了上帝的帮助，而且，我曾用了 20 多年的时间研究各种超限数；每一年，甚至每一天我在这一学科中都有新的发现。"

康托尔确信："我认为是唯一正确的这种观点，只有极少数人赞同。虽然我可能是历史上明确持有这种观点的第一个，但就其全部逻辑结果而言，我确信自己不是最后一人！"

赞誉与影响

克罗内克在 1891 年去世之后，康托尔的阻力一下子减少了。他发挥出自己的组织才能，积极筹建德国数学联合会（1891 年成立）以及国际数学家大会。

正是在 1897 年召开的第一次国际数学家大会上，许多与会数学家表示了对集合论的认可。瑞士数学家胡尔维茨与法国著名数学家阿达马，都在自己的报告中明确阐述康托尔集合论对复变函数论的进展所起的巨大推动作用，第一次向世界数学界显示了康托尔的集合论作为对数学发展起作用的理论工具的重要性。其他还有不少人也直接讨论集合论，这标志着集合论的地位逐步确立了。此后，集合论得到广泛的传播，并且越来越多的数学家开始接受了康托尔的革命理论。到 20 世纪初，集合论在创建 20 余年后，最终获得了世界公认。康托尔所开创的全新的、真正具有独创性的理论得到了数学家们的广泛赞誉。

后人在回顾这段历史时，往往由于同情康托尔而过分责备他的批评者。但是正如美国现代数学史家 M. 克莱因在评述集合论创立时期的状况时写道："康托尔的集合论是在这样一个领域中的一个大胆的步伐，这个领域，我们已经提过，从希腊时代起就曾断断续续地被考虑过。集合论需要严格地运用纯理性的论证，需要肯定势愈来愈高的无限集合的存在，这都不是人的直观所能掌握的。这些思想远比前人曾经引进过的想法更革命化，要它不遭到反对那倒是一个奇迹。"当回头看这段历史时，或许我们可以把反对他的激烈程度作为对他真正具有独创性的一种褒扬吧。

现在我们可以去看看康托尔的工作对数学带来的多方面深远影响了。

第一，康托尔的无穷集合论从本质上揭示了无穷的特性，使无穷的概念发生了一次革命性的变化，他对无穷的新见解更新了人们对无穷的认识，使人们对无穷的认识上升到一个新层次。正是由于康托尔的努力，深深植根于数学中的无限的神秘面纱被揭开了，围绕着无穷概念的迷雾慢慢地散去。在数学领域中，无穷的概念经过了无数次的塑造和再塑造，而在这里它最终庆祝了它的最大胜利。对康托尔在这方面的成就，许多著名数学家后来给予热情的溢美之辞。

1926 年，大数学家希尔伯特称超限理论为："数学思想的最惊人的产物，在纯粹理性的范畴中人类智力的最美的表现之一""数学精神最令人惊羡的花朵，人类理智活动最漂亮的成果"。

苏联著名数学家科尔莫戈洛夫说："康托尔的不朽功绩，在于他敢于向无限大冒险迈进，他对似是而非之论、流行的成见、哲学的教条等作了长期不懈的斗争，由此使他成为一门新学科的创造者。这门学科（无穷集合论）今天已经成了整个数学的基础。"

罗素在 1901 年对康托尔的贡献评价道："芝诺关心过三个问题，这就是无穷小、无穷、和连续。从他那个时代到我们自己的时代，每一代最优秀的有才智的人都试图解决这些问题，但是广义地说，什么也没有得到……魏尔斯特拉斯、戴德金和康托尔彻底解决了它们。它们的解答清楚得不再留下丝毫怀疑。这个成就可能是这个时代能够夸耀的最伟大的成就……无穷小的问题是魏尔斯特拉斯解决的，其他两个问题的解决是由戴德金开始，最后由康托尔完成的。"

罗素如此评价是有原因的。因为他对芝诺的阿基里斯追龟悖论做过另一种思路的解释：阿基里斯在与乌龟赛跑过程中的每一时刻，两者都位于各自路程中的某一点，而且在同一点两者都不会停两次。这样，它们跑的时刻是相同的，因此两者跑过的距离的点也同样多；另一方面，如果阿基里斯要追上龟，则他必须跑过比龟更多的点，因为它必须跑过更大的距离。因此，阿基里斯绝不可能追上龟。

如果按罗素的想法理解芝诺这一悖论的话，那么恰恰可以用康托尔的无穷集合论发现芝诺上面论证的错误所在：在跑过相同的点与多跑一段距离之间芝诺认为存在矛盾，但我们现在明白，两者之间完全可以相容。因为康托尔告诉我们，不等长的两线段具有相同的点。

第二，集合论给数学开辟了广阔的新领域。集合论占统治地位后，现代数学才真正形成，并用集合论的语言重新描述或解决了代数、几何、分析中长期存在的问题。19 世纪末到 20 世纪初，又引出实变函数论、抽象代数、点集拓扑学等众多现代数学分支。可以说，集合论现已渗透到几乎所有的数学领域。

最早在集合论基础上诞生的一门新的数学分支是实变函数论。它是由一批年轻的法国数学家于 19 世纪末开创的。实变函数论的基础首先是决定长度、面积和体积的测度，而这就需要把康托尔的集合论作为必不可少的工具。

这里，我们可以再次回头看芝诺。芝诺曾认为把线段（时间、空间）看成是一个无限点集（无限多个没有大小的量的总和）是不可能的，原因在于无数个没有大小的量的总和仍是零。在测度论中，我们已经可以对芝诺的这一观点做出反驳了。1952 年，一

数学悖论与三次数学危机

位数学家把只含有一个点的子区间定义为退化子区间，并得出了如下结论：有限区间 (a,b) 是退化子区间的连续统的并集；每个退化子区间的长度为零；区间 (a,b) 的长度是 $b-a$。也就是说，虽然每个点的长度为 0，但不可数个点的长度不是 0。因此，对芝诺疑难的回答是：线段（时间、空间）完全可看作没有大小的点的无穷集合。这里面并没有悖论。

第三，在 19 世纪末到 20 世纪初的基础研究热潮中，集合论扮演了一个关键性角色。我们在前面介绍到，在重建微积分基础的过程中，严格的分析基础被归结为实数理论，而实数理论又需要在自然数理论和集合论的基础上发展起来，甚至有数学家进一步把自然数理论又建立在集合论与逻辑之上。此外，我们后面会看到，当时数学家们在证明整个数学无矛盾的进程中，也把数学的无矛盾性归到了自然数的无矛盾性，进而自然数的无矛盾性被解释为集合论的无矛盾性。

一句话，整个数学的严格性被建立在集合论基础之上了。因而在 19 世纪、20 世纪之交时，康托尔的集合论已由丑小鸭变成白天鹅，登堂入室成为数学中心的中心、基础的基础。所有问题都归于集合论与集合论的融贯性。无穷集合论，康托尔的这一杰出工作，为数学家们找到了营造数学大厦的可靠基石。

数学家们为这一切而陶醉。在 1900 年第二次国际数学家大会上，著名数学家庞加莱兴高采烈地宣布"……借助集合论概念，我们可以建造整个数学大厦……今天，我们可以说绝对的严格性已经达到了……"，这表达了数学家们当时欣欣自得的共同心情。无穷集合，成了数学的伊甸园。

第 **14** 章
一波三折：
第三次数学危机的出现

当数学家们在无穷集合的伊甸园中优哉游哉，并陶醉于数学绝对严格性的时候，一个惊人的消息迅速传遍了数学界："集合论是有漏洞的！"这就是英国数学家罗素提出的罗素悖论。

罗素悖论与第三次数学危机

罗素（1872—1970）是英国数学家、哲学家。

罗素出生于一个贵族家庭，父母早亡，两岁时母亲去世，三岁时父亲也去世，于是罗素与祖父祖母生活在一起。祖母对他童年和青少年时期的发展有过决定性的影响，她曾用一条箴言告诫罗素"你不应该追随众人去作坏事"，而罗素一生都努力遵循这条准则。

罗素少年时未被送到学校去学习，而只是在家里接受保姆和家庭教师的教育，他的童年和少年时代是孤独的。由于一个叔叔的影响，他从小就对科学产生了兴趣。在哥哥的帮助下，他 11 岁时开始学习欧氏几何，这是他智慧发展的重要转折。在《自传》中他追忆道："这是我生活中的一件大事，犹如初恋般的迷人。"

1890 年 10 月，罗素考入剑桥大学，在三一学院学习数学和哲学。在此期间，他结识了当时剑桥大学的数学讲师怀特海等人。1895 年他在剑桥三一学院获研究员的职位。20 世纪初，他发现著名的罗素悖论，引发了一场新的数学危机。其后十多年间，他投身于数学基础与数理逻辑的研究，以期摆脱悖论并重建数学的基础。

从 1916 年至 20 世纪 30 年代后期，罗素以写作和公开演讲为生。1920 年，他曾应邀到中国讲学一年，给我国哲学界以很大的影响。作为一位蜚声国际的哲学家，他用"逻辑原子主义"来称呼自己的哲学。他比较通俗的《西方哲学史》《西方的智慧》在我国哲学爱好者中有着广泛的影响。

20 世纪 50 年代后，罗素从哲学转向国际政治，他反对核战争、主张核裁军。由于积极从事政治活动，他晚年享有世界范围的名望。罗素一生曾两次被捕入狱，其原因是伸张民主和参加核裁军运动。

1950 年，罗素获得诺贝尔文学奖。诺贝尔奖金委员会在授奖时称他为"当代理性和人道的最杰出的代言人之一，西方自由言论和自由思想的无畏斗士"。

罗素悖论

罗素发现著名的集合论悖论是在 1901 年，他后来这样追述自己当时的思考历程："一个集合既可能是也可能不是它自身的一个组成成员。比如，由多个茶匙构成的集合显然不是另一个茶匙，而由不是茶匙的东西构成的集合却是一个不是茶匙的东西。似乎有不少正面例证，如所有的集合构成的集合是一个集合……这使我想到了不是自身成员的集合，它们似乎也构成一个集合。于是我问自己，这样一个类是否是它自身的成员？如果它是其自身的组成成员，那么它应该具有由这个集合的定义规定的性质，即它不是自身的成员；而如果它不是自身的一个成员，则它就不具有由这个类的定义规定的性质，因而它必须是自身的成员。于是以上两种情况的每一种均走向自己的反面，从而自相矛盾。"

让我们再简单说明一下罗素的想法。他先想到的是,任何一个集合都可以考虑它是否属于自身的问题,而有些集合属于它本身,有些集合则不属于它本身。随后,罗素考虑后者的全体组成的集合,即罗素构造了一个集合 S：S 由一切不是自身元素的集合所组成。然后罗素问：S 是否属于 S 呢？根据排中律,一个元素或者属于某个集合,或者不属于某个集合。因此,对于一个给定的集合,问是否属于它自己是有意义的。但对这个看似合理的问题的回答却会陷入两难境地。

如果 S 属于 S,根据 S 的定义（S 包含所有不属于自身的集合）,S 就不属于 S；反之,如果 S 不属于 S,同样根据定义（S 包含所有不属于自身的集合）,S 就属于 S。无论如何都是矛盾的。这就是罗素提出并论证的罗素悖论,罗素悖论明确表明康托尔的集合论中包含着逻辑矛盾。

罗素悖论有多种通俗版本,其中最著名的是罗素于 1919 年给出的"理发师的困境"。在某村理发师宣布了这样一条原则：他给所有不给自己刮胡子的人刮胡子,并且只给村里这样的人刮胡子。现在问："理发师是否可以给自己刮胡子?"如果他给自己刮胡子,那么他就不符合他的原则,因此不应该给自己刮胡子；而如果他不给自己刮胡子,那么按原则他就该为自己刮胡子。

罗素在发现这个悖论后极为沮丧："每天早晨,我面对一张白纸坐在那儿,除了短暂的午餐,我一整天都盯着那张白纸。常常在夜幕降临之际,仍是一片空白……似乎我整个余生很可能就消耗在这张白纸上。让人更加烦恼的是,矛盾是平凡的。我的时间都花在这些似乎不值得认真考虑的事情上。"

一年以后,罗素将这一悖论写信告诉了数学家弗雷格。弗雷格回答说,罗素悖论的发现使他惊愕之极。他在自己已处于付印中的《算术的基本规律》第 2 卷连忙加的一个补遗中,写下看到罗素悖论后的伤心反应："一个科学家所遇到的最不合心意的事莫过于在他的工作即将结束时,其基础崩溃了。罗素先生的一封信正好把我置于这个境地。"戴德金也因此推迟了他的《什么是数的本质和作用》一书的再版。

数学悖论与三次数学危机

其实，在罗素之前集合论中就已经发现了悖论。早在 1897 年 3 月，布拉利 – 福尔蒂已公开发表了最大序数悖论。1899 年，康托尔本人也发现了最大基数悖论：取 S 是一切集合的集合，根据我们前面介绍过的康托尔定理，S 的幂集基数大于 S 的基数。但 S 是一切集合的集合，它的基数不可能小于其他集合的基数。当时因为这两个悖论牵涉较为复杂的理论，人们认为可能是由于在其中某些环节处不小心引入的一些错误所致，人们对消除这些悖论也是乐观的，所以它们只在数学界激起了一点小涟漪，未能引起大的注意。

但罗素悖论则不同。这一悖论相当简明，而且所涉及的只是集合论中最基本的方面，以至几乎没有什么可以辩驳的余地，这就大大动摇了集合论的基础。由于集合论概念已经渗透到众多的数学分支，并且实际上集合论已经成了数学的基础，因此集合论中悖论的发现自然引起对数学整个基本结构有效性的怀疑。所以，罗素悖论一提出就在当时的数学界与逻辑学界引起了极大震动。"绝对严密""天衣无缝"的数学，又一次陷入了自相矛盾与巨大裂缝的危机之中。原本已平静的数学水面，因罗素悖论这一巨石的投入，又一石激起千重浪，令数学家们震惊之余有些惊慌失措，这就导致了数学史上所谓的"第三次数学危机"。

一连串悖论

罗素的悖论发表之后，许多以前被看作消遣性智力游戏的古老悖论进入了数学家的视野。这类悖论中最古老又最有名的是说谎者悖论。

公元前 4 世纪，古希腊哲学家欧布里德提出这样一个命题："我现在说的是一句假话。"我们现在来看一下他的这句话是真话还是假话。

如果说它是假话，我们就会推出这句话不是假话，是真话，矛盾。如果说它是真话，我们就会由原话得出这句话是假话，仍然矛盾。因而，无论我们承认欧布里德的话是真还是假，我们都将陷入矛盾中。对这一令人困惑的命题，人们称为"说谎者悖论"。

这一悖论有许多改头换面的形式，我们再来欣赏几个。

例1

哥：我那弟弟啊，真不老实，总爱撒谎，你听，他下面讲的话就是假的。

弟：亲爱的哥哥，你说了真话！

例2

一国王定了一个法规：进其禁地者若讲真话则杀头，若讲假话则淹死。一天，一个因违反其法规的人被带到国王面前接受惩罚。这个聪明人说："我是来被淹死的。"

例3

塞万提斯在《堂吉诃德》中也提出了类似悖论：有一位贵人的封地给一条大河分成两半，河上有一座桥，桥的尽头有一具绞架。封地的主人也是河和桥的主人，他制定了一条法令："谁要过桥，先得发誓声明到哪里去，去干什么。如果说的是真话，就让他过去；如果撒谎，就判处死刑，在那里的绞架上处决，绝不饶赦。"一次，有人来到这里发誓声明说，他过桥没别的事，只求死在那具绞架上。那么，应该如何处置这个人呢？如果绞杀他，他的誓言就是真的，凭制定的法令，该让他过桥；如果不绞杀他，他的誓言就是谎话，凭同一法令，该把他绞杀。

例4

一张卡片，正面写着"反面写的那句话是真的"，而反面则写着"正面那句话是假的"。那么，正面那句话是真是假？

例5　无名氏悖论：请不要理睬这个声明！

在古老悖论受到重视的同时，人们又发现一系列新的悖论。我们也举两例。

例 6　理查德悖论

1905 年，法国一位中学教师理查德发表了一个悖论，后被称为理查德悖论。这一悖论有各种表述形式。我们介绍其中一种。

自然数有各种不同的性质，比如有的数能被 2 整除是偶数，有的是素数，有的是完全数等。现在将自然数的性质编号，并表示为：

$$a_1, a_2, a_3, \cdots, a_n, \cdots$$

有的自然数 n 恰好具有性质 a_n，这样的自然数称为"非理查德数"，否则称为"理查德数"。比如 a_4 代表"能被 2 整除的性质"，因为 4 恰为偶数，那么 4 就是一个"非理查德数"；a_9 代表素数性质，因为 9 不是素数，那么 9 就是一个"理查德数"。这样，所有自然数分为了"理查德数"与"非理查德数"。现在考虑理查德数本身，它也是自然数的一种性质，即"与对应的编号所代表的性质不相符的自然数"，我们可以把这个性质记为 a_m，现在的问题是：自然数 m 是否为理查德数？容易发现，这一数为"理查德数"，当且仅当它不是"理查德数"。无论如何都矛盾。

例 7　格里林悖论

1908 年，格里林提出一个悖论：如果一个形容词所表示的性质适用于这个形容词本身，比如"黑的"两字的确是黑的，"中文的"一词的确是中文的，这类形容词称为自适用的。反之，一个形容词如果不具有自适用的性质，就叫作非自适用的。比如，"红的"两字并非红的，"英文的"一词并非英文的。现在我们来考虑"非自适用的"这个形容词，它是自适用的还是非自适用的呢？如果"非自适用的"是非自适用的，那么它就是自适用的；如果"非自适用的"是自适用的，那么按照这词的意思，则它是非自适用的。无论如何都导出矛盾。

格里林悖论在表述形式上与罗素悖论相似。但与罗素悖论归于逻辑 – 数学悖论不同，格里林悖论被归于语义学悖论。这种悖论与语言的使用有关，是借助语义学的概念构成的。我们上面刚刚介绍的说谎者悖论、理查德悖论也都属于语义学悖论。

　　这些逻辑悖论与语义学悖论简单到任何人都能理解。如果放在 20 世纪以前，人们最多把这些当作有趣的无关紧要的话题，根本不会在实在的重要场合中提到它们。然而，进入 20 世纪，人们却发现这些悖论已深入到数学与逻辑内部，揭示了整个逻辑和数学内在的深刻问题，从而上升为某种本质的东西，这就使得整个数学界不得不去关心如何解决这些悖论了。

悖论分析与解决途径

　　各种悖论相继提出并产生了第三次数学危机后，众多数学家开始分析悖论产生之因，并寻求消除悖论的解决方案。当回顾这段历史时，我们不得不说，悖论的出现，尤其是引起普遍关注，实在是恰逢其时。设若早几年出现这样的事情，康托尔的反对派手中将增添一件极具杀伤力的武器。康托尔的集合论能否幸存下来都很难预料了。好在，悖论出在集合论已赢得了大量同盟军的时刻。在这种情况下，固然会有反对派借题发挥，要求取消集合论。但更多的却站在保卫集合论的立场上，迅速投入到解决危机的工作之中。

　　对悖论产生之因，康托尔认为在于使用了太大的集合。康托尔指出：我们应把集合区分成相容的和不相容的。也就是说，不能把太大的集合看成是一种真正的集合。他说："那种把其所有元素联合起来的假设可能导致矛盾。"康托尔的这种区分法预示了冯·诺依曼在 1925 年引进的集合和类的区别。

具体来说，这种太大集合的引入是由于康托尔集合论中构造集合时使用的概括原则有问题。这一原则是说，所有满足某种性质的元素可以合在一起构成一个集合。因而，对概括原则做某种限制成为消除悖论的一种可以选择的方式。

1905 年，理查德在提出其悖论的同时，提出一种思想：一个集合不能包含那种只能借助于这一集合本身才能定义的对象。1906 年，法国著名数学家庞加莱在对悖论进行研究后采纳了这一想法。他指出，许多已有悖论的根源与非直谓定义有关。所谓"非直谓"就是说：被定义的对象被包括在借以定义它的各个对象中，也就是借助一个整体来定义属于这个整体的某个部分。例如，考虑罗素的理发师悖论：用 M 标识理发师，用 S 标识所有成员的集合，则 M 被定义为 "S 的给并且只给不自己刮胡子的人刮胡子的那个成员"——理发师的定义涉及所有的成员，并且理发师本身就是这里的成员——定义的循环性质是显然的。简言之，x 是类 A 的一个成员，但定义 x 时又需要依赖于 A，显然这种定义具有循环或说"反身自指"的特征。既然问题出在具有循环性质的非直谓定义上，因此不允许有这种定义便是一种解决集合论已知悖论的办法。但这种解决办法也存在一个大问题，因为人们发现在微积分理论中，一些基本概念的定义也都属于这种非直谓定义。因此，如果完全排除非直谓定义，那么许多已有的数学理论就要做大的修改。

对悖论做出分析，并从原则上确定消除悖论的方法是通向解决问题的第一步。下一步则是如何在数学中贯彻相应的原则，完善集合论，改造数学。在这方面，数学家们也是八仙过海，各显其能。我们这里先介绍一种被证实极为有效的途径：集合论的公理化方案。1908 年，数学家策梅洛沿这一方向做出了第一次成功的尝试。

公理集合论

策梅洛（1871—1953）是德国数学家。

策梅洛的父亲是一位大学教授。策梅洛从小在柏林读书。1889 年大学毕业后，他在柏林、哈雷等地钻研数学、物理和哲学。1894 年策梅洛在柏林获得了博士学位，1899 年执教于哥廷根大学，在此期间受到大数学家希尔伯特的影响，转向数学基础研究。1899 年，策梅洛早于罗素发现了罗素悖论。不过，他只将这一悖论告诉希尔伯特，没有公开发表。1904 年，他研究康托尔的良序问题，并于 9 月发表论文《每一集合都能够被良序地证明》，证明了康托尔提出但没有解决的良序假设，使之成为一条定理：良序定理。这一问题的解决使他声名鹊起。1905 年 12 月，他被哥廷根大学任命为教授。1908 年，策梅洛发表著名论文《关于集合论基础的研究》，建立了第一个集合论公理体系，用集合论公理化的方法消除了罗素悖论。1916 年至 1926 年，因健康不佳，策梅洛移居黑森州。为了表彰他在集合论基础方面的成果，并让他能好好休养，希尔伯特从他创办的沃尔夫斯可尔基金的利息中奖给策梅洛 5000 马克。

下面我们来介绍一下他所建立的第一个集合论公理系统。在标志这一系统建立的 1908 年论文开篇，策梅洛写道："集合论是这样一个数学分支，它的任务就是从数学上以最为简单的方式来研究数、序和函数等基本概念，并借此建立整个算术和分析的逻辑基础；因此构成了数学科学的必不可少的组成部分。但是在当前，这门学科的存在本身似乎受到某种矛盾或者悖论的威胁，而这些矛盾和悖论似乎是从它的根本原理导出来的。而且一直到现在，还没有找到适当的解决办法。面对着罗素……的悖论……康托尔原来把集合定义为我们直觉或者我们思考的确定的不同的对象作为一个总体，肯定要求加上某种限制……我们没有别的办法，而只能尝试反其道而行之。也就是从历史上存在的集合论出发，来得出一些原理，而这些原理是作为这门数学学科的基础所要求的。这个问题必须这样地解决，使得这些原理足够地狭窄，足以排除掉所有的矛盾。同时，又要足够地宽广，能够保留这个理论所有有价值的东西。"

策梅洛前面的话对当时集合论的处境做了简要回顾，而最后一句则表明了他在处理悖论时的基本立场。在贯彻这一立场中，策梅洛把集合作为不加定义的原始概念，它具有公理所规定的性质。这样，只要对公理适当地加以选择，就可以做到既使新建立的集合论能成为整个数学的基础，同时又确保新的理论不会导致悖论。为此，在这篇论文中，他给出了 7 条公理。

Ⅰ **外延公理**，对于两个集合 S 与 T，若 S⊆T，且 T⊆S，则 S = T。这就是说，每一集合都是由它的元素所决定的。

Ⅱ **初等集合公理**，存在一个没有元素的集合，并称它为空集合；对于对象域中的任意元素 a 与 b，存在集合 $\{a\}$ 和 $\{a,b\}$。

Ⅲ **分离公理**，假如对集合 S，命题函数 $p(x)$ 是确定的，那么就存在集合 T，它恰好只包含那些 $x \in$ S 使得 $p(x)$ 为真。

Ⅳ **幂集合公理**，如果 S 是一集合，则 S 的幂集合仍然是一集合，换言之，一集合 S 的所有子集合仍然组成一集合。

Ⅴ **并集合公理**，如果 S 是一集合，则 S 的并仍然是一集合。

Ⅵ **选择公理**，如果 S 是不空集合的不交集合，那么存在 S 的并的一子集合 T，它与 S 的每一元素都恰好有一个公共元素。

Ⅶ **无穷公理**，存在一集合 Z，它含有空集合，并且对于任一对象 a，若 $a \in$ Z，则 $\{a\} \in$ Z。（策梅洛设计这一公理，是为了保证一个无限集是可以构造的。）

在策梅洛的这种处理下，集合论变成一个完全抽象的公理化理论。在这样一个公理化理论中，集合这个概念不加定义，它是满足上述 7 条公理的条件的"对象"。策梅洛所要做的是，通过引进适当的公理对集合做出恰当的限制，使之不太大，从而避免所有"对象"、所有序数等说法，这就消除了罗素悖论产生的条件。简言之，他通过这些公理一方面保存了康托尔集合论中概括原则的合理部分，另一方面则剔除了由概括原则所能引出悖论的不合理部分。

对策梅洛公理系统的反应是混和的。一方面，由于这一公理化集合系统很大程度上弥补了康托尔集合论的缺陷，把原本直观的集合概念建立在严格的公理基础之上，并避免了悖论的出现，从而使集合论发展到公理化集合论阶段（1908 年以前由康托尔创立的集合论后被称为朴素集合论），它受到人们理所当然的称赞，认为意义非常重大。另一方面，因为这一公理系统被发现有许多缺点，所以许多人提出批评、改进意见。弗兰克尔（1891—1965）和斯科兰姆（1887—1963）独立地指出了上述分离公理中命题函数的"确定"性是不严谨的，对此的改进建议是把公理以符号逻辑表示出来。他们还指出，分离公理不能保证把那些有意义的合理的集合都刻画出来，这样策梅洛的公理系统就因太狭窄，而不足以满足对集合论的合法需要。为弥补这个缺陷，弗兰克尔建议增加一个替换公理。1925 年，冯·诺依曼又做了进一步补充，提出正则公理：每一不空集合 **S** 都含有一元素 **T**，使得 **T** 与 **S** 没有公共元素。

1930 年，策梅洛采纳了弗兰克尔、斯科兰姆和冯·诺依曼的建议，对原公理体系加以严格处理及补充（加入了替换公理与正则公理两条新公理），从而得到更为严谨的集合论公理系统。现在这一公理系统通常称为策梅洛－弗兰克尔公理系统，并取策梅洛、弗兰克尔名字的首字母记做 ZF；或称为策梅洛－弗兰克尔－斯科兰姆公理系统，同样取三人名字的首字母记作 ZFS。

介绍到这里，我们还要对公理系统中非常重要的选择公理做必要的补充说明。

选择公理用笼统的话来说就是指：给定一个集合，如果它的各个子集都不是空集，而且彼此间都没有共同元素，那么至少存在这样一个集合，它与给定集合的各个子集都恰好有一个公共元素。这也就是说，对于任一由彼此不相交的非空集组成的集合而言，都存在一个选择函数，这一函数由这一集合的每一子集中选出一个"代表元素"而组成。

在数学发展中，虽然在 19 世纪人们已开始注意到这一命题，但很长时间内都没有明确提出它。策梅洛在 1904 年的那篇论文中，为了证明良序定理，第一次给出了清晰、严谨的选择公理的明确陈述。它在定理证明中体现出的重大价值，马上引起人们对它的广泛注意。但这一公理提出伊始，就引起许多著名数学家的非议。选择公理是否有效呢？这问题引发了广泛的争论，人们发表了不同的见解。这种争论甚至一直到现在还在激烈地进行着。至今选择公理是否具备充当数学公理的资格，仍无定论。为了在公理系统中特别标识出人们对选择公理的取舍态度，现在一般把不包括选择公理的策梅洛等人的公理体系记作 ZF，而把加进选择公理的公理体系记作 ZFC（选择公理，英文是 Axiom of Choice，缩写为 AC，这里简写为 C）。

在策梅洛开创了集合公理系统研究后，许多数学家纷纷仿效提出了另外几套公理系统，其中比较常用的一种是由冯·诺依曼开创的。

冯·诺依曼（1903—1957）是历史上著名的神童之一，他很早就显示出超人的记忆力和理解力。传说他 6 岁能心算 8 位数除法，8 岁掌握了微积分。10 岁时，他的过人才智引起老师注意，觉得让他接受传统的中学教育是在浪费时间，应该对他进行专门的数学训练，使其天才得到充分发展。于是，他被推荐给一位大学教授，这位教授安排助教对他进行家庭辅导。1921 年冯·诺依曼通过中学毕业考试时，已被公认为前途远大的数学新秀。他后来在诸多领域都做出了划时代的贡献。他是著名的物理学家，更多地以"计算机之父"而闻名，但在数学方面的巨大成就也使他成为 20 世纪最杰出的数学家之一。就数学而言，他涉及范围也非常广泛。我们所提到的仅限于他在数学基础方面的工作。

开辟公理化集合论的第二个系统是冯·诺依曼年轻时完成的一项工作。1925 年，在与弗兰克尔探讨的基础上，他完成了一篇介绍性文章"集合论的一种公理化"。正是在这一后来成为他博士毕业论文的文章中，冯·诺依曼开创了一种新的公理体系。这一体系后来由贝耐斯、哥德尔加以改进、简化，称为 NBG 系统（有时简称为 BG 系统，N 代表冯·诺依曼，B 代表贝耐斯，G 代表哥德尔）。

NBG 系统与 ZF 系统的主要差别表现在排除悖论的方式上。在 ZF 系统中，是通过限制集合产生的方式来达到目的的，集合被限制在对数学必不可少的那些集合上。

数学悖论与三次数学危机

诺依曼认为，这样施加限制有点过分严格，使得数学家在论证过程中失掉一些有时有用的论证方式。

在诺依曼看来，悖论的产生是使用了"所有集合的集合"，所以他通过下面的方法来避免悖论：在"集合"与"属于"之外，引入"类"作为不定义概念，类分为集合和真类，规定真类不能作为类的元素。这样，就排除了由"所有集合的集合"产生悖论的可能性。

现已证明，NBG 系统是 ZF 系统的扩充。到今天，NBG 系统仍是集合论最好的基础之一。除了这两个最重要的集合论公理系统，还有好几个公理系统，但是它们的用途远不如 ZF 和 NBG 系统。

随着公理化集合系统的建立，集合论中的悖论被成功排除了，因而从某种程度上来说，第三次数学危机比较圆满地解决了。但在另一方面，罗素悖论导致的第三次数学危机对数学而言有着更为深刻的影响。它使得数学基础问题第一次以最迫切的姿态摆到数学家面前，导致了数学家对数学基础的研究。围绕于此，数学舞台上上演了一出惊心动魄的大论战。

第15章
兔、蛙、鼠之战

罗素悖论及一系列悖论的出现，使许多数学家对集合论乃至整个数学的基础产生了疑虑。这一疑虑并没有随着集合论公理化体系的建立而消除。许多数学家相信这次危机涉及数学的根本，必须对数学的基础加以严密地考察。在这种考察过程中，不同数学家从不同的角度对数学基础提出了自己的意见。这使得从 1900 年到 1930 年左右，众多数学家卷入到一场大辩论当中。原来不明显的意见分歧逐渐扩展成学派的争论，以罗素为代表的逻辑主义、以布劳威尔为代表的直觉主义与以希尔伯特为代表的形式主义三大学派应运而生。有人曾戏谑地把罗素喻为兔子、布劳威尔喻为青蛙、希尔伯特喻为老鼠，因而我们把三派的这场大论战称为"兔、蛙、鼠之战"。

逻辑主义

逻辑主义的代表人物是德国逻辑学家弗雷格（1848—1925）和英国著名哲学家、逻辑学家罗素。

逻辑主义在基础问题上的研究出发点是对于已有数学基础工作的不满。在他们之前，数学算术化的最终结果是把全部数学的可靠性归结到皮亚诺的 5 条算术公理的可靠性及逻辑法则的有效性。但是，这些公理为什么是可靠的呢？他们认为自然数理论并不能看成是全部数学的最终基础。他们认为，数学基础的研究不应停留于"数学算术化"，而应进一步寻找"更为一般的概念和原则"，他们从逻辑中找到了他们所需要的。以这些看法为前提，他们认为数学的可靠基础应是逻辑，并从这种立场出发，提出了"将数学逻辑化"的基础研究计划。这就是：

（1）从少量的逻辑概念出发，去定义全部（或大部分）的数学概念；

（2）从少量的逻辑法则出发，去演绎出全部（或主要的）数学理论。

总的来说，逻辑主义者在数学基础问题上的根本主张，就是确信数学可以化归为逻辑。他们希望先建立严格的逻辑理论，然后以此为基础去开展出全部（至少是主要的）数学理论。他们确信，一旦完成了这些工作，数学就会被奠基在一个"永恒的、可靠的"基础之上，从而数学的可靠性问题也就彻底解决了。

弗雷格最早明确提出了逻辑主义的宗旨，并为实现它做出了重大的贡献。

弗雷格在学术生涯的第一阶段，从事纯逻辑研究。在随后的阶段，弗雷格开始形成逻辑主义观点，即认为算术理论可以建立在逻辑的基础上。需要指出，弗雷格事实上是把集合理论看成属于逻辑范畴的，因此他所要做的是从朴素集合论出发去开展全部数学理论。对他来说，首要的问题是如何定义自然数。在集合论基础上，他完成了这一工作。在他的定义中，集合的基数（即自然数）是可以与之建立一一对应的集合的集合。比如 3 可定义为"一切三元组"的集合。借助这一定义，自然数的概念被化归成了逻辑的概念；自然数的理论也就可借助于这一定义和逻辑得以建立。于是，所有算术概念都可用逻辑概念得到定义，所有算术法则也都可以借助于逻辑的法则得到证明，算术理论"逻辑化"的工作就这样完成了。再进一步，弗雷格打算从逻辑出发展开除几何以外的全部数学。这就是他于《算术基本定理》一书中打算完成的事情。在他看来，由于逻辑的原则是完全可靠的，因此一旦完成了这一工作，数学"就被固定在一个永恒的基础上了"。然而，当此书第 2 卷即将问世之时，罗素的信"及时"寄到了。因为罗素悖论动摇了集合论的根基，所以建立在集合论之上的弗雷格基础研究工作的意义从根本上被否定了。弗雷格陷入极大的困惑，在消沉中度过了十多年，并最终放弃了他所倡导的逻辑主义的立场。

不过，逻辑主义的火种没有因此而熄灭，因为罗素接过了火炬。他同样确信，在数学与逻辑之间完全划不出一条界限，二者实际上是一门学科。对此，罗素有一个生动的说法：逻辑与数学的不同就像儿童与成人的不同，逻辑是数学的少年时代，数学是逻辑的成人时代。

罗素大约是在 19 世纪末开始逐渐形成逻辑主义观点的，其中与意大利数学家与逻辑学家皮亚诺的接触起了重要的促进作用。"在我学术生命中最重要的一年是 1900 年，而这一年中最重要的事是我去参加巴黎的国际哲学会……1900 年在巴黎，皮亚诺和他的学生们在一切讨论中所表现出来的，为他人所没有的精确性，给了我深刻的印象。"

罗素意识到数理逻辑对于数学基础研究的重要性，他立即学习了皮亚诺的技术，从而找到了为实现"把数学化归为逻辑"这一目标所必需的工具。随后，他开始运用皮亚诺的技术考虑数学基础问题。1900 年的最后 6 个月成了罗素"智力活动的蜜月"。7 月，他遇到皮亚诺；9 月，罗素和怀特海一起，天天讨论数学的基本概念，多年来的问题好像一下子全解决了；10 月一开始，罗素就坐下来写书；1900 年的最后一天，罗素完成了著名的《数学原则》。这一著作的主要目的就是阐明逻辑主义的根本宗旨，即："关于纯粹数学所唯一讨论的，只是那些可以借助很少的基本逻辑概念而予以定义的概念，以及纯粹数学中的所有命题都可以从很少的基本逻辑原则出发而得到演绎的证明。"罗素确信自己的目标是可以完成的，然而当罗素本人满怀信心去具体实施自己的计划时，他发现了罗素悖论。因为和弗雷格一样，罗素也认为集合的理论属于逻辑的范畴，于是他不得不喝下亲手酿制的苦酒。横亘在逻辑主义者面前的悖论，阻挡了他们继续前进的步伐，如何消除悖论成了当务之急。

从罗素悖论提出起，逻辑主义的研究进入了一个新的时期。他们所面临的不仅是如何由逻辑出发开展全部数学的问题，而且同时还必须防止悖论的出现。1903、1904两年，罗素差不多完全致力于这一件事，并最终看到了一线曙光。在 1903 年出版的《数学原则》①后面，他加了一个约 6 页的附录，尝试性地提出类型论作为解决悖论的方案。

随后的几年，罗素还思考了非类型论的解决方案，但他最终还是放弃了。1906年，庞加莱分析悖论时指出悖论的产生与非直谓定义有关。受此启发，罗素指出一切悖论都来源于某种"恶性循环"，而恶性循环又源于某种不合法的集体（或总体或全体），其不合法之处在于，定义它的成员时，要涉及这个集体的整体。罗素悖论是最明显的例子。所以要避免悖论，只需遵循"（消除）恶性循环原理""凡是涉及一个集体的整体的对象，它本身不能是该集体的成员"。从这一思想出发，罗素回到类型论，并重新进行了细致研究，提出了他的分支类型论。

为了将自己的想法真正贯彻到数学中，罗素请怀特海予以帮助。后来，两人在进行了极其艰苦的工作后，作为努力结晶的三卷本巨著《数学原理》②终于在1910 ~ 1913 年陆续出版了。在回忆完成这一结晶的岁月时，罗素写道："我们中的任何一个人都不能单独完成这一著作。甚至在一起，通过相互讨论来减轻后，这一负担也是如此的沉重，以致在最后，我们都以一种厌恶的心情来回避数理逻辑了。"

罗素确信，随着这堂堂大著的问世，不但悖论被消除了，而且他的逻辑主义的目标也实现了。我们先来看看他是如何消除悖论的。

罗素提出的方案是，按照对象的类别将集合划分成不同的类。例如，属于 0 类的是定义域中的对象即个体；属于第 1 类的是个体的集合；属于第 2 类的是第 1 类中的集合的集合，即个体的集合的集合，等等。对类的划分，罗素给出基本原则：每一集合都必须从属于确定的类；对于命题的组成来说，只有关于"某一类的对象是否属于

---

① *The Principles of Mathematics*，罗素著，1903 年出版。——编者注
② *Principia Mathematica*，三卷本，怀特海、罗素著，1910 年 ~ 1913 年出版。——编者注

仅次于它的那一类的集合"这样的表达式才有意义。因此，像"$A \in A$"这样的表达式是无意义的。

除类的划分外，在分支类型论中还必须按照定义的方式将同一类中的集合划分为不同的级。一般来说，那些在定义中没有涉及"所有集合"的集合是第一级，那种在定义中涉及"第一级的所有集合"的集合属于第二级……以此类推。

罗素指出，如果不具体说明所考虑的级和类，那么那种涉及"所有集合"的表达式是无意义的。因此，在罗素的这一理论中，每一集合都属于一定的类和级。由于级的划分是在类中进行的，因此这一理论就称为"分支类型论"。罗素深信，只要严格地按照分支类型论的要求来开展数学，悖论就可以得到避免。数学家们肯定了罗素的这一确信：悖论通过这种精心设计的、使用起来很不方便的分层结构的确得以避免了。

然而，消除悖论只是迈出了第一步。对逻辑主义者而言，关键是从逻辑出发逐步建立起全部（或至少大部分）数学理论。罗素对此也充满自信，如其所言："从逻辑中展开纯粹数学的工作，已经由怀特海和我在《数学原理》一书中详细地做出来了。"而且，在他看来，逻辑等同于纯粹数学在这本著作中已经得到了证明："在这些结果中我们发现没有地方可以划一条明确的界线，使逻辑与数学分居左右两边。如果还有人不承认逻辑与数学等同，我们要向他们挑战，请他们在《数学原理》的一串定义和推演中指出哪一点他们认为是逻辑的终点，数学的起点。很显然，任何回答都将是随意的，毫无根据的。"

为了把数学建立在逻辑基础上，罗素、怀特海在书中一开始先提出几个不加定义的概念（基本命题、命题函数、断言、蕴涵等）和一些逻辑的公理，由此推出逻辑规则。下面一步是用逻辑概念推出"数"。在避免出现悖论的前提下，罗素成功了，但过程极为烦琐费力，一直到《数学原理》第 1 卷的第 363 页才推出"1"的定义（对此，庞加莱曾挖苦说："这是一个可钦可佩的定义，它献给那些从来不知道 1 的人"），而在

第 2 卷他又费了很大力气证明 $n \times m = m \times n$。在经过复杂地推演，并不得不追加一条"无穷公理"后，罗素终于将皮亚诺的 3 个基本概念和 5 条基本命题归约为逻辑概念和公理。为了进一步推演出经典数学较高等的部分，罗素在自然数的基础上定义了正数、负数、分数、实数和复数的概念。罗素还用类似的方法引进了其余的数学概念，如分析学中的收敛、极限、连续性、微分、微商和积分等概念，以及集合论中的超限基数、序数等概念。就这样，从纯逻辑开始，中间是简单而直接的步骤，以清楚明白的数学为结束，罗素在其逻辑系统的基础上，具体地、系统地展开从逻辑构造出数学的工作，一步步地将经典数学推演出来了。这确实是数学基础研究中的一个重大成就。

一直对逻辑主义不赞同的庞加莱在罗素悖论产生后，曾挖苦说："逻辑主义的理论倒不是不毛之地，什么也不长，它滋长矛盾，这就更加让人受不了。"罗素的努力成果算是有力地反驳了这一嘲弄。但他的工作是否完全符合他所持的"将数学还原为逻辑"的宗旨呢？他把数学化归为逻辑的目标是否真正实现了呢？

回答这个问题，要搞清的是：什么是逻辑的概念和命题。严格而言，逻辑命题应是其中没有提到任何特殊的东西或性质的命题；而逻辑真理则是那些"之所以为真，完全是由于它的形式"的命题。依照这种理解，《数学原理》中被罗素看作逻辑公理的有的其实并不能看作逻辑公理。其中最重要的是"无穷公理"。这一公理对于数学理论的展开是必不可少的，如果没有这一公理，"所有高级数学就要垮台"。然而，这一公理却只能通过经验来证明或驳斥，并非纯形式的，而是一种关于外在事实的断言。事实上，无穷公理被公认是属于集合论的。

实际上，无论是弗雷格还是罗素，都是把集合理论看成逻辑并以此开展全部数学理论的。因此，问题的归结点集中在：集合理论是否是逻辑。在这个问题上，人们大都否认集合论是逻辑。

退一步，如果像罗素等那样认为集合论属于逻辑范畴，那么能否可以说，从逻辑出发开展全部已知数学理论的目标实现了呢？逻辑主义者还面临着更多的困境。

为了排除悖论，罗素采取了分支类型论的做法。而按照类型划分的原则，分数 $\frac{n}{1}$ 与自然数 n 应分属于不同的类，因为前者是分数，而分数是以自然数为基础而构成的，高于自然数类。同样，自然数中的 0、有理数中的 0 和实数中的 0 成了各不相同的，等等。这样，数学家们必须在各个不同的层次上"独立地"去从事数学研究。这种重复显然让人不胜其烦。罗素划分级的方案带来了更大的困难。如果严格按照级的划分原则，像"所有的实数……"的命题都变得无意义了，因为在实数中也必须区分不同的级。这样，别说发展已知的全部数学理论，就是全部实数理论也无法建立起来。

为了解决这些问题，罗素后来提出特别可疑的"类型含糊原则"与"可化归原理"，以穿透层与层之间竖立起来的壁垒。前者认为对于某些结论，可以不去具体地弄清其中所涉及的对象所从属的类型，而只是假设它们都从属于适当的类。后者是指，一个类中较高级次的性质可以化归为同一类中较低级次的性质。不难想象，这种解决方式会赔给反对者多少口实了。

除此之外，还有一个更深入的问题是，按照分支类型论的做法能真正建立起全部的数学理论吗？当时，罗素满足于从"逻辑"（按罗素理解的包含集合论的逻辑）出发，去建立在他们之前已经发展起来的数学理论。他并没有试图去证明"所有的数学都可以在他们的系统中得到发展"。事实上，这一问题在后来希尔伯特的工作中才得到明确的表述和足够的重视。这就是系统的完备性问题。数理逻辑的进一步发展（哥德尔的不完备性定理）则证明了，任何足够丰富的无矛盾的形式系统都是不完备的，从而也就不可能从逻辑主义的系统发展出全部的数学理论——这都是后话了。

从更一般的角度来说，逻辑主义试图为数学奠定一个绝对可靠基础的想法站不住脚。事实上，他们的工作实质上只是把关于整个数学理论真理性的考虑压缩到集合论。然而，集合论无法做出纯逻辑的解释，因此逻辑主义者寻求数学基础的基底就建立在关于集合的直觉上。这是用一种直觉代替另外的直觉（算术的直觉、几何的直觉）。

数学悖论与三次数学危机

"我所一直寻找的数学的光辉的确定性在令人困惑的迷宫中丧失了"，"寻找完美性、最终性和确定性的希望破灭了"，罗素本人最后承认道。

事实上，由于他们的努力是从抹杀数学与逻辑之间的质的区别开始的，这决定了他们的失败是不可避免的。然而，虽然他们因数学哲学观的错误，未能实现自己的目标，但其成员在数学和逻辑的发展中仍然做出了极为重要的贡献。正如有人所评价的：

"不能由此以为逻辑主义是不结果实的花朵。应该记住两件重要的事情。一件事情是数学的词汇归约成了一个令人惊奇的简单的原始词汇的表，而所有这些原始词汇都属于纯逻辑的。另一件事是使现有的全部数学建立在一个比较简单的统一的公理和推理规则的系统的基础上。如果说……数学的原始基础的归纳确实是可以通过不同的方法来实现，那么无论如何，这个归纳的第一范例是由逻辑主义者完成的。"

"《数学原理》仍然是一个里程碑式的成就，它一劳永逸地证明了，在一个符号逻辑系统中对数学进行完全地形式化是绝对可行的。类型论至今仍是数理逻辑中主要的系统之一。"

分支类型论是"人类思想迄今所建立过的、最复杂的概念迷宫中的一个"。

确实，罗素等逻辑主义者的历史功绩是不可磨灭的，是他们为数学奠定了逻辑基础，在一段时期内，《数学原理》是一部引导数学逻辑家的经典，至今它还有一定的意义。另外，正是由于他们的工作，数学基础的研究深入了。这首先是指数学理论的系统化和公理化方法的研究：《数学原理》为全部已知的数学理论的系统化做出了一个样板，而这为数学基础问题的进一步研究，特别是为希尔伯特在这方面的工作提供了必要的基础。从这种意义上而言，后面我们将要介绍的形式主义是对罗素逻辑主义的继承与发展。

不过，我们还是暂时放下形式主义，看看按照历史顺序出现的一个与逻辑主义者针锋相对的学派：直觉主义。

直觉主义

当罗素为古典数学寻找一种逻辑基础以避免悖论时，一位优秀的年轻数学家登场了，他说：这一切几乎都是错误的，都应被抛弃。这位打算发动另一场从头开始重建数学的人物就是荷兰数学家布劳威尔。

布劳威尔（1881—1966）出生于荷兰北部港口鹿特丹附近的一个小镇。他很早就显露出与众不同的才华：高中毕业仅仅两年，他就掌握了进入大学预科所必需的希腊文和拉丁文。1897年，他考入阿姆斯特丹大学攻读数学。进入大学后，他很快就掌握了当时通行的各门数学。大学时，布劳威尔接触到了拓扑学和数学基础，并且终生钟爱它们。学习数学的同时，他还对哲学非常感兴趣，尤其热衷于研究神秘主义。1907年，他获得了博士学位，他的博士论文题目是：《论数学基础》。这是他攻读博士学位期间，以极大的热情注视罗素与庞加莱关于数学的逻辑基础的论战后做出的个人思考的小结。后来，这一论文成为阐述其直觉主义观点的代表性著作。

布劳威尔的晚年在"莫须有的经济顾虑和对疾病妄想的恐惧"中度过。1966 年，85 岁的他在穿过自家门前一条街道时被一辆车撞死。

在完成了博士论文后，布劳威尔决定暂时把他备受争议的观点搁置起来，把注意力集中到证明他的数学能力上。他选择的竞技场是当时刚刚兴起的拓扑学领域。

在 1907 年至 1912 年这短短的几年里，布劳威尔完成了数量惊人的 59 篇论文，其中包括许多重要成果，布劳威尔不动点定理就是这一时期他的一个重要贡献。1910年，29 岁的布劳威尔发表这一基本定理时，曾给大数学家希尔伯特留下深刻印象。希尔伯特邀请这位看来前途无量的年轻人加入自己那份著名杂志《数学年鉴》的编委会，后来希尔伯特对此后悔不已。

由于在拓扑学上的出色成就，布劳威尔成为享有世界声誉的数学家。1912 年，他被任命为阿姆斯特丹大学的数学教授，并被推选为荷兰皇家科学院院士。但在 1912 年的就职演说上，出乎人们的意料，他不谈他那颇为得意的拓扑学，反而大讲他对数学基础的新见解。其实，这意料之外的事也在情理之中，因为他只不过是重拾几年前的热情罢了。

在 1912 年后的一段时间，布劳威尔在各种学术刊物上发表一系列论文，宣传和论证自己的观点，从而开创了数学基础研究的直觉主义学派。

我们前面已提到克罗内克可看作直觉主义的先驱。此外，我们多次提到的法国数学家庞加莱算是半直觉主义者，他同样反对实无穷，反对实数集合，反对选择公理，主要因为他认为根本不能进行无穷的构造。虽然在布劳威尔之前，克罗内克和庞加莱等已经提出了一些零散的直觉主义的意见，但直觉主义作为一种学派的形成，仍然要归于布劳威尔。

布劳威尔在数学上开创这一派别，是与他致力于哲学研究分不开的。他在一系列哲学论文里，详尽地阐述了他那具有高度个人特色的哲学见解，而他正是从这样的哲学出发，批判了先前的数学赖以建立的基础。

在 1907 年的论文中，布劳威尔从哲学的立场对逻辑做出评论。他指出，逻辑是从数学派生出来的。他还指出，逻辑隶属于语言，逻辑法则的用处是导出更多的陈述；然而，逻辑绝不是揭示真理的可靠工具，用其他办法不能得到的真理，用逻辑也照样不能推导出来。布劳威尔有一个著名的论断：是逻辑依赖数学，而不是数学依赖逻辑。在他看来，逻辑不过是一种具有特殊的一般性的数学定理。也就是说，逻辑只是数学的一部分，而决不能作为数学的基础。逻辑主义者关于逻辑和数学关系的断言在直觉主义者这里完全被颠倒过来了。

在断然否定了逻辑是人们站立的基地之后，布劳威尔对数学的可靠基础给出了与逻辑主义立场直接对立的回答：只有建立在"数学直觉"之上的数学才是真正可靠的。在他这里，直觉取代了逻辑而成为数学的基础。

如何理解这种数学直觉呢？布劳威尔认为这种直觉来自于时间。他强调了"短暂感觉"，认为它是数学的发端：自我从"短暂感觉"中分离出了不同的感受。这种"短暂感觉"乃是某一生活瞬间分解成不同质的两部分，其中一部分比另一部分先退出了生活，但它们仍然留在记忆里。数学最基础的直觉就是这样的短暂感觉的结构的抽象——抛弃了一切内容的数学抽象。于是，从原始的数学直觉中可以产生所有的有限序数，即潜无限意义下的自然数。

由于确信数学的基础在于数学直觉，而自然数又恰来自于这种直觉。因此，布劳威尔以自然数理论，而不是以集合论为基础来开展他的数学理论。

从直觉主义立场出发，在数学基础研究方面，布劳威尔采取的是激进的立场。在他看来，已有的数学并不都是可靠的，必须按照某种更为严格的要求对此进行全面审查，而且应当毫不犹豫地舍弃那些"不可靠"的概念和方法，代之以新的"可靠"概念和方法。直觉主义的主要特点就在于："我们借助于可信性进行思考。"

在直觉主义眼中，什么才是"可靠"的概念和方法呢？

布劳威尔的回答是：数学概念在"主观直觉上的可构造性"是数学理论可靠性的唯一标准，真正的数学意味着能够通过数学直觉得到构造。从直觉主义观点出发，布劳威尔声称数学的对象是从理智的构造得来的，他坚持所有的定义和命题都必须通过构造来实现，指出数学证明应要求在有限步可以确定到任何需要的精度。在这种观点下，直觉主义者提出了自己的著名口号："存在必须等于被构造。"

在他们看来，悖论在集合论中的出现并不是一件偶然的事情，也不可能通过小修小补就奏效。它实质上是整个数学所感染疾病的一个症状，这种疾病表明已有数学的"不可靠性"问题不能通过局部修改和限制完成，而必须依据"可信性"的标准对全部已有数学进行彻底审查和改造。

直觉主义批判锋芒之所向，许多已有的数学成果、数学方法、传统逻辑法则等都成了被质疑的对象。

布劳威尔否定排中律的有效性。他指出，排中律——间接证明方法的基石——是从有限集合抽象出来的，不能无限制地使用到无穷集合中。这样所有纯粹"存在性的证明"在直觉主义者看来都成了被拒绝的对象。

在无限问题上，他承认潜无限，而不承认实无限。而且，他认为数学无穷集合只有一个基数，即可数无穷，超限数是胡说八道。

由于坚持构造性的立场，由于对传统逻辑法则普遍有效性和实无限概念与方法的否定，直觉主义对于已有数学知识的大部分采取否定态度。它的否定范围是如此广泛，以致如果接受这种观点，那么已有的数学知识将"支离破碎"。但是，直觉主义者认为，这是使数学合理化的必要一步。

不过，直觉主义者并不仅仅是"批判者"，他们也是建设者。他们力图按照他们认为最终可接受的形式来重建数学，即按照"构造性"的标准重建数学。为了从自然数理论出发开展其数学，关键的第一步在于如何依据构造性的标准建立实数理论，以便为微积分理论提供一个可靠的直觉基础。布劳威尔通过提出"实数生成子"，特别是在1918年引进"展形"概念完成了这一工作，对此人们给予了很高评价。不过，直觉主义的目标却远远没有实现。

另外，在数学基础方面，以"直觉上的可构造性"作为数学思想"可信性"的唯一标准也是行不通的。直觉在本质上是主观的和易谬的，因此不可能成为客观数学知识的可靠基础。事实上，对什么是"直觉上可构造的"这一根本性问题，甚至在直觉主义者之间就存在着不同的理解。

在按照自己的纲领对数学进行重建方面，直觉主义者取得了一些成果。这些成果在当作古典数学的补充时，是有益的。然而如果像布劳威尔那样，坚持只有这样的成果才是可靠的，那么数学将丧失它极为可观的宝贵财富，这是绝大多数数学家所无法接受的。在当时，布劳威尔并没有使多少人皈依。好在，这其中有一位大名鼎鼎的人物：外尔。他是希尔伯特的得意门生，也是20世纪最伟大的数学家之一。外尔当时确信，魏尔斯特拉斯等已经建立的处理极限过程的基础是不可靠的，整个大厦"都建立在沙堆之上"。这个怀疑数学基础的人，在与布劳威尔进行了一次深谈后，受到了布劳威尔的蛊惑。他宣称："……布劳威尔，这就是革命。"

一场革命？

"外尔和布劳威尔的所作所为归根结底是在步克罗内克的后尘！他们要将一切感觉麻烦的东西扫地出门，以此来挽救数学，并且以克罗内克的方式宣布禁令。但这将意味着肢解和破坏我们的科学，如果听从他们所建议的这种改革，我们就要冒险，就有可能丧失大部分最宝贵的财富。外尔和布劳威尔把无理数的一般概念、函数，甚至是数论函数、康托尔的超限数等都宣布为不合法。无限多个自然数中总有一个最小的数，甚至是逻辑上的排中律，比如断言或者有有限多个素数，或者有无限多个素数：这些都成了明令禁止的定理和推理模式。我相信，正如克罗内克不能废除无理数一样……外尔和布劳威尔今天也不可能获得成功。不！布劳威尔的纲领并不像外尔所相信的那样是在进行什么革命，他只不过是在重演一场有人尝试过的暴动，这场暴动在当初曾以更凶猛的形式进行，结果却彻底失败了。何况今日，由于弗雷格、戴德金和康托尔的工作，数学王国已经是武装齐备、空前强固。因此，这些努力从一开始就注定遭到同样的厄运。"

发出如此言辞激烈声讨的不是别人，正是高徒背叛后愤怒的希尔伯特——形式主义学派的创立者。

形式主义

大卫·希尔伯特（1862—1943）是德国著名的数学家。

希尔伯特从小喜爱数学，在威廉预科学校读书时，他数学获最高分"超"。老师在毕业评语中写道："该生对数学表现出强烈兴趣，而且理解深刻，他用非常好的方法掌握了老师讲授的内容，并能有把握地、灵活地应用它们。"

1880年秋，希尔伯特进入柯尼斯堡大学攻读数学。在大学期间，对科学的共同爱好把希尔伯特与比他年长三岁的副教授胡尔维茨和比他高一班的闵可夫斯基（日后做过爱因斯坦的数学老师）紧密联系在一起。希尔伯特后来曾这样追忆他们的友谊："在日复一日无数的散步时刻，我们漫游了数学科学的每个角落。"后来，把数学融入谈论成为他特有的风格。一则与之有关的轶事发生在多年之后：人们看到希尔伯特日复一日地穿着破裤子，这让许多人觉得很尴尬，把这种情况得体地告诉希尔伯特的任务落在他的助手柯朗（也是一位极著名的数学家）身上。柯朗知道希尔伯特喜欢一边谈论数学，一边在乡间漫步，于是便邀请他一同散步。柯朗设法使两人走过一片多刺的灌木丛，这时柯朗告诉希尔伯特他的裤子被刮破了。"哦，不是，"希尔伯特回答说，"它几星期前就是这样了，不过还没有人注意到。"

1888 年秋，希尔伯特解决了代数不变量中著名的"哥尔丹问题"，这使他声名初建。他的证明是纯粹的存在性证明，这使它在发表之初遭到了包括哥尔丹本人在内的一批数学家的非议。哥尔丹宣称："这不是数学，而是神学！"但希尔伯特充分相信存在性证明的深刻意义和价值："在我们这门科学的历史发展中，纯粹的存在性证明始终是最重要的里程碑。"正是他与康托尔等的存在性数学思想方法产生的巨大影响，使人们逐渐认识并接受了这种纯存在性证明。虽然围绕着构造性与存在性证明有过许多争论，但这两种方法确实都是数学证明中常用的方法。哥尔丹后来向希尔伯特的成功表示了敬意，针对以往的怀疑和否定态度，他优雅地说："我终于相信神学也有其优点。"

1895 年，一直想把哥廷根大学建成世界第一流数学中心的德国数学领袖克莱因动员希尔伯特到哥廷根去。希尔伯特接受了邀请，并在那里一直待到 48 年后去世。正是两人联手，开创了哥廷根学派的全盛时期，使其成为世界数学的中心。世界各地的学生把哥廷根当作数学圣地，打起背包，来到这里。直到 1933 年纳粹统治德国所导致的大批流亡为止，哥廷根神话保持了 30 多年。而希尔伯特的学术成就、教学活动及其个性风格，使他成为这一强大学派的领头人。

希尔伯特本人是 20 世纪前后世界最伟大的数学家之一（另一位与他并驾齐驱的是庞加莱）。希尔伯特属于这样的数学家，竭尽全力打开一座巨大的矿藏后，把无数的珍宝留给后来人，自己却兴趣盎然地去勘探新的宝藏。他在数学上是个"多面手"，在数学的几乎所有领域都做出巨大的贡献。他去世时，著名的美国《自然》杂志上写道："希尔伯特就像数学世界的亚历山大，在整个数学版图上，都留下了他那巨大显赫的名字！"

希尔伯特还是善于提出重要数学问题的真正大师。特别是在1900年，巴黎第二届国际数学家大会上，他发表题为"数学问题"的演讲。在这一数学史上最重要的演讲中，他极其深刻地阐明了数学问题对数学的重要性，并向国际数学界提出了23个数学问题。在日后的岁月中，希尔伯特问题就像一张航图，数学家总是按照它来衡量数学的进步。任何解决希尔伯特问题的人，哪怕是其中一部分的人都将永存数学史册。

希尔伯特同时是一位杰出的教师，这位平易近人的教授周围聚集起一批有才华的青年。得到他直接指导或受其教诲的著名数学家多不胜数：外尔、柯朗、埃米·诺特（数学史上最著名的女数学家）、冯·诺依曼、策梅洛等。他对整整一代学生产生了强大、神奇、罕见的影响。"希尔伯特就像一位穿杂色衣服的风笛手，用甜蜜的笛声引诱一大群老鼠跟着他走进数学的深河。""一旦一帮学生围绕着希尔伯特，不被杂务所打扰而专门从事研究，他们怎能不相互激励……在形成科学研究这种凝聚点时，有着一种雪球效应。"哥廷根大学的黄金时代正是如此开辟出来的。可惜，在希尔伯特晚年，他的学生大都被迫离开，他于1943年2月14日在孤寂中逝世。在他的墓碑上，人们镌刻下体现他身上那种极富感染力的乐观主义的名言："我们必须知道，我们必将知道。"这种乐观主义，将在哥廷根希尔伯特墓碑上发出回响，只要石碑犹存，它就永远不会停息。正如柯朗在纪念希尔伯特诞生100周年的演说中指出的："希尔伯特那有感染力的乐观主义，即使到今天也在数学中保持着他的生命力。唯有希尔伯特的精神，才会引导数学继往开来，不断成功。"

谈到希尔伯特的形式主义，我们要从他早期的形式化公理思想开始讲起。

我们在第一部分曾对欧几里得的《几何原本》做过详细介绍。《几何原本》是公理化体系的最早典范，是一项伟大的创举。但用现代的标准来衡量，《几何原本》的逻辑演绎体系有不少漏洞和不够严密的地方。此外，19世纪上半叶在研究欧氏几何第五公理的过程中诞生了非欧几何。这些因素促进了公理化方法及几何基础研究的进展。

1899年，希尔伯特的名著《几何基础》出版，成功建立了所谓希尔伯特公理体系。这一体系的建立使欧氏几何成为一个逻辑结构非常完善而严谨的几何体系，标志着欧氏几何完善工作的终结，同时标志着形式化公理体系的诞生。

所谓形式化公理方法，是指在一个公理系统中，基本概念规定为不加定义的原始概念，它的含义、特征和范围不是先于公理而确定，而是公理组隐含确定，即谁能满足公理组所要求的条件，谁就可作为该公理系统的基本概念、基本研究对象。也就是说，公理系统中的基本概念只具"形式"而不具"内容"，凡是符合公理组要求的对象都可以作为该"形式"的内容，公理组所阐述的是对基本概念的规定，而不是基本概念自明的特征。

因此，在希尔伯特公理体系中，几何学中"点""线""面"的直观意义都被抛弃了，研究的只是它们之间的关系，而关系由公理组来体现。即便把它们换成其他东西，只要符合公理组的要求就都是可行的。正如希尔伯特一句名言所表明的："我们必定可以用'桌子、椅子、啤酒杯'来代替'点、线、面'。"在这种处理下，原几何理论中所包含的特定意义即对象的直观背景被完全舍弃了。因为现在所从事的已不再是某种特定对象的研究，而只是由给定的公理（更准确地说是假设，因为现在已不具有特定的对象了）出发去进行演绎。因此，原有的那种"对象－公理－演绎"系统，变为"假设－演绎"系统。正因为这种系统不再具有明显的直观意义，因此称为"抽象的公理系统"。

希尔伯特的研究结果在1899年出版，立即吸引了整个数学界的注意。形式的公理化研究方法很快被众多数学家所应用。我们前面介绍的策梅洛等人的集合论公理化体系就是用形式公理体系表述的。现在，这种公理化方法几乎已渗透于数学的每一个领域，公理化结构成为现代数学的主要特征。

与这种新的、更高度抽象的研究方法相适应，希尔伯特还提出了新的、具有更大普遍性的研究问题，为数学开辟了新的研究领域。他所考虑的是在建立了一个公理体系后，如何判定其合理性。对此，他提出三条标准。

□ **相容性（或称"无矛盾性""一致性"）**。这是对公理体系最起码的要求。

□ **独立性**。公理体系中每一条公理不会是多余的，即其中任何一条公理都不能由这个公理系中的其他公理推导出来。

□ **完备性（或称"完全性"）**。系统中所有的定理都能由该系统的公理推出。

随后的问题是，如何证明公理体系满足这三方面要求。在《几何基础》一书中，希尔伯特对自己建立的几何学公理体系进行了这方面的研究。我们只来看看希尔伯特对相容性问题的处理方法。

为了证明欧氏几何的无矛盾性，希尔伯特采用了解释法（或模型法）。这种方法是一种间接证明，其实质上是将一个公理系统的无矛盾性证明化归为另一个公理系统的无矛盾性。在希尔伯特之前，克莱因等数学家正是使用这种方法将非欧几何的无矛盾性化归为欧氏几何的无矛盾性。希尔伯特所完成的是，把解析几何看作实数系统中欧氏几何的一个解释模型，从而将欧氏几何的无矛盾性转化为实数的无矛盾性。而当时实数系统已经可以建立在自然数基础上，因此实数系统的无矛盾性又化归为自然数系统的无矛盾性。

在 1900 年著名的演讲中，希尔伯特把算术公理的无矛盾性列为他 23 个问题中的第二个。1904 年在德国海德堡召开的国际数学家大会上，希尔伯特第一次公开发表了他在基础问题上的想法，这就是所谓的"海德堡计划"。他的基本立场是：在无须牺牲古典数学中任何有价值部分的前提下，找到解决悖论的方法。如果能做到这一点，那确实非常美妙，问题是如何实现这一目标呢？希尔伯特主张必须在某种程度上同时对逻辑定律和算术定律进行研究。这种研究的目的在于证明数学理论（首先是自然数理论）的无矛盾性。因为如果数学理论的无矛盾性得到了证明，那么悖论自然就永远被排除了。希尔伯特又一次回到证明算术系统的无矛盾性上，对他而言算术的相容性一直是关注的中心也是令人头疼的问题。困难在于，要证明这一点，在希尔伯特看来，已经无法再用以前可以使用的"相对无矛盾性"思路了，他已经抵达了逻辑的根底，因此必须另辟新径。希尔伯特提出的建议是，应对这一理论的证明结构进行彻底的分析。这样，数学证明本身破天荒地成了数学的研究对象，这一思想后来称为"证明论"思想。

之后十多年，希尔伯特把精力用于研究其他问题上。1917 年左右，由于直觉主义的发展日益紧迫地危及古典数学的已有成就，他又回到数学基础的研究上来，并在这年 9 月作了题为"公理化思想"的讲演。1920 ～ 1921 年，希尔伯特真正着手进行数学基础的研究。1922 年，在汉堡的一次会议上，作为对直觉主义向古典数学挑战的直接回答，他首次明确提出了希尔伯特规划。希尔伯特所提出的崭新思想给数学基础和数学真理问题带来了全新的转机，他的深刻而大胆的想法标志着一门全新数学（他称为元数学或证明论）的诞生。

希尔伯特规划的基本点分两方面。首先是把要研究的古典数学理论（我们记为 T）公理化，然后把所得到的公理化理论和所用的逻辑都彻底地形式化。

这样得到的形式系统一般有两部分：组成部分与推理部分。前者明确列举出理论中所使用的"原始符号"（包括数学和逻辑符号），明确说明哪些符号序列组成"合式公式"（这相当于有意义的命题）；后者明确列出所有不加证明而采用的合式公式，即公理，明确列出所有的"变形规则"（这相当于推理规则），借助于这些规则，可以从一些合式公式得出另一些合式公式，即得出可证命题。在实现这样彻底符号化和演算化以后的形式系统（我们记为 T_F）中，数学对象变成了无意义的符号或符号序列，数学中的演绎证明则成了机械的演算过程。我们可以看到，在把古典数学组成一个形式系统的工作中，逻辑主义者事实上已为希尔伯特的研究提供了必要的技术基础。从这种角度上来说，希尔伯特的工作是在逻辑主义者的工作基础上进行的。

但希尔伯特走得更远。在第二步中，他提出经过形式化处理后的 T_F 本身也可作为一种数学研究对象。我们可用适当的方法来对它进行研究，比如判定它是否有矛盾（自然的，我们可以根据得到的 T_F 有无矛盾性的结论反回去得出 T 的相应结论）。

现在的问题转为如何对形式系统 T_F 进行研究。

用以描述或研究 T_F 的数学理论（我们可记作 T_m）就是希尔伯特所称的元数学或证明论。他提出，对 T_F 的系统特征如无矛盾性（一致性）证明将在元数学内部完成。而在这种证明中所使用的元数学方法，希尔伯特给予严格地限制，即只能使用普遍承认的"有限性"方法，而不能使用有争议的原则，诸如超限归纳、选择公理等，不能涉及公式的无限多个结构性质或无限多个公式操作。

介绍到这里，我们可以清楚梳理出希尔伯特规划的思路了：把数学理论 T 组织成形式系统 T_F，然后在元数学 T_m 中对形式系统 T_F 进行研究，而这种研究又严格坚持"有限性"立场。一句话，元数学研究就是用有限的方法，证明从古典数学理论中抽象出来的形式理论的无矛盾性等特征。

希尔伯特规划是希尔伯特在数学基础问题上主张的具体表现，它使希尔伯特的基本立场有了坚实的数学根基。于是，在与布劳威尔的直觉主义针锋相对的争论中发展起来的形式主义方案，在"不减少任何财富的情况下对古典数学的意义进行彻底地重新解释"后，可以做到鱼与熊掌可以兼得了：既可以用严格的数学家完全依赖的方法（希尔伯特限制的有限方法甚至比布劳威尔愿意接受的还要严格）消除悖论，又可以挽救古典数学中一切有价值的东西。这时，希尔伯特可以嘲弄外尔和布劳威尔说：我已经证明，数学家们使用通常的那些方法是不会导致矛盾的，我证明这个结论所使用的方法甚至就是你们所赞同的那些方法。如冯·诺依曼所指出的："可以这样说，证明论在直觉主义的基础上把古典数学建立起来，并以这种方法把直觉主义归于荒谬。"

希尔伯特规划推出后，马上吸引了许多优秀的数学家投入到证明论的研究之中，并很快取得了不少成果。而且在具体实施设想的过程中，希尔伯特及其合作者的工作远远超出了关于理论无矛盾性证明的寻求，事实上他们的工作包含了对于形式系统的全面研究。这主要包括：证明古典数学的每一个分支都可以表述为这样的形式系统，其中只需包含有限条公理；证明这样的系统是完备的；证明这样的系统是无矛盾的；证明公理的独立性等。

为了让直觉主义者闭嘴，让其他数学家信服自己所寻到的数学基础，希尔伯特证明论的首要目标在于证明整个数学的无矛盾性，而最关键、最基本的目标正是自然数的无矛盾性（算术的一致性）。

这个很多年前就已萦绕于希尔伯特心头的问题，在希尔伯特规划提出的几年后仍然横亘在他面前。在1927年的一次演讲中，他承认形式化算术系统的相容性还没有被证明，而这种相容性的证明将"确定证明论的有效范围，并构成证明论的核心"。不过，希尔伯特非常乐观地断言，得到这一证明已经为时不远了。他同时声称："为了奠定数学的基础，我们不需要克罗内克的上帝；也不需要庞加莱的与数学归纳原理相应的特殊悟性能力，或布劳威尔的基本直觉；最后，我们也不需要罗素和怀特海关于无限性、归约性以及完备性的公理……"

1930年，希尔伯特又一次重申："我力图用建立数学基础的办法达到一个有意义的目标，这种方法可以恰当地称为可证论。我想把数学基础中所有的问题按照其现在提出的形式一劳永逸地解决。换言之，即把每个数学命题都变成一个可以具体表达和严格推导的公式，经过这样改造的数学所推导出来的结果就无懈可击，同时又能为整个科学描绘一幅合适的景象。我相信能用证明论达到这一目标。"

在同年的一次演讲结尾，希尔伯特以他一贯的乐观主义，说出了后来刻在他墓碑上的名言："我们必须知道，我们必将知道。"

然而，富有戏剧性的是，就在他发出这一口号的前一天，在另一个关于数学基础的研讨会上，一位年轻人发表了一项声明，在场的希尔伯特的学生冯·诺依曼立刻意识到一切都结束了，希尔伯特的纲领是不可能成功的。

第 16 章
新的转折

20 世纪 20 年代，希尔伯特提出希尔伯特规划，开创了证明论研究。此后几年，包括希尔伯特在内的众多数学家都乐观地相信，用严格的方法重建数学基础的尝试很快就要一劳永逸地解决了。然而，一位年轻数学家——哥德尔——的一项伟大发现，改变了一切。

哥德尔的发现

哥德尔（1906—1978）是位数学家、逻辑学家。

哥德尔生于奥匈帝国的布尔诺（今属捷克斯洛伐克），他有一个幸福的童年，但他胆小又爱吵闹。他在 8 岁时患了急性风湿热，此后就有了疑病症倾向，很可能是这次患病的后果。哥德尔的才智很早就显露出来。由于他经常提出各式各样的问题，家里人常称他为"为什么先生"（Mr Why）。在 1916 年到 1924 年期间，他的学习成绩优异，特别是在数学、语言和神学方面表现尤为突出。

1924 年，他以近乎完美的成绩结束了中学学习，并进入维也纳大学。在大学里，哥德尔先是攻读物理，后来在听了数论课程之后，整数中蕴含的美使他意识到数学才应是自己真正的追求。1926 年哥德尔转而攻读数学。在大学期间，哥德尔对哲学也很有兴趣，实际上对哲学的探索始终贯穿着他的一生。他听哲学教授讲课，特别是经常参加维也纳小组的活动。他的哲学观点促使他对于数理逻辑进行深入的钻研。

1929 年夏，当时只有 23 岁的哥德尔证明了希尔伯特提出的一个重要问题，得出一阶谓词演算的完全性定理。由此，在 1930 年 2 月他获得了博士学位。随后，他进一步研究希尔伯特规划，并希望用有限方法证明自然数形式系统的协调性问题。但他得到的是意想不到的结果。1930 年 9 月 7 日在柯尼斯堡召开的数学讨论会上，他第一次正式公布了他的伟大发现：第一不完全性定理。不久，他又证明了第二不完全性定理。

从 1933 年到 1938 年，哥德尔在维也纳大学当讲师。1939 年 9 月，第二次世界大战爆发后他去了美国。1940 年春，哥德尔成为普林斯顿高等研究院的成员。1943 年后，哥德尔逐渐把注意力转向数学哲学乃至一般的哲学问题，只间或对数理逻辑做些工作。哥德尔中年时代在普林斯顿最亲密的朋友是著名物理学家爱因斯坦，他们经常散步和闲谈，直至爱因斯坦 1955 年去世。在哥德尔晚年，美籍华裔逻辑学家王浩是他最好的朋友之一，他们就数学基础和哲学问题有过许多内容深刻的交谈。

哥德尔是个天才，但他总疑心自己有心脏病，成年后他因过度抑郁和焦虑而数次进入疗养院。他在饮食方面很小心，年纪渐老后，他吃得越来越少，而且只吃他妻子送来的食物，唯恐有人对他下毒。到 64 岁时，他的体重仅 86 磅（约 39 千克）。1977 年当妻子动大手术住院后，他竟完全停止进食，次年 1 月因"人格紊乱"导致的"营养不良和身体机能的衰竭"与世长辞，死时体重只有约 60 磅。由于他在逻辑方面的杰出贡献，人们把他视为自亚里士多德以来最伟大的逻辑学家。

1930 年哥德尔思考并得出的研究结果发表于 1931 年。在题为《论〈数学原理〉及有关系统中的形式不可判定命题》的论文中，哥德尔证明了：任何一个足以包含自然数算术的形式系统，如果它是相容的，则它必定存在一个不可判定的命题，即存在某一命题 S，使 S 与 S 的否定在这系统中都不可证。

哥德尔的这一结论后来被称为哥德尔第一不完全性定理。那么，他是如何证明这一深刻又令人惊叹不已的结果的呢？

哥德尔如此表述自己的证明思路："从形式的观点看，所谓证明实际上就是公式的一个有限序列。对于元数学来说，究竟用什么东西作为基本符号当然是没有关系的。我们不妨就用自然数作基本符号，如此，一个公式就是一个自然数的有限序列，而一个证明便是一个有限的自然数序列的序列。据此，元数学的概念（命题）也就变成了关于自然数或其序列的基本概念（命题），从而即可（至少是部分地）在对象系统本身的符号中得到表示，特别是人们可以证明'公式''证明''可证公式'等都可在对象系统中加以定义。"简言之，哥德尔的思路就是构造出一种"自相关"：把自然数算术形式系统的问题转化为关于自然数的问题，然后再用关于自然数的理论（算术系统自身）来讨论这些问题。

在具体做法中，哥德尔引入的第一个关键思想是"配数法"，为形式算术系统的形式对象（如初始符号、公式、变形规则等）配给特殊的自然数，使得不同的自然数对应于不同的形式对象，这样就把形式算术系统（形式系统 T_F 的一种）算术化了，使它成为一种直观算术即一种 T 理论的内容。这相当于在 T_F 与 T 之间做了一个映射：$T_F \rightarrow T$。

哥德尔再把元数学（T_m）也算术化，由于 T_F 理论算术化了，因而关于 T_F 理论的元理论命题，就变成了关于这些相应的自然数及其彼此之间的算术关系的命题，它们当然也是直观算术即 T 理论中的内容。这相当于在 T_m 与 T 之间做了一个映射：$T_m \rightarrow T$。

进而，哥德尔证明了一些在 T 理论中"真"的命题，在形式算术系统 T_F 中能找出相对应的可证公式。换言之，同形式系统中的元数学命题相对应的直观算术命题在形式系统中是"数字可表达的"。这相当于在 T 与 T_F 之间做了一个映射：$T \rightarrow T_F$。与上一映射合在一起，我们得出元理论的命题可转化为形式算术理论中的命题，元数学可被形式化。因而，元数学自身就在一个形式逻辑系统内部发展出来，外部被带到了形式系统内部，从系统外看系统变成系统内的证明。这样，形式算术系统实现了自相关。

在通过上述三个层次的映射，在几个层次之间绕来绕去，并借助精湛的数学技巧后，哥德尔得出：形式算术系统中的某命题和它在元数学中的通过配数法和数字表达得出的相应命题具有共同的真假。

下一步，哥德尔在形式系统内构造了一个命题 G，使用它所表达的元数学命题 G' 表示："G 在系统中是不可证的。"我们在原形式系统一致即无矛盾的前提下，对命题 G 进行考察。

首先，命题 G 是真的。用反证法，假设 G 为假，推知 G' 为假（根据上面我们已经得出的 G 与它的元数学命题具有共同的真假性），进而推知 G 可证（根据 G' 的表示："G 在系统中是不可证的"为假），G 为真（在形式系统内可以证明的命题自然是真的），与假设 G 为假矛盾。

其次，命题 G 不可证，这一点更易说明。由上知，命题 G 是真的，推知 G' 为真，由 G' 的表示，马上得出 G 在系统中不可证。

再次，命题 G 的否定不可证，理由如下：命题 G 为真，则它的否定命题为假。而假的命题自然无法在形式系统中推出，即不可证。

因而命题 G 具有这样的性质：它和它的否定在形式化系统中都不可证。为了强调这种性质，人们把 G 称为不可判定命题。但这也不能强调得太过分，因为这种不可判定性只与系统内部的可证性相关。从我们外部的观点来看，G 是真的。简言之，这意味着在一个无矛盾的形式系统内部存在着这样的不可判定命题：它从系统外部看是真命题，但却无法在系统内部获得证明。

在希尔伯特形式主义方案中，除了无矛盾性，对数学理论体系还有另一个重要的要求——完全性。所谓完全性就是指：一个系统中所有的真命题在这个系统中都是可证的定理。有了完全性就能保证一个系统内所有命题可以一分为二：一部分是可证的，即真的命题；另一部分是可反驳的，即假的命题。这就意味着这个形式系统对数学理论做了完全地刻画。而如果一个理论是不完全的，那就会把许多与之有关的真命题"漏"掉，这样的理论体系当然不完善。通俗而言，无矛盾性是说理论中所有已证的命题都是真的，完全性是说所有真命题都可以在理论体系内得到证明。显然，既满足无矛盾性又满足完全性的体系是好的。希尔伯特对一个好的公理化体系提出了这样的要求（无矛盾性、完全性，还有一个相对而言不太重要的独立性），他也确信，按照其计划，人们会证明许多形式化系统满足这些好的要求。

而哥德尔的上述第一不完全性定理却表明，无矛盾性的形式化系统是不完全的。对于任何一个特定的包含了自然数公理系统的形式系统而言，都会有数学问题超越于它。另一方面，从原则上讲，每一个这样的问题都会导向一个更强的系统，在该系统中能够得到这个问题的解答。我们可以想象出更强系统的等级体系，每一个较强的系统都可以解决较弱的系统所遗留的问题。学会用更强的系统来解决棘手的问题，是哥德尔为数学家们留下的一份遗产。但这理论上无可争议的设想，在何种程度上会成为数学实践却是模糊不清的。

哥德尔第一不完全性定理除了证明强逻辑系统也不可能把全部数学真理包含在内，从而摧毁了希尔伯特信念中的一方面，还使人们对"真"的限度有了更深入地了解。在哥德尔第一不完全性定理提出后，人们清楚地意识到：虽然可证的是真，但真的却并不一定可证。因而，就最本质的意义上说，哥德尔定理所做的无非是永远击碎了真与证明同一的信念。简单说，"真"大于"证明"。

哥德尔 1930 年最初公布自己这一发现的那次会议并非高级别的，几乎所有听到这一结果的人都没有什么反应，除了一个人——冯·诺依曼。其实，冯·诺依曼在哥德尔之前已为证明算术一致性付出了极大努力，后来他曾向人讲述过自己的一则故事：

一天的工作结束后，我会去上床睡觉，在夜里我经常因为有了新的洞见而醒来……这时我会努力为算术一致性给出一个证明，但却未能成功！有一天夜里，我梦见了如何去克服我的困难，并且把我的证明继续推进……第二天一大早，我就着手攻克难关，这一次我又没有成功，又一次在夜里身心疲惫地上床睡觉，然后开始做梦。这回我又梦见了克服困难的方法，但是当我醒来之后……我看到那里仍然有一道无法跨越的鸿沟。

当这道鸿沟被哥德尔跨过时，冯·诺依曼立刻明白了哥德尔所讲的，而且在继续思考后，他意识到在哥德尔结果基础上再进一步，会得出一个对希尔伯特规划而言更具摧毁性的结论。他马上写信向哥德尔通知自己的发现，很快哥德尔的回复寄到了。冯·诺依曼沮丧地知道了，哥德尔已经早于他将含有同一结论的论文拿去发表了。后来冯·诺依曼与哥德尔成了好朋友，正是他后来称赞哥德尔是自亚里士多德之后最伟大的逻辑学家。

哥德尔早于冯·诺依曼发表的结果——作为哥德尔第一不完全性定理的自然延续和深化，后来以哥德尔第二不完全性定理著称。它表明的是：如果一个足以包含自然数算术的公理系统是无矛盾的，那么这种无矛盾性在该系统内是不可证明的。这意味着，对希尔伯特所希望证明的自然数系统的无矛盾性而言，答案完全是否定的：即便初等算术系统是协调的，那么这种协调性也不可能在算术系统内证明。希尔伯特纲领走到了尽头。多年后，法国杰出数学家韦伊就此评论道：因为数学具有一致性，所以上帝与我们同在；因为我们不能证明这一点，所以魔鬼亦与我们同在。

哥德尔第一不完全性定理与第二不完全性定理现在合称为"哥德尔不完全性定理"，它们揭示了形式化方案不可避免的局限性，出人意料地宣告了希尔伯特纲领的失败。

三大学派的数学基础论战由此拉上了帷幕。就其最终目标而言，罗素兔子、布劳威尔青蛙、希尔伯特老鼠全都成了输家；然而就其完成目标过程中所获得的成果而言，数学特别是数理逻辑成了最后的赢者。

数理逻辑的兴起与发展

　　用数学方法研究逻辑问题，人们一般认为始于微积分创建者之一的莱布尼茨。这位具有宏大而惊人眼光的大人物，自青年时期就产生了一个奇思妙想：创造一种"普遍文字"，能够把人类的思想还原为计算，并且制造出强大的机器能执行这些计算。为了实现这个"莱布尼茨之梦"，莱布尼茨在"推理演算"方面做出过若干次尝试。他的超越于时代的想法大部分没有发表，在他去世后也未得到发展。

　　一个多世纪后，英国数学家乔治·布尔（1815—1864，布尔代数就是以他的名字命名的）独立提出了一种可用的符号逻辑。他的伟大成就是一劳永逸地证明了逻辑演绎可以成为数学的一个分支。从他开始，数理逻辑就一直处于连续不断地发展之中。

　　在这条发展之路上迈出第一大步的是德国数学家、逻辑学家弗雷格。1879 年，他发表"也许是自古以来最重要的一部逻辑学著作"《概念语言》。在这本只有 88 页的不朽之作中，弗雷格首次制定了一个现代的逻辑系统，包含了作为现代数理逻辑基础的两个演算系统：命题演算系统和一阶谓词演算系统。然而，他的工作在开始并未受到重视。在耶拿大学任教过程中，他的突破性工作根本不被欣赏，在退休之时这位"对现代数理逻辑贡献最大"的人仍然只是一名副教授，未曾晋升为正教授。1902 年，弗雷格收到了对他工作表示敬意的罗素来信。然而不幸的是，从他的欣赏者罗素那里获得的不单是赞赏，还有灾难性的罗素悖论。罗素悖论摧毁了他为实现逻辑主义目标付出的努力（当然未曾触及他的数理逻辑），他在这沉重打击下再也没有恢复元气。

意大利数学家皮亚诺在不了解弗雷格研究的情况下，也在数理逻辑发展方面做出了贡献。他创立的符号系统远比弗雷格的系统易于理解，并在数学界产生了很大影响。我们已经提到，罗素正是受他的影响开始数理逻辑研究的。

从 20 世纪初到 30 年代，围绕数学基础展开的三大学派之间的争论，成为数理逻辑发展的巨大推动力。在这方面，首先是逻辑主义者做出了重要贡献。

罗素发展了弗雷格和皮亚诺的工作，他与怀特海合作完成了三大卷的《数学原理》。这一巨著虽然如我们已经评价过的，未能实现其逻辑主义目标，但在数理逻辑方面，它却建立了一个完全的命题演算和谓词演算系统；发展并给出了一个完全的关系逻辑系统；以及提出了摹状词理论。书中发展的类型论与逻辑主义的宗旨之间并没有必然联系，因此去除逻辑主义者的宗旨后剩下的合理内核"类型论"被许多数学家所接受。事实上，由于弗雷格、罗素等逻辑主义者的努力，形式逻辑从传统逻辑到数理逻辑的发展基本上实现了。或者说，《数学原理》"总结了以往的数理逻辑的成果、以往的数学基础研究的成果，可以说它宣告数理逻辑已经充分成熟了"。因此，从数学角度而言，逻辑主义"代表了一个第一流的学术运动，它对于人类思想的力量和美妙作出了巨大贡献"。

直觉主义者对数理逻辑的发展也做出了贡献，他们否定排中律，发展了自己的逻辑系统。直觉主义逻辑与传统逻辑很不同，但它在数学中的地位已经得到大多数数学家的认可。

形式主义者对数理逻辑的发展做出了更为重要的作用。希尔伯特提出证明论后，人们进行了大量的研究，取得了众多的成果，使证明论成为数理逻辑的一个重要分支。而哥德尔的发现作为数理逻辑最重大的成就之一，也正是在研究希尔伯特规划的基础上做出的。但哥德尔工作的意义更表现在，他把希尔伯特的方向扭转，使数理逻辑走上了全新的道路。

"由哥德尔的结果应当引出一条新的途径，去理解数学形式主义的作用，而不应把它当作问题的结束。"哥德尔的工作不但是数理逻辑发展上的一个里程碑，而且成为数理逻辑发展的转折点。它在数理逻辑的历史上，起了承前启后的作用；它结束了各派的争论，并将数理逻辑引至另外的方向上，开辟了数理逻辑发展的新时代。1930年以后，数理逻辑进入一个大发展的新阶段。作为这门数学分支成熟与蓬勃发展的标志，数理逻辑本身又分划出证明论、递归论、模型论、公理集合论多个数学分支。

证明论

哥德尔不完全性定理表明希尔伯特有限主义规划行不通，证明论由此转入新的发展轨道。一些数学家试图通过放宽对形式化的要求来确立形式系统的相容性，例如1936年，希尔伯特的学生甘岑（1909—1945）用超限归纳法证明了自然数算术形式系统的无矛盾性。这种放宽了的希尔伯特规划在第二次世界大战之后发展成为证明论的分支，这些证明也推广到分支类型论及其他理论。20世纪60年代后，人们又开始了关于证明的结构及复杂度等问题的研究。1977年，英国年轻数学家帕里斯等人发现了一个在皮亚诺算术中既不能证明也不能否证的纯粹组合问题，给出哥德尔不完全性定理的具体实例，并开辟了证明论的另一新方向。证明论有了更深入的发展。

递归论

递归论是一门研究递归函数及其推广的分支。

递归函数受到关注是在 20 世纪 30 年代。哥德尔在不完全性定理的证明中，用到了原始递归式作工具，于是由原始递归式做出的原始递归函数受到人们的重视。1934 年，哥德尔本人提出一般递归函数的定义。

其后短短两三年内，许多数学家几乎同时提出一些"能行"（粗略而言，这个概念含有可具体实现的、有效的、有实效的等意思）可计算的函数类，如数学家克林与丘奇引进 λ 可定义函数；图灵与波斯特独立定义了图灵机可计算函数等。不久，人们发现这些从不同角度提出的可计算函数是相互等价的。于是，一个自然的问题是：一般递归函数类是否包括所有能行可计算函数。丘奇给出肯定的断言，这就是"丘奇问题"。1947 年，苏联数学家马尔可夫发表《算法论》，明确提出算法的概念。这个概念被证明与其前定义的递归函数及可计算函数的计算过程等价。

算法思想源远流长，从古代开始人们就已经掌握了许多算法。如整数或普通分数的加减乘除运算、代数学中关于多项式的运算，以及方程的求根公式等，都是数学中最基本的一些算法。而我国古代《九章算术》中的"术"，用现代观点看就是一些算法。事实上，我国传统数学的特点恰体现在：在从问题出发以解决问题为主旨的发展过程中，建立了以构造性与机械化为其特色的算法体系。中国传统数学的重要思想就是关于算法的思想，但算法概念的精确表达直到此时才搞清，而且人们一下子有了多种等价的描述算法的数学模型，通过它们都可以给出精确的算法定义。算法的概念从含糊、直觉过渡到精确，被放在了一个坚实的数学立足点上。

递归论的一个主要课题是判定问题，即判断给定数学问题是否可计算或存在算法解。因为早先没有确切的算法概念，判定问题难以展开。随着算法精确定义的给出，以前直观的判定问题有了精确的数学表述，判定问题也有了突飞猛进的发展，并立即在数学基础乃至整个数学中产生了巨大的影响。

最早明确提出的数学判定问题是希尔伯特第 10 问题：寻求判定任一给定的丢番图方程（整系数不定方程）有无整数解的一般算法。这一问题在经过多位数学家的接力传递后，1970 年在苏联大学生马蒂亚谢维奇手中完成了最后一步：希尔伯特期望的一般算法是不存在的。这一否定解决是对古老算法概念进行精密探讨而引出的深刻结果，被认为是 20 世纪重大的数学成果之一。解决问题过程中所得到的工具与结果对数理逻辑和数学发展都有极大影响。

随着计算机的出现与计算机科学的迅猛发展，算法问题受到越来越多的关注。人们开始不但关心算法是否存在，同时注意：如果一个问题有算法，这个算法是否实际可行。由此又发展出递归论在计算机科学中的主要应用领域——计算复杂性理论。以"货郎担问题"为例：一个货郎走遍 n 个乡村，问哪种走法路线最短。若 $n = 31$，则货郎可走的路有 30! 条，即便用每秒运算万亿次的电子计算机，完成这一过程也需要上万亿年。由此可见，即使在计算机时代，我们仍然需要"有效算法"。寻求问题的有效算法至关重要，它正吸引着许多数学家从事这一研究。在这样的实际背景下，迅速发展起来的许多数学方法，都具有鲜明的构造性特征。因此，直觉主义者构造性观点的一方面随着计算机的广泛使用得以复兴。

近年来，递归论的方法还大量用于 P 和 NP 问题的研究。这一问题在现代数学中以与大量实际问题有关而著称。2000 年 5 月 24 日，美国马萨诸塞州的 Clay 数学研究所宣布 7 个"千禧年数学难题"，每个悬赏 100 万美元征解，其中第一个就是这一问题。至今，这一问题还远没有得到解决，并且各方面的迹象都表明这是一个极其困难的问题，它已成为当今计算机数学中最重要的未解问题之一。

模型论

模型论作为数理逻辑的一个分支，是研究形式系统及其解释（模型）之间关系的理论。

如前面所介绍的，用模型来研究数学理论可追溯到非欧几何学的无矛盾性证明。当时就是通过建立欧氏几何模型，从而证明了非欧几何相对于欧氏几何的无矛盾性。

随着证明论的创立和发展，对形式系统研究的不断深入，许多问题要依赖于模型来研究。例如可用各种模型来论证一组（形式）语句的无矛盾性，也可用模型来论证一语句对一组语句的独立性等。因而，形式语言与其解释之间的关系问题日益受到重视，成为重要的研究对象。最早的模型论研究始于 20 世纪 20 年代，在 20 世纪 30 年代有所发展。到 1950 年左右，模型论正式成为一门新的学科。在模型论中，构造模型是一个重要课题，研究者采用了许多独特的构模方法和工具。

模型论的研究结果，被应用于许多数学分支，显示出模型论的威力与价值。特别富有意味的是它在分析方面的应用。美国数理逻辑学家 A. 罗宾逊（1918—1974）在 1960 年用模型论构建出非标准分析，并于 1961 年 1 月在美国数学大会上宣布了他的研究。他证明，无穷小作为真正的数学对象是存在的，并且可以沿另一途径严格地建立微积分的基础！这一新理论带给人们的"革命"信息是：无穷小"复活"了。

17 世纪下半叶，牛顿、莱布尼茨在无穷小量概念基础上创立微积分学，因对无穷小量的解释含糊不清，出现了贝克莱悖论，导致了数学史上的"第二次数学危机"。随着 19 世纪柯西、魏尔斯特拉斯等人引入极限论、实数论，使微积分理论严格化，从而避免了贝克莱悖论，圆满解决了第二次数学危机。与此同时，极限方法代替了无限小量方法，无限小量被排斥在数学殿堂之外了。

而罗宾逊的研究指出：现代数理逻辑的概念和方法能为"无限小""无限大"作为"数"进入微积分提供合适的框架，因而使无限小量堂而皇之地重返数学舞台，成为逻辑上站得住脚的数学中的一员。

罗宾逊的基本想法是：无限小在实数系中没有位置，但我们能否把实数系扩大，使之成为新数系，而在新的扩展后的数系中为无限小留下存在空间呢？罗宾逊用模型论的方法做到了这一点。与实数的标准模型相比，罗宾逊实数的非标准模型最大的不同在于：实数系统满足我们以前提到的阿基米德公理，也就是任取正数 α 和 β，一定

存在自然数 n ，使 $n\alpha > \beta$ 。但在扩展后的新数系中这一公理不再成立，比如无限小在罗宾逊的实数非标准模型中被定义为大于零，但却比任何正数小的值。它的 1000 倍、10000 倍、1 亿倍，简单来说任何自然数倍仍是无限小，决不会大于任何一个正标准实数，这称为非阿基米德性质。

于是，在非标准分析里建立的超实数轴上，每一个点内有许多非标准实数，其间彼此相差无限小量，形成了一个有内部结构的点，称为"单子"，每个单子只有一个标准实数。单子内部的结构用类似显微镜的方法表示出来，其中的数仍可按大小顺序展布在一个数轴上，这个数轴上的点还可继续"放大"，用此方法，可清晰表现各阶无限小量之间的关系。高阶无限小量存在于单子内部，舍弃它并不影响单子之外实数之间的关系，于是微积分运算中舍弃无限小项是完全合理的。由罗宾逊非标准分析为我们打开的这个新世界，倒恰合了佛家语：一粒沙尘内可以藏三千大千世界，可以有土地平旷，屋舍俨然。

1965 年 4 月，罗宾逊写了《非标准分析》一书，用无限小重新建立了现代分析，使其思想广为流传。其后，非标准分析在分析、微分几何学、代数几何学、拓扑学等数学领域获得一系列应用，发展为一整套非标准数学，并产生了越来越大的影响。

哥德尔曾评价说："非标准分析不但常常能够简化初等定理的证明，而且对简化艰深结构的证明也同样有效……我们有理由相信，不论从哪方面看，非标准分析将会成为未来的数学分析……在未来世纪中，将要思量数学史中的一件大事，就是为什么在发明微积分学后 300 年，第一个严格的无限小理论才发展起来。"

非标准分析能否如哥德尔所预言的那样成为未来的数学分析，需要时间来做出最终判定。对我们而言，更有启迪意义的是回顾微积分学发展的历史：无限小量由消失到复活；无限小分析法——极限方法——无限小分析法，否定之否定；"更合于发明家的艺术"的直观无限小方法由受质疑到在严格的数学基础上恢复。然而，不管"无限小量"概念重返数坛，还是 17、18 世纪直观的无限小论证的主要内容转变为逻辑上严密的论证，又都是依据 20 世纪 60 年代的数学最新思想得到的——这一切里面确实包含着许许多多引人深思的韵味。

公理集合论

为消除集合论中的悖论，策梅洛等数学家建立了集合论公理系统，对此的研究引出了数理逻辑的重大成果。20 世纪 30 年代之后，公理集合论掀开了新的一页，迎来了一个黄金时代，其中最引人注目的是关于连续统假设（CH）的进展。

康托尔在 19 世纪 80 年代提出这一问题，但未能找到解决问题的线索。1900 年，希尔伯特在历史性演讲中向数学家提出的第一个问题就是"连续统假设"。他说："康托尔关于这种集合的研究，提出了一个似乎很合理的定理，可是尽管经过坚持不懈的努力，还是没有人能够成功证明这条定理……由这条定理，立即可以得出结论：连续统所具有的基数，紧接在可数集合的基数之后。所以，这一定理的证明，将在可数集合与连续统之间架起一座新的桥梁。"

这个问题在 20 世纪引起了全世界数学家的兴趣，希尔伯特本人也曾经用了许多精力证明它。1925 年，已经 63 岁、身患多种病症的希尔伯特还提出了试图证明连续统假设的大纲。1931 年，哥德尔在完成了他的两大贡献以后说："现在该轮到集合论了。"他从 1935 年起开始研究连续统假设及广义连续统假设。

1938 年，哥德尔证明从 ZFC 系统推不出 CH 的否定，即连续统假设与 ZFC 系统是相容的。哥德尔的结果在一段时间内使人们抱有一种普遍希望：连续统假设能够在 ZF 系统内获得证明。

1963 年 7 月，美国年轻数学家科恩发明了影响极为重大的力迫法，解决了相反的问题，他证明了从 ZFC 推不出 CH，即连续统假设与 ZFC 系统是相对独立的。

不过，科恩的证明不容易读懂。这在现代数学中是经常的事情，因为现在许多证明都非常复杂，很难保证证明中不会出错。所以，只有一个证明在经过同行严格审查无误后，才可以被确认，而审查中发现错误也是经常的事情。有的错误小容易弥补，而有的漏洞可能比较大，如果无法补上，就意味着这一证明是无效的。我们前面提到英国数学家怀尔斯证明了著名的费马大定理。在他的证明被认可之前就出现了一幕悲喜剧。最初，各种媒体都公开报导他完成了证明。遗憾的是在审查时发现了一个不小的漏洞。值得庆幸的是，大约一年后，怀尔斯另辟新径补上了这个漏洞，最后他的证明通过了同行们的审查，费马大定理才最终宣布被攻克。

科恩完成了证明后，并不能确信自己的证明。要知道这一证明正确与否他知道有一个办法，于是科恩便来到普林斯顿敲响了哥德尔的家门。此时正在与妄想症斗争的哥德尔打开一条门缝，让科恩的证明进去，科恩本人留在了外面。两天后，哥德尔邀请科恩到家喝茶，大师认可了科恩的证明。

综合哥德尔和科恩的结果，就是连续统假设在 ZFC 中是不可判定的。即连续统假设与 ZF 系统的公理无关。这真是出人意料。类似的情况还发生在集合论中另一重要公理"选择公理"身上。因为，哥德尔、科恩在证明上面连续统假设结论的同时也给出了选择公理的相应结果。因此，选择公理与连续统假设一样，在 ZF 系统中都是不可判定的问题。这就是 100 多年以来，人们在选择公理与连续统假设研究中获得的主要结果。

在哥德尔于 20 世纪 30 年代宣布其不完全性定理后的年代，许多数学家都只是迫于无奈接受了它。随着公理方法越来越成功，有一种信念在日益增长，即只有那些非常特殊的命题才是不可证明的。哥德尔、科恩的结果摧毁了哥德尔定理不影响"实际"问题的舒适感觉，并且事情就发生在数学的最基本、最重要的部分——集合论中，发生在希尔伯特最急于解答的问题中。上面也刚提到，20 世纪 70 年代后，数学家还发现了数学中有经典的未解决问题是不可判定性的。哥德尔提出的"不完全性定理"终于在实际场合探出了自己丑陋的头。于是，以前那种认为只要有足够的时间和精力，任何"真正的"数学问题都能用这样或那样的方法获得解决的希望彻底破灭了。除了正确的命题和错误的命题，还有第三种不可判定类型的命题，这种命题既不是正确的也不是错误的。更糟糕的是，我们甚至没有有效办法去确定一个命题是否不可判定。因为，1936 年美国一位逻辑学家证明了：对于包含自然数系统的任何相容的形式体系 F，不存在有效的方法，决定 F 中的哪些命题在 F 中是可证的。

另一方面，由于连续统假设和选择公理对于 ZF 公理系统具有独立性，于是人们可把连续统假设、选择公理看作可以任意接受或拒绝的附加公理。接受还是拒绝？数学家面临选择。其中最要紧的是对选择公理的态度。

选择公理有很多等价形式，而且用途太大，不能忽视，许多学科的基本定理少不了它。但这个应用极广、看来正确的选择公理，也可以证明出一些看来荒唐的结果。如著名波兰数学家巴拿赫和塔尔斯基于 1924 年证明了巴拿赫 – 塔尔斯基分球定理，它在直观上等于说：任意一个球体都可以被分成有穷多份后重新组合成两个与原来一样大小的球体。这一结论是如此怪异并与人们的直觉相冲突，因此称为巴拿赫 – 塔尔斯基悖论。

每种选择都会导致一些无法控制的后果，这种选择困难使数学家在数学基础研究中陷入新的困境。

问题还在于无论如何选择都意味着集合论可以有许多发展方向，而在集合论基础上建构数学，人们就有了多种做法。这表明，人们可以构造出多种数学！

这就是第三次数学危机解决后，遗留给数学家们的一些令人困惑的问题。数学的确定性是否因此而丧失了呢？数学的真理性是否已经划上问号了呢？这是否证明了已有数学的不可靠性？第三次数学危机是解决了，还是实质上以更深刻的形式延续着？

与 20 世纪前 30 年不同，数学家们对于这些数学基础问题已经没有了争论的热情与兴趣。而且，总的来说，数学家们的乐观又回来了。因而，我们还是留下一个光明的尾巴：

　　现在普遍的看法是，现行的公理集合论，如 ZF 系统和 BG 系统，已经为数学的研究提供了一个合适的基础，因为这些理论的基本原则是为一般数学家所几乎一致接受的，而且，所有已知的悖论在其中都已得到排除。再者，在理论系统中至今并没有发现新的悖论。

　　进一步的研究表明，数学活动的真正领域，无论是分析还是几何，都没有直接受到悖论的影响。悖论只是出现于那些特别的领域，而这远远超出了实际使用这些学科的概念的领域。因此，所谓"危机"只是一个"历史现象"，而实际上早已不再存在。与此相反，现在为人们所普遍接受的是关于数学的坚定信念。人们具有一定的数学知识，这些知识是可靠的，是已经获得证实的真理。

　　看到现代无论是纯粹数学还是应用数学都正在以一泻千里之势向前飞速发展，我们或许有理由接受这种乐观。

附录　哥德尔证明

据哥德尔回忆，1930 年夏天他尝试作古典分析的相对一致性证明，结果很快观察到了算术真理不能在算术中定义。可是，在一给定形式系统 S 中可证是能在算术中定义的一种性质。这样，哥德尔就能在 S 中设计一个命题 p，p 说它自身在 S 中不可证。凭直观，p 一定是在 S 中不可证的，所以是真的……

从 1930 年 9 月至 10 月，他改进并推广了这个结果：他把 p 弄成一个形态优雅的"算术"命题，又发现 S 中任何自然地表达 S 的一致性的命题也能充当 S 中的不可判定命题 p。足见，S 的一致性证明都不能在 S 中全部形式化。宣布这些结果的简报于 10 月 23 日呈交，全文于 11 月 7 日被同意发表。因此，这整项触目惊心的工作是在不到半年时间内做的。

1931 年，题为《论〈数学原理〉和有关体系的形式不可判定命题》的论文，正式发表在《数学物理月刊》上。当时哥德尔只有 25 岁。

哥德尔的著名证明很难懂，其中涉及大量的技术细节。在本文中，我们将只概略地描述哥德尔证明。通过走一条容易得多的路线，我们勾画出这一证明的轮廓，带大家大致领略其攀登的过程和顶峰处结构的风采。

对定理证明的介绍分三个步骤：
第一步：哥德尔配数
第二步：构造自指命题
第三步：证明哥德尔不完全性定理

第一步: 哥德尔配数

哥德尔的证明从设计一个形式系统 P 开始，这一形式系统是对罗素《数学原理》系统的一个准确表述，这在当时本身就是一个大进展。

随后，哥德尔创造性地引进了一种基本技巧：哥德尔配数。通过这一技巧，哥德尔给形式系统的原始符号、公式（符号串）以及证明（公式的有限序列）都指定一个独一无二的数。这个数可以看作一种区别用的独特标签，人们后来称之为符号、公式或证明的"哥德尔数"。

哥德尔配数必须确保同一个哥德尔数不会被指配给不同的对象。具体的编码方法是多样的，下面给出其中的一种。

我们从属于形式系统基本词汇的原始符号开始介绍。原始符号有两类：固定符号和变量。下面先处理固定符号。

我们引入 12 个固定符号，这些符号可以用 1 ~ 12 的正整数作为它们的哥德尔数。各个符号的哥德尔数规定如下表所示。

固定符号	哥德尔数	意义
0	1	零
=	2	相等
∨	3	或
⊃	4	如果……那么……
∃	5	存在一个……
¬	6	非
S	7	……的直接后继
(	8	标点
)	9	标点
,	10	标点
+	11	加
×	12	乘

对这个表我们需要做几点说明。

❏ 在建立这种对应时，采用怎样的顺序是无关紧要的。也就是说，这里每个符号
与哪一个具体的数对应是无关紧要的。

❏ 基本符号的数目。可以看到，表中似乎缺少一些基本的符号。比如，表中没有
出现"∧"（表示"且"），这是因为它可以通过"∨""¬"获得。而十进制数
字则可以通过以下定义引入："1"可看作"s0"的缩写，"2"可看作"ss0"
的缩写……

我们希望基本符号越少越好，因此没有列出那些可以用这些基本符号来定义的
符号。这样，我们留下了9个表示基本概念的符号以及三个标点符号，用它们
足以表示一个形式系统中的所有算术。

❏ 这一列表中不仅显示了12个固定符号及其对应的哥德尔数，而且在最右一列

还列出了每一个符号的通常含义。这个"通常含义"，即在通常约定下，人们对每个符号常联想到的概念。这里会产生一个疑问：形式系统中的符号应该"滤干所有的意义"，仅仅是"空洞的符号"，那么为什么这里却要列出"意义"一栏呢？

我们说形式系统的符号"全无意义"的意思是：系统中的定理的推导仅靠其中的规则，而和其中符号可能具有的意义全无关系。但我们的目的是使数学和逻辑形式化，因而会让形式逻辑中的符号和它们的通常解释尽可能保持一致，所以在形式系统中设置推理规则时，有意使每一个符号都带有通常约定的含义。

但是，是什么使无意义的符号可以解释为通常的意义呢？比如，无意义符号"+"为什么可以代表抽象概念"加"呢？对此，我们稍后给出解释。

除了固定符号，形式系统中有三类变量：数字变量 x、y、z 等，可用数字或数字表达式代入；命题变量 p、q、r 等，可用公式（命题）代入；谓词变量 P、Q、R 等，可用谓词"是素数""大于"等代入。这些变量同样可以按照不同的规则被赋予哥德尔数。我们采取下面的规则对这些变量指派哥德尔数。

（1）对每一个不同的数字变量都赋予一个大于 12 的不同素数。比如，数字变量 x、y 对应的哥德尔数分别为 13、17。

（2）对每一个不同的命题变量都赋予一个大于 12 的素数的平方。比如，命题 p、q 的哥德尔数分别为 13^2、17^2。

（3）对每一个不同的谓词变量都赋予一个大于 12 的素数的立方。比如，谓词变量 P、Q 的哥德尔数分别为 13^3、17^3。

按照这样的方法，系统中的每个基本符号现在都与一个唯一的数关联了。这样就相当于得到了一部"字典"，它告诉我们原始符号的哥德尔编码数字。

下一步考虑形式系统 P 中的公式（即符合形成规则的符号串）。注意，公式不过是形式系统 P 的基本符号的有限、有序序列。因此，我们不难得到对每个公式指派一个哥德尔数的办法。

举一个简单的例子，来看公式"$0=0$"。根据上面的"字典"，我们可以查到与这个公式内的基本符号对应的哥德尔数分别是：1、2、1。

关键是要给这个公式赋予一个唯一的数，而不是一个数的序列。因此，我们要做的是从1、2、1这3个数出发，去构造一个新的数。显然，这可以用许多方法轻松实现。例如，可把这三个数加起来而构造出一个4，然而问题在于这个4也可由别的数得出。例如，它可以用 $1+3$、$3+1$，或 $1+1+2$ 等方式构造出来，而绝非只能由 $1+2+1$ 这一种方式得出。我们希望能精确地分辨出构造出的新数是由哪些数构造出来的。

一种巧妙的处理方案是：按大小顺序取前三个素数2、3、5，将上面序列中的1、2、1分别作为这三个素数的指数，然后再把它们乘起来，即 $2^1 \times 3^2 \times 5^1$，由此可得到一个唯一的数90。于是，在这种处理方式下，公式"$0=0$"的哥德尔数就是90。

再进一步，我们也可使形式系统中的每个证明对应于一个数。从形式上看，一个证明并不是别的什么东西，它不过是有限的、有序的公式序列或公式串。由于每个公式都已对应于一个哥德尔数，因此一种与上面完全类似的解决方案是：从2开始依次取素数2、3、5……然后把各个公式的哥德尔数分别作为它们的指数，得到一个乘积，这个积就可指派为该证明的哥德尔数。

我们举一个简单的例子"$x=x\quad 1=1$"。这一证明告诉我们：如果对于任何 x 总有 $x=x$，则有 $1=1$。

查我们的"字典"，x 的哥德尔数是13。于是，公式"$x=x$"的哥德尔数是 $2^{13} \times 3^2 \times 5^{13}$ =90 000 000 000 000。公式"$1=1$"的哥德尔数是90。

"$x = x$ $1 = 1$"这一证明是由两个公式组成的序列，因此取素数 2、3，把上面两个公式的哥德尔数分别作为它们的指数，由此得到该证明对应的哥德尔数是：

$$2^{90\,000\,000\,000\,000\,000} \times 3^{90}$$

至此，我们可以清楚地看到，通过程序化的编码规则，可以一步一步得到任何一个符号、公式或证明的哥德尔数。反过来，如果给定了一个数，我们同样可以知道它代表系统中的哪个形式对象。

如果一个给定的数小于或等于 12，它就是某个固定符号的哥德尔数；如果它大于 12，就可以被唯一地分解成它的素因子的乘积（数论中著名的算术基本定理保证了这一点）。

根据分解后的结果，我们能判断它是不是哥德尔数。比如考虑数 100，它可以分解为 $2^2 \times 5^2$。注意，按照我们的对应规则，一个公式或一个公式序列的哥德尔数一定是连续的素数的幂的乘积。因此，它不是一个哥德尔数。

对于哥德尔数，我们则可以一直回溯到最初的表达式，从中"提取"出它所代表的精确含义。

如果它是大于 12 的素数，或者是这样的素数的二次或三次幂，那么它就是一个可识别的变量。如果它是连续素数的幂的乘积，则它可能或者是公式，或者是公式序列的哥德尔数。在这种情况下，它所对应的表达式都能被精确地确定。

比如，从 90 这个数出发，若要判明它所对应的是怎样的一个公式，把它按照数值大小为序分解为质因数的乘积即可：$90 = 2^1 \times 3^2 \times 5^1$。此时 2、3、5 的指数分别是 1、2、1，它们依次对应符号：0、=、0。由此，我们能明确无误地写出与 90 对应的公式是：$0 = 0$。

类似地，从 $2^{90\,000\,000\,000\,000\,000} \times 3^{90}$ 这个数出发，我们也能分析出它代表的是什么。注

意，$90\,000\,000\,000\,000 = 2^{13} \times 3^2 \times 5^{13}$，而 $2^{13} \times 3^2 \times 5^{13}$ 对应公式 "$x = x$"。于是可进一步推知，$2^{90\,000\,000\,000\,000} \times 3^{90}$ 对应证明 "$x = x \quad 1 = 1$"。

遵循这样的程序，我们可以将任何给定的数拆开，就像它是一台机器那样，发现它是如何构建的、里面有什么；由于其中每一个要素都对应于一个它所代表的表达式的一个要素，我们可以重构这个表达式，分析它的结构，等等。

元数学的算术化

哥德尔配数方法被证明是强有力的，它的用处也是惊人的。由它得到的一个处于哥德尔工作核心的洞见是：元数学陈述（即关于形式系统 P 的陈述）能 "翻译" 为关于自然数的陈述。在引入哥德尔配数后，哥德尔通过创造性地运用映射方法，证明了这一点，即：有关形式演算中表达式的结构性质的元数学命题，能被精确地映射到这个演算自身。由此，元数学就完全 "算术化" 了。

元数学判断能被忠实地映射到整数的集合及其性质上去，一个真实的元命题一定会映射为一个真的数论命题。这一结论背后的基本思想是：P 中每一个公式都对应一个特定的（哥德尔）数，因而关于公式及其相互间排列关系的元数学命题，就可以理解为关于与之对应的哥德尔数及这些数相互间算术关系的命题。

换句话说，当哥德尔数被指派给 P 的公式时，关于这些公式的陈述 A 能被关于与这些公式相联系的哥德尔数的陈述 B 所代替，使得：陈述 B 为真，当且仅当陈述 A 为真。例如，假定陈述 A 说："公式 P_1 是由 P_2 及 P_2 后加某些符号组成的。" 对于陈述 B，我们就可以说："P_2 的哥德尔数是 P_1 的哥德尔数的因子。"

由此，探索元数学的问题，可以通过替换地（或间接地）研究一些（相当大的）整数的某种算术性质和算术关系来进行。换句话说，一组长长的符号链在排列上的性质，可以通过探寻大整数的素因子性质，以一种间接但又十分精确的方式来表述。这正是短语"元数学算术化"的意思。

由此，我们实现了第一种转换：通过哥德尔编码把作为形式系统 P 的对象的断定，转换为关于直观算术 N 中的自然数的断定。

这是关键的一步，但在哥德尔证明中用到的第二个转换同样重要，后一种转换考虑的是把自然数中的命题转换成形式系统 P 中正式的符号串。这要涉及两个新的概念。

可表达性与递归性

可表达性是形式系统和它的解释、模型之间的一种关系。解释的进程可看成从抽象的形式系统到直观的模型，而表达的进程恰好相反，是从直观的模型到抽象的形式系统。说得简洁一些：表达是解释的逆过程。

举一个例子说明一下。

我们从小学开始就接触到关于自然数的理论，这一理论不是公理化的，也不是形式化的。我们称为直观算术，用正楷大写字母 N 表示。

与直观算术对应的形式系统称为一阶算术。它用形式语言表述，有确定的初始符号、严格的规则，是公理化、形式化的。我们用大写花体拉丁字母 $\mathcal{N}$ 表示它。

直观算术 N 是一阶算术 $\mathcal{N}$ 的模型、解释；反过来，$\mathcal{N}$ 是 N 的形式表达。比如，一阶算术 $\mathcal{N}$ 中的项 $sss{\cdots}s0$，可以解释为自然数集合 N 的自然数 n；反过来，N 的自然数 n 可用 $\mathcal{N}$ 中的项 $sss{\cdots}s0$ 表达。

哥德尔得到一个结论：存在一个形式系统 P 中定理组成的无穷类，其中每一条定理如果用上文表中的通常含义加以解释的话，都表达了一个算术真理。这表明，$\mathcal{N}$ 中的有关谓词符号、函数符号都可以解释为定义在自然数集上的关系和函数。

但反过来行吗？也就是说，定义在直观算术 N 上的关系、函数，是否都可用 $\mathcal{N}$ 中

数学悖论与三次数学危机

的公式加以表达？哥德尔给出的答案是：定义在自然数集合上的函数（关系）在 $\mathcal{N}$ 中可表达，但有一个条件：该函数（关系）是递归的。

递归可以理解为：借助于"回归"把未知的归结为已知的。所谓递归函数，就是一种数论函数（即这种函数的定义域和值域都是自然数），并且对未知数的计算往往要回归到已知值才能求出。更确切地说，如果对于任一自然数 n，都能在有限步内机械地获得它的值 $f(n)$，则称 f 为一个递归函数。一个早期的递归函数实例是斐波那契函数：$u_{n+2} = u_n + u_{n+1}, u_1 = u_2 = 1$。如果我们想知道 u_{100} 的值，就要经过有限次"回归"，最后归结为已知的 $u_1 = u_2 = 1$。

近年来递归函数在计算机科学中有重要应用，而递归函数的现代研究，正是从哥德尔证明不完全性定理时开始的。在他的论文中，哥德尔详细证明了 45 个递归函数，这几乎构成了一门新的学科。

哥德尔对递归函数的处理方式是：先给出一些作为基础的递归函数，称为基本函数；然后给出一些构造生成新递归函数的基本规则；从基本函数出发，通过重复使用基本规则，生成所有递归函数。

在引入递归的概念后，哥德尔证明了可表达性定理。这一定理是说：每个递归函数在 $\mathcal{N}$ 中都是可表达的。作为推论：每个递归关系在 $\mathcal{N}$ 中都是可表达的。

上面两方面结合在一起，于是引出一个关键性结论：对应引理。这一引理是说：存在一个形式系统 P 中定理组成的无穷类，其中每一条定理如果按通常含义加以解释的话，都表达了一个算术真理；反之，每一个原始递归的算术真理，当用形式演算的符号转换为形式命题的话，就得到形式系统 P 的一条定理。

这种真命题和经解释的定理之间高度一致的系统对应，帮我们解答了上文留下的疑问。

由于形式系统中符号的解释取决于它在定理中的行为表现（这又进而取决于形式系统 P 的公理和推理规则），因此定理集体限定了其构成符号的意义（或更技术性地说，它们的符号的解释）。正是哥德尔证明的对应引理，锁定了形式系统 P 中符号的标准解释，确认了上文表中对每一个形式符号的约定解释。

让我们简单总结一下已经得到的结果。

我们从设计的形式系统 P 出发，通过哥德尔配数技巧，为形式系统的形式对象配以哥德尔数，把形式系统算术化了。这相当于在形式系统 P 与直观算术之间做了一个映射。由此，通过哥德尔编码，我们把关于形式系统的断定转换为关于自然数的断定，实现了第一种转换。

然后，借助哥德尔数，再把元数学算术化。元数学命题变成关于其相应的自然数及其彼此之间的算术关系的命题。这相当于在元数学与直观算术之间做了一个映射。

再进一步，直观算术中的"真"命题，在形式算术系统 P 中能找出相对应的可证公式。换言之，与形式系统中的元数学命题相对应的直观算术命题在形式系统中是"可表达的"。这相当于在直观算术与形式系统之间做了一个映射。由此，通过可表达性，以递归性做条件，实现了把关于自然数的断定转换为形式系统的断定的第二种转换。当然，这一映射（或转换）是有条件的：算术命题必须具有递归性。

将元数学算术化的想法和将算术（即数论）在形式系统 P 中形式化的想法结合起来，我们得出元理论的命题可转化为形式算术理论中的命题，即元数学可被形式化。同样的条件是：算术命题必须具有递归性。

为直观起见，我们用下图说明（在直观算术形式化这一步转化，要求函数、关系具有递归性）：

数学悖论与三次数学危机

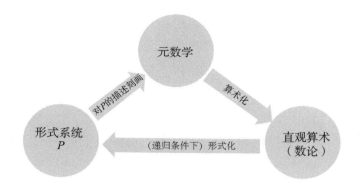

我们看到，形式的表达可转换为元数学中的表达，元数学的表达可再转化为纯形式的表达。自然语言的表达、形式的表达、数字的表达融成了一体。

由此，元数学自身在一个形式逻辑系统内部发展出来，外部被带到了形式系统内部，从系统外看系统变成系统内的证明。换句话说，形式系统 P 的确能忠实地谈论自身（即将元数学真命题映射为 P 的定理）。这样，形式系统 P 实现了自相关。

正是在以上结论基础上，哥德尔构造出一个既为真，但在所考虑的形式系统内部又不能证明的自指命题。

第二步：构造自指命题

1930 年夏，哥德尔得到了一个洞见："真"的概念不能形式化表示，形式系统中公式的"可证性"却是在算术中可定义的一种性质。下面我们先看一下，哥德尔如何刻画他所关注的"可证"这一性质。

我们考察一个元命题："公式序列 κ_1, κ_2, κ_3, $\cdots$, κ_n 是公式 κ 在形式系统中的一个证明。"这个使用元语言对形式系统性质做出的描述表明：公式的一个有限序列和一个特殊公式之间存在着一种关系。

上面我们已经说明了，形式系统中的每个公式都有一个哥德尔数，系统中的证明作为一个公式序列也有一个哥德尔数。比如，我们可以假设通过哥德尔编码，公式序列 κ_1, κ_2, κ_3, $\cdots$, κ_n, κ 的哥德尔数为 m，特殊公式 κ 的哥德尔数为 n。

以这种特殊方式结合在一起的两个自然数 m、n，我们可以简单地称为一个"证明对"。具体来说，两个自然数 m、n 形成一个"证明对"，当且仅

当 n 是形式系统某公式的哥德尔数，而 m 是该公式一种证明序列的哥德尔数。

根据元数学的算术化，上述元命题可以转换为关于数 m、n 之间的算术关系。我们记这个定义在自然数集上的二元关系为 $Pf(m, n)$。

$Pf(m, n)$ 成立，当且仅当 n 是形式系统 P 中某公式的哥德尔数，m 是该公式在形式系统 P 中的一个证明序列的哥德尔数。简单来说，定义在自然数集上的这个二元关系成立，当且仅当 m、n 是一个"证明对"。

在引入这个二元关系后，哥德尔花费了很大功夫证明这一关系是递归的。因此，它在形式系统内可表达，也就是说，在形式系统 P 中一定存在一个形式符号组成的公式表达这一关系，我们用缩写"$\mathscr{P}\!f(m, n)$"来表示此公式，用花体是表明它是形式化的公式。当然，严格点的话，缩写中的 m, n 应该用形式系统中的基本符号表示。这样就表示成 $\mathscr{P}\!f(sss\cdots sss0, sss\cdots sss0)$，其中第一个串中的 s 个数为 m，第二个串中的 s 个数为 n。

这一论述表明，"是可证的"这一关于形式系统的元命题，最终可以形式化为形式系统 P 内的一个公式 $\mathscr{P}\!f$。

哥德尔要构造的自指命题要表述的是：它自己不可证。要把这严格地表述成形式系统里的一个命题，要花不少工夫。这既巧妙又曲折，是哥德尔文章中的技术内容。我们下面大略介绍一下他的思路。

首先需要引入一个在哥德尔定理证明中至关重要的二元关系 $W(m, n)$。这个关系也是刻画"可证性"的，但与上面的 Pf 稍有不同。

$W(m, n)$ 成立，当且仅当 m 是形式系统 P 中的一个公式 $\kappa(x)$（其中 x 是自由变元）的哥德尔数，n 是 $\kappa(sss\cdots sss0)$（有 m 个 s）在形式系统中的一个证明序列的哥德尔数。

这里涉及哥德尔另一个似乎有点怪异的想法：代入。"代入"即把自由变元用具体数字（公式的哥德尔数）替换的技巧。我们举一个例子看一下。

比如，在形式系统 P 中有一个公式 $\kappa(x)$：$(\exists y)y^2 = x$，其中 x 是一个自由变元。所谓自由变元，就是没有被放在量词下面的变元。很容易理解，这个公式表明：x 是一个完全平方数。

$\kappa(x)$ 作为公式，有它的哥德尔数，我们设为 m，将 m（确切地说是 $sss\cdots sss0$，其中 0 前有 m 个 s）代入 $\kappa(x)$，得到 $\kappa(sss\cdots sss0)$。

$\kappa(sss\cdots sss0)$：$(\exists y)y^2 = sss\cdots sss0$ （其中 0 前有 m 个 s）

$W(m, n)$ 成立，意味着 $\kappa(m)$ 在形式系统中有一个证明序列，而且这一证明的哥德尔数为 n。那么，对于这样选择的 $\kappa(x)$，数 n 表示的到底是什么呢？考察一下就可搞明白，它表示的是："公式 $\kappa(x)$ 的哥德尔数（m）是一个完全平方数"这个公式的证明的哥德尔数。

哥德尔证明了关系 $W(m, n)$ 也是递归的。这意味着存在一个带两个自由变元的公式 $W(x, y)$，$W(m, n)$ 在形式系统 P 中可用 $W(x, y)$ 表达，而 $W(x, y)$ 在其模型中的解释是 $W(m, n)$。

简单来说，"可证性"可以形式化为形式系统内的二元关系 $W(x, y)$。

至此，通过精湛的数学技巧，哥德尔从错综复杂的联系中弄清，"命题 A 在 P 中是可证的""某公式序列是命题 A 在 P 中的证明"等关于形式系统 P 在元数学中的断定，都可以算术化为关于自然数的关系与函数，并且证明了它们又都是在 P 中可表达的。在此基础上，他下一步开始构造自己需要的自指命题。

我们用公式 $W(x, y)$ 来构造这个特殊命题。魔术从构造一个特殊的公式 $\kappa(x)$ 开始，它的具体形式是：

数学悖论与三次数学危机

$$\kappa(x) \quad \neg \, ((\exists y)\, W(x, y))$$

即：

$$\kappa(x) \quad (\forall y)\neg \, W(x, y)$$

其中 y 是约束的，x 是自由的。这个一元关系将"不可证"形式化了。

现在假设 $\kappa(x)$ 的哥德尔数为 p，把它代入自由变元 x 后，可以得到公式：

$$\kappa(sss\cdots s0) \quad (\forall y)\neg W(sss\cdots s0), y)\,(\,0\text{ 前有 }p\text{ 个 }s\,)$$

或简记为 $\kappa(p) \quad (\forall y)\neg W(p, y)$。

这就是哥德尔要建造的自指命题。我们解释一下它表明的意思。

让我们回顾一下 $W(x, y)$ 表示的意思。这个公式是（定义在自然数集上的一个）二元关系 $W(m, n)$ 在形式系统 P 中的表达。$W(m, n)$ 成立，当且仅当 m 是形式系统 P 中的一个公式 $\kappa(x)$（其中 x 是自由变元）的哥德尔数，n 是 $\kappa(m)$ 在形式系统中的一个证明序列的哥德尔数。

套用一下：p 是形式系统 P 中的公式 $\kappa(x)$ 的哥德尔数，y 是 $\kappa(p)$ 在形式系统中的一个证明序列的哥德尔数。此时，$(\exists y)\, W(p, y)$ 表示 $\kappa(p)$ 可证。而 $(\forall y)\neg W(p, y)$ 则表示 $\kappa(p)$ 不可证。

$(\forall y)\neg W(p, y)$ 就是 $\kappa(p)$。因此，这意味着：$\kappa(p)$ 说 $\kappa(p)$ 不可证。

多么奇妙！通过摆弄逻辑魔术，哥德尔在形式系统的帽子里变出了一只兔子——一个奇特的自指命题，它断言了自己不可证。

如果我们把 "$\kappa(p) \quad (\forall y)\neg W(p, y)$" 或（严格点的记法 $\kappa(sss\cdots s0)$

$(\forall y)\neg W(sss\cdots s0), y)$，其中 0 前有 P 个 s）简记为 u，那么有：u 说 u 不可证。

第三步：证明哥德尔不完全性定理

哥德尔获得了一个非凡的命题，我们称为 u，它有如下性质：

u 说某个特殊的命题在 P 中不可证；

那个特殊的命题就是 u 本身。

因此，u 说："u 在形式系统 P 中不可证。"

在经过艰难的跋涉后，我们终于接近了顶峰。在构造出自指命题 u 后，我们要证明它是不可判定命题。

对于命题 u 可以证明：u 是可证明的，当且仅当它的否定形式 $\neg u$ 是可证明的。哥德尔证明中的这一步，模仿了理查德悖论中的步骤（但避开了其错误的推理），那里证明的是：一个数 n 是理查德数，当且仅当 n 不是理查德数。

如果形式系统 P 一致，那么 u 与 $\neg u$ 两者都不可能从形式系统 P 中推导出来。否则，只要有其中一个比如 u 能从形式系统 P 中推导出来，根据"u 是可证明的，当且仅当它的否定形式 $\neg u$ 是可证明的"的结果，马上可以推出 $\neg u$ 也是形式可证明的。然而，如果一个公式及其否定都是形式可证明的，那么 P 就是不一致的。矛盾。

结论是：如果形式系统 P 一致，那么 u 与它的否定形式 $\neg u$ 在形式系统 P 中都不可证。为了强调 u 具有的这种性质，我们把 u 称为不可判定命题。

虽然 u 不可判定，我们却可以指出 u 是真的。

u 说的是：在形式系统中没有 u 的证明。而我们刚刚证明了 u 在形式系统内是不可判定的，特别是 u 在形式系统内没有证明。这恰恰就是 u 所说的。所以 u 所说为真。

注意，u 之为真，不是从形式系统的公理和规则形式地推导出来的，而是通过元论证证明的真命题。简言之，u 的不可判定性只与系统内部的可证性相关。从我们外部的观点来看，u 显然是真的。这意味着，"从高水平看一个系统，包含了低水平根本不具有的解释力量"。它同时也表明了"真"大于"可证"。

形式系统 P 中不可判定性命题的存在，意味着形式系统 P 是不完全的。一个演绎系统"完全"（完备），指的是每一个能在此系统内表示的真命题，都可以用演绎规则从公理中推导出来。现在，u 这个真命题却无法在形式系统 P 中形式推导出来。因而，如果 P 一致，那么 P 是一个不完全（完备）的系统。

形式系统 P 的不完全性并非选择的公理不足所致。我们如果将不可判定命题 u 补加给 P 做新公理，得到一个扩充的形式系统，那么得到的这个系统仍然是不完全的。因为单增一条新公理，并不改变递归关系及其表达性，因此按相似的程序，可以在新系统中找到另外一个不可判定命题。形式系统的这种不完备性是无法去除的，这显现了形式化的局限性。哪怕是对我们思想中最稳定的自然数，也不能用一个形式系统对它进行完全地刻画和把握。

简言之，给定任何一个一致性的算术公理集合，存在不能从该集合中导出的真陈述。即使给定的公理集合通过加入有限个算术公设而被扩充，总会存在进一步的算术真理，它们无法从扩充的公理集合中导出。

这表明，《数学原理》或其他任何能在其中建立算术的形式系统（或者说对于一个足以包含整个算术的形式系统），都是本质上不完备的。其实，哥德尔在其著名论文的标题《论〈数学原理〉及有关系统中的形式不可判定命题》中，已特意强调了这一点。

最后的乐章：哥德尔第二不完全性定理

1930 年 9 月 7 日，哥德尔在哥尼斯堡参加一次会议，并在即将结束时平静地宣布："人们甚至能举出按内容为真，但在古典数学的形式系统中却又不可证命题的例子。"

证据表明，在场的人除了冯·诺依曼，几乎都没有领会哥德尔说的话的分量。据说，会后冯·诺依曼将哥德尔拉到一边以了解更多细节。

会议结束后，冯·诺依曼继续思考哥德尔的想法。11 月 20 日，他兴奋地写信告诉哥德尔，自己通过思考得出了一个"值得注意的"结果。但在哥德尔的回信中，冯·诺依曼颇为失望地发现自己落后了一步。哥德尔本人在会后，对第一不完全性定理做出进一步思考，并得出"一致性的不可证性"。11 月 17 日，比诺依曼的信早三天，《数学物理月刊》收到了哥德尔的著名论文，其中包含了两个不完全性定理。

哥德尔第二不完全性定理：对于包含自然数系的任何相容的形式体系 P，P 的相容性不能在 P 中被证明。

在其著名的论文中，哥德尔只是对第二不完全性定理的证明"勾勒了一个轮廓"。他本来想在随后的续篇中将这一证明完善，出乎他的意料，他的证明梗概迅速被接受。

哥德尔于是改变了计划，以后未再发表该证明的细节。直到 1936 年，希尔伯特和贝尔奈斯才补充了细节，给出一个相当麻烦的证明。

第二不完全性定理的证明不同寻常，其详细证明需要很大的篇幅。但它却能用通常的数学语言来表述。我们下面就其证明思路作概略叙述。

引导出哥德尔第二不完全性定理的一个洞见是：第一不完全性的证明本身能在形式系统 P 中进行，即这一证明本身可以形式化。如果说哥德尔第一不完全性定理源自对通常的数学证明之性质的反思，著名的第二定理则可说是源自对哥德尔第一不完全定理本身的证明的反思。

哥德尔第一不完全性定理确立的元数学陈述是：如果形式系统 P 是一致的，那么它是不完备的。

对这一陈述的前半句，即"形式系统 P 是一致的"这一元数学概念，可通过算术化得到一个直观的数论关系，然后在 P 中形式化，可得到它的形式公式。我们记为 $Con(P)$。

对这一陈述的后半句（形式系统 P 不完备），相当于说：对任何真的但又不可证明的公式 X，"X 不是形式系统 P 的定理"。u 正好就是这样一个公式。因此，我们可以通过写出："u 不是 P 的定理"的字符串，将后半句翻成 P 中的形式语言。而我们得到的形式表达式就是 u。简单点儿说，上述元数学陈述后半句在形式系统中可用 u 表示。

于是，"如果形式系统 P 是一致的，那么它是不完备的"这个元陈述前后两部分都可以形式化，并可简记为：$Con(P) \to u$。

再结合"第一不完全性定理的证明本身可以形式化"的洞见，我们现在考虑，"形式系统 P 是一致的"能否在形式系统中形式地证明。

如果能，那么我们将推出 u（对应于"系统是不完备的"）；这意味着 u 可证，而这个结论与我们知道的 u 不可证矛盾。这一矛盾促使我们得出结论：形式系统 P 即便是一致的（绝大多数数学家都相信这一点），它的一致性也无法在该系统内得到证明。

哥德尔第二不完全性定理表明，即使就形式系统 P 的全部能力而言，它也不足以证明其自身的一致性。这破灭了希尔伯特原来的希望。希尔伯特纲领走到了尽头。

评价

哥德尔的证明涉及大量精细而又繁复的推导，但其整个证明的推理路线非常简练，由相互关联的论述层面构成的层次体系组成，犹如各种声音调和在一起形成的交响乐。这首令人赞叹的智力交响乐可以用"新、重、难"三个字概括。

"新"指的是观念新、思想新、方法新，整个定理的涵义本身就是崭新的，证明中又用到了许多全新的概念和全新的方法。

事实上，当哥德尔的证明刚问世时，不仅冲击了以前有关数学和逻辑的观念，而且其新颖的证明迷惑了不少人（比如策梅洛）。他把处理作为数学对象的符号和语句的新奇方法，跟表示其本身不可证性的几近矛盾的句子结合在一起，这对他同时代的人来说既奇特又难理解。

在定理的证明中，哥德尔引入了许多重要且新颖的基础概念，其中有些是他人刚提出的新概念，但由哥德尔本人创造的更多一些，如可表达性、哥德尔数、递归性等。这些概念后来或构成了逻辑、数学新篇章，或成了新的重要方法的基础。

"重"指的是证明的篇幅长，步骤繁多。这一证明，即使带有删节，也往往需要数万言。

"难"指的是证明中转换、曲折多。既要考察单个概念纵向的脉络，又要考察多种观念的横向联系；既要区分直觉的模型、形式系统和数字表达的区别，更要把握它们之间的联系、转换条件。哥德尔溶多种原料于一炉，经过把握火候的冶炼，才最终获得了纯钢。

但大体而言，哥德尔证明的全局策略并不太复杂。它主要基于两个关键思想：哥德尔配数与自指。

哥德尔配数，是哥德尔的证明中核心的想法。作为哥德尔配数的产物，首先是一项深刻的发现：某些形式系统符号串能解释成在谈论系统中的另一些符号串。或者说，形式系统有能力自我审视。

进而，这种自我审视的性质可以全部集中于一个单一的符号串，于是这个符号串所注视的唯一焦点是它自己。由此，哥德尔构造了一个自指命题。这个命题表述的是：它自己不可证。

从根本上说，哥德尔证明就是由这两个主要想法融合而成的。单独来看，两个都是妙举，揉到一起就是天才的杰作了。特别是，魔鬼藏在细节中。本文的介绍只是带大家一窥这些魔鬼般细节的轮廓，希望能对读者提供一个对其论证的初步认识。

哥德尔的论文发表几年后，就受到专家们的普遍重视，被认为是数学和逻辑的基础方面真正划时代的贡献。

哥德尔不完全性定理作为逻辑发展史上的里程碑，既标志着现代逻辑科学朝形式化方向发展所达到的高峰，也标志着现代逻辑科学一个蓬勃发展的新时期的到来。

著名逻辑学家王浩对此评价说："毫不夸张地说，U（指哥德尔 1931 年的著名论文）是整个数理逻辑史上最最伟大的单项工作。在许多方面它把前人的工作加以汇合、巩固和提高，几乎在所有大的方向都提到不知高多少的水准，于是证明了出人意料的中心结果，扣准了老概念，引进了新概念，开拓了全新的视野。不十分引人注目的是，在建立蔚为壮观的不完全性定理的过程中，他能够那么从容不迫地搞清许多相关的已知事实与新鲜方向，搞得极为彻底，使别人能在一个更丰富更扎实的基础上继续做下去。"

哥德尔定理在数学上，也被认为是标志数学史上具有重大意义的里程碑。因为元数学本身就可以看作数学史上的一座里程碑，所以哥德尔的发现也被称为数学史上里程碑中的里程碑。

参考文献

[1] 杜瑞芝. 数学史辞典 [M]. 济南：山东教育出版社，2000.

[2] 吴文俊. 世界著名数学家传记（上、下集）[M]. 北京：科学出版社，2003.

[3] 梁宗巨. 世界数学通史（上册）[M]. 沈阳：辽宁教育出版社，2005.

[4] 梁宗巨，王青建，孙宏安. 世界数学通史（下册·一）[M]. 沈阳：辽宁教育出版社，2005.

[4] 梁宗巨，王青建，孙宏安. 世界数学通史（下册·二）[M]. 沈阳：辽宁教育出版社，2005.

[6] 李文林. 数学史概论 [M]. 北京：高等教育出版社，2003.

[7] 维克托·J. 卡茨. 数学史概论 [M]. 李文林等，译. 北京：高等教育出版社，2004.

[8] 莫里斯·克莱因. 古今数学思想（一～四）[M]. 上海：上海科学技术出版社，2005.

[9] 吴文俊. 中国数学史大系（第一卷）[M]. 北京：北京师范大学出版社，1998.

[10] 吴文俊. 中国数学史大系（第三卷）[M]. 北京：北京师范大学出版社，1998.

[11] 中外数学简史编写组. 外国数学简史 [M]. 济南：山东教育出版社，1987.

[12] 卡尔·B. 波耶 . 微积分概念史 [M]. 上海师范大学数学系翻译组，译 . 上海：上海人民出版社，1977.

[13] 周述歧 . 微积分思想简史 [M]. 北京：中国人民大学出版社，1987.

[14] C. H. 爱德华 . 微积分发展史 [M]. 张鸿林，译 . 北京：北京出版社，1987.

[15] 夏基松，郑毓信 . 西方数学哲学 [M]. 北京：人民出版社，1986.

[16] 胡作玄 . 第三次数学危机 [M]. 成都：四川人民出版社，1985.

[17] 张景中 . 数学与哲学 [M]. 北京：中国少年儿童出版社，2003.

[18] 张顺燕 . 数学的美与理 [M]. 北京：北京大学出版社，2004.

[19] 威廉·邓纳姆 . 天才引导的历程 [M]. 苗锋，译 . 北京：中国对外翻译出版公司，1994.

[20] T. 丹齐克 . 数：科学的语言 [M]. 苏仲湘，译 . 上海：上海教育出版社，2000.

[21] 马丁·戴维斯 . 逻辑的引擎 [M]. 张卜天，译 . 长沙：湖南科学技术出版社，2005.

欢迎加入

图灵社区 ituring.com.cn

——最前沿的IT类电子书发售平台

电子出版的时代已经来临。在许多出版界同行还在犹豫彷徨的时候，图灵社区已经采取实际行动拥抱这个出版业巨变。作为国内第一家发售电子图书的IT类出版商，图灵社区目前为读者提供两种DRM-free的阅读体验：在线阅读和PDF。

相比纸质书，电子书具有许多明显的优势。它不仅发布快，更新容易，而且尽可能采用了彩色图片（即使有的书纸质版是黑白印刷的）。读者还可以方便地进行搜索、剪贴、复制和打印。

图灵社区进一步把传统出版流程与电子书出版业务紧密结合，目前已实现作译者网上交稿、编辑网上审稿、按章发布的电子出版模式。这种新的出版模式，我们称之为"敏捷出版"，它可以让读者以较快的速度了解到国外最新技术图书的内容，弥补以往翻译版技术书"出版即过时"的缺憾。同时，敏捷出版使得作、译、编、读的交流更为方便，可以提前消灭书稿中的错误，最大程度地保证图书出版的质量。

优惠提示：现在购买电子书，读者将获赠书款20%的社区银子，可用于兑换纸质样书。

——最方便的开放出版平台

图灵社区向读者开放在线写作功能，协助你实现自出版和开源出版的梦想。利用"合集"功能，你就能联合二三好友共同创作一部技术参考书，以免费或收费的形式提供给读者。（收费形式须经过图灵社区立项评审。）这极大地降低了出版的门槛。只要你有写作的意愿，图灵社区就能帮助你实现这个梦想。成熟的书稿，有机会入选出版计划，同时出版纸质书。

图灵社区引进出版的外文图书，都将在立项后马上在社区公布。如果你有意翻译哪本图书，欢迎你来社区申请。只要你通过试译的考验，即可签约成为图灵的译者。当然，要想成功地完成一本书的翻译工作，是需要有坚强的毅力的。

——最直接的读者交流平台

在图灵社区，你可以十分方便地写作文章、提交勘误、发表评论，以各种方式与作译者、编辑人员和其他读者进行交流互动。提交勘误还能够获赠社区银子。

你可以积极参与社区经常开展的访谈、乐译、评选等多种活动，赢取积分和银子，积累个人声望。

本书是一个疯狂数学爱好者的数学笔记，面向所有喜爱数学的读者。本书包括5部分内容，即生活中的数学、数学之美、几何的大厦、精妙的证明、思维的尺度，涉及48篇精彩的文章。即使你不喜欢数学，也会为本书的精彩所倾倒。

书号：978-7-115-27586-8
定价：45.00 元

畅销著作《思考的乐趣》作者顾森最新力作
数学之趣与文字之美的完美融合
256 道精选趣题带你畅游数学的海洋
让你在苦思冥想后产生恍然大悟的惊叹

书号：978-7-115-35574-4
定价：49.00 元

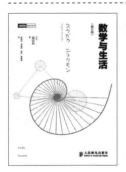

本书既包含了初等数学的基础内容，又包含了微分、积分、微分方程、费马定理、欧拉公式等高等数学的内容。作者运用了多个学科的知识，结合日常生活和东西方各国脍炙人口的故事，用通俗易懂的语言，将数学知识和原理一一呈现，犹如一本有趣的故事集。读者从中不但了解了数学的风貌，而且也能懂得数学与日常生活的密切联系，及其与物理学、化学、天文地理乃至音乐、美术等学科的关联。

书号：978-7-115-37062-4
定价：42.00 元

揭秘庞加莱猜想百年挑战历程
记录追寻宇宙的形状与神秘数学家
体验数学"妖物"般的魅力与神秘

书号：978-7-115-40749-8
定价：39.00 元